工业和信息化普通高等教育“十三五”规划教材立项项目

21世纪高等教育计算机规划教材

COMPUTER

单片机原理及应用教程（C语言）

Principle and Application of Microcontroller Tutorial

■ 丁有军 段中兴 何波 花新峰 周方晓 丁莉 编著

人民邮电出版社

北京

图书在版编目（CIP）数据

单片机原理及应用教程 ：C语言 / 丁有军等编著
. -- 北京 ：人民邮电出版社，2018.9（2021.1重印）
21世纪高等教育计算机规划教材
ISBN 978-7-115-48365-2

Ⅰ. ①单… Ⅱ. ①丁… Ⅲ. ①单片微型计算机－C语言－程序设计－高等学校－教材 Ⅳ. ①TP368.1 ②TP312.8

中国版本图书馆CIP数据核字(2018)第086196号

内 容 提 要

本书以“概念—技术—应用”为主线，系统介绍 8051 系列单片机的结构特点和工作原理，Keil C 语言编程思想与方法，以及常用的接口芯片及其相关的接口扩展技术。本书根据读者的学习认知过程，在理论介绍中，注重知识的内在逻辑关系，采用归纳、类比、总结的方法阐述单片机基本原理和方法，同时结合工程应用的案例对关键性技术问题给予重点详细说明，此外每章还配有习题供读者思考练习，强化基础理论的应用训练，加深读者对专业理论知识的理解，培养读者的实践精神和创新思维。

本书既可作为高等学校电子类、计算机类、信息类及其他理工科本科专业的单片机技术课程的教材，也可供从事单片机开发与应用的工程技术人员参考。

◆ 编　　著　丁有军　段中兴　何　波　花新峰
　　　　　　周方晓　丁　莉
　责任编辑　李　召
　责任印制　彭志环
◆ 人民邮电出版社出版发行　　北京市丰台区成寿寺路 11 号
　邮编　100164　　电子邮件　315@ptpress.com.cn
　网址　http://www.ptpress.com.cn
　涿州市京南印刷厂印刷
◆ 开本：787×1092　1/16
　印张：16.5　　　　2018 年 9 月第 1 版
　字数：402 千字　　2021 年 1 月河北第 3 次印刷

定价：55.00 元

读者服务热线：(010)81055256　印装质量热线：(010)81055316
反盗版热线：(010)81055315

前言

随着电子技术的高速发展，单片机广泛应用于仪器仪表、家用电器、医用设备、航空航天、专用设备的智能化管理及过程控制等领域。“单片机原理及应用”也是高校电子及信息类专业的重要专业基础课程。然而，传统的单片机教学多采用汇编语言，虽然汇编语言便于理解单片机原理和展示，但其编写修改困难，可读性不如高级语言程序，而C语言属于高级语言，且更容易被人们理解，更符合人们的思维习惯，编写代码效率高，移植维护方便，已成为工程界单片机应用系统开发设计的一种首选语言。同时，为顺应工程认证教育的发展，强化工程实践能力，本书希望通过新的角度，用C语言作为编程工具对单片机原理及应用进行深入浅出、通俗易懂的讲解，以期培养学生理论联系实际，使用工程界通用技术来完成单片机项目的能力。

本书是根据编者长期以来从事单片机软、硬件设计与开发、教学实践和多次指导学生参加电子竞赛等实践活动积累的经验编写而成。教材的内容主要包括上下两篇。上篇：单片机的原理，主要包括单片机的发展、分类、开发过程，8051系列单片机的结构和原理，单片机C51语言基础与开发平台，定时/计数器，中断系统，串行通信等内容；下篇：单片机系统扩展及应用，主要包括单片机系统功能的扩展，键盘接口技术，显示器接口技术，A/D转换器与D/A转换器应用，系统总线接口，单片机系统开发过程等内容。通过本书的学习使读者对单片机系统软、硬件设计和开发有全面的理解和掌握。

本书既强调基础，又力求体现新知识、新技术，本书注重理论和实践的结合，以案例分析为重要载体，通过不同的工程案例深入浅出的讲解，培养学生的分析与思考能力，锻炼和提高学生实践动手能力。

本书由丁有军编写第3、11章，段中兴编写第4、12章，何波编写第7、9章，花新峰编写第1、5、8章，周方晓（攀枝花学院）编写第2、10章，丁莉编写第6章。最后由丁有军统稿。高恩深老师对本书进行了校对，并提出了许多宝贵的建议。本书的编写得到西安建筑科技大学教材建设项目的资助，在此一并表示最诚挚的感谢。

由于编者水平有限，书中难免存在错误和不妥之处，恳切希望广大读者批评指正。

编　者

2018年1月

目录

上　篇

第 1 章　概述……2
1.1　计算机的发展……2
1.2　单片机的基本概念……3
1.3　单片机的发展概况……4
1.4　单片机的特点与应用……5
1.5　常用单片机类型及常用单片机系列介绍……6
1.6　单片机应用系统开发过程简介……9
1.6.1　单片机项目开发流程……9
1.6.2　MCS-51 系列单片机仿真软件 Proteus 的基本使用方法……11
习题及思考题……15

第 2 章　MCS-51 系列单片机的结构和原理……16
2.1　MCS-51 系列单片机的主要性能特点……16
2.2　MCS-51 系列单片机的内部结构……17
2.2.1　CPU 结构……17
2.2.2　存储器结构及编址……18
2.2.3　并行 I/O 接口……21
2.3　51 系列单片机的引脚功能……23
2.4　时钟电路与时序……25
2.4.1　时钟电路……25
2.4.2　有关时序的概念……26
2.4.3　CPU 时序……27
2.5　单片机的复位……27
2.5.1　复位电路……27
2.5.2　复位后的状态……28
2.6　低功耗设计……28
2.6.1　时钟停止模式……28
2.6.2　空闲模式……28
2.6.3　掉电模式……29
2.7　最小系统设计……29
习题及思考题……29

第 3 章　单片机 C51 语言基础与开发平台……30
3.1　单片机 C51 语言基础……30
3.1.1　数据类型……30
3.1.2　特殊功能寄存器……31
3.1.3　存储类型……32
3.1.4　指针……34
3.1.5　绝对地址访问……36
3.1.6　运算符……36
3.1.7　Keil C 代码优化技巧……38
3.1.8　Keil C 程序举例……39
3.2　Keil µVision5 集成开发环境……40
3.2.1　Keil µVision5 中建立项目的方法……40

3.2.2 Keil μVision5 中软件调试的方法 …… 45
3.3 STC89C52RC 系列单片机的 ISP 编程 …… 47
3.3.1 ISP 编程硬件电路 …… 48
3.3.2 STC-ISP 下载软件 …… 48
习题及思考题 …… 51
第 4 章 定时/计数器 …… 52
4.1 定时/计数器 T0 和 T1 …… 52
4.1.1 定时/计数器 T0 和 T1 的结构及功能 …… 52
4.1.2 定时/计数器 T0 和 T1 的功能寄存器 …… 53
4.1.3 定时/计数器 T0 和 T1 的工作模式 …… 54
4.1.4 定时/计数器 T0 和 T1 应用举例 …… 56
4.2 定时/计数器 T2 …… 60
4.2.1 T2 控制寄存器 T2CON 和 T2MOD …… 61
4.2.2 T2 的操作模式 …… 62
习题及思考题 …… 66
第 5 章 中断系统 …… 67
5.1 中断控制方式 …… 67
5.1.1 中断的概念 …… 67
5.1.2 中断处理过程 …… 68
5.2 MCS-51 单片机的中断系统 …… 70
5.2.1 中断源类型 …… 70
5.2.2 中断请求标志 …… 71
5.2.3 中断请求控制 …… 72
5.2.4 中断处理过程 …… 74
5.3 中断的 C51 编程 …… 75
5.4 外部中断的扩充 …… 77
习题及思考题 …… 79
第 6 章 串行通信 …… 80
6.1 串行通信的基础知识 …… 80
6.1.1 串行通信的基本原理 …… 80
6.1.2 串行通信协议和接口标准 …… 82
6.2 MCS-51 系列单片机的串行接口 …… 86
6.2.1 8051 串口结构 …… 86
6.2.2 串行口的工作模式 …… 88
6.2.3 多处理机通信方式 …… 92
6.3 串行口的应用 …… 94
6.3.1 串口波特率发生器及波特率计算 …… 94
6.3.2 串并口转换 …… 95
6.3.3 单片机之间的通信 …… 97
6.3.4 单片机与 PC 之间的通信 …… 104
习题及思考题 …… 106

下 篇

第 7 章 MCS-51 单片机系统功能的扩展 …… 108
7.1 系统扩展概述 …… 108
7.2 常用的扩展器件简介 …… 109
7.3 存储器的扩展 …… 111
7.3.1 存储器扩展概述 …… 111
7.3.2 程序存储器的扩展 …… 114
7.3.3 数据存储器的扩展 …… 117
7.4 并行 I/O 口的扩展 …… 119
7.4.1 I/O 口扩展概述 …… 119
7.4.2 8255A 可编程并行 I/O 口扩展 …… 121
7.4.3 8155 可编程并行 I/O 接口扩展 …… 126
7.4.4 用 TTL 芯片扩展简单 I/O 接口 …… 131
7.5 用串行口扩展并行 I/O 口 …… 133
习题与思考题 …… 135
第 8 章 键盘接口技术 …… 137
8.1 键盘接口技术 …… 137

8.1.1 键盘工作原理 ········ 137
8.1.2 独立式键盘接口 ········ 138
8.1.3 矩阵式键盘接口 ········ 139
8.2 键盘显示接口芯片 HD7279A ········ 144
8.2.1 HD7279A 的特点及引脚 ········ 144
8.2.2 控制指令 ········ 145
8.2.3 HD7279A 与单片机的接口及程序设计 ········ 147
习题及思考题 ········ 149

第9章 显示器接口技术 ········ 150

9.1 LED 显示器原理及应用 ········ 150
9.1.1 LED 显示器的结构与显示原理 ········ 150
9.1.2 LED 显示器常见接口及驱动 ········ 152
9.1.3 LED 显示器接口应用示例 ········ 159
9.2 LCD 显示器原理及应用 ········ 161
9.2.1 液晶显示模块原理 ········ 161
9.2.2 字符型液晶显示器 LCD1602A ········ 167
9.2.3 FYD12864 显示模块 ········ 172
9.2.4 汉字字模提取 ········ 181
习题与思考题 ········ 183

第10章 A/D 转换器与 D/A 转换器应用 ········ 184

10.1 A/D 转换器接口 ········ 184
10.1.1 A/D 转换器概述 ········ 184
10.1.2 8 位并行 A/D 转换器 ADC0809 ········ 185
10.1.3 12 位 A/D 转换器 MAX197 ········ 189
10.1.4 串行模数转换芯片 TLC0832 ········ 192
10.2 D/A 转换器接口 ········ 196
10.2.1 D/A 转换器概述 ········ 196
10.2.2 8 位 D/A 转换器 DAC0832 ········ 197
10.2.3 12 位 D/A 转换器 MAX508 ········ 200
习题及思考题 ········ 203

第11章 系统总线扩展 ········ 204

11.1 I^2C 总线 ········ 204
11.2 SPI 总线接口 ········ 218
11.3 单总线（1-Wire）接口 ········ 224
习题及思考题 ········ 234

第12章 单片机综合应用实例 ········ 235

12.1 单片机应用系统设计过程 ········ 235
12.2 单片机应用系统设计举例 ········ 236
习题及思考题 ········ 257

上　篇

第1章 概述

1.1 计算机的发展

计算机（computer）俗称电脑，是一种用于高速计算的电子计算机器，可以进行数值计算，又可以进行逻辑计算，还具有存储记忆功能。计算机是能够按照程序运行，自动、高速处理海量数据的现代化智能电子设备。计算机由硬件系统和软件系统组成。计算机是新技术革命的一支主力，也是推动社会向现代化迈进的活跃因素。计算机科学与技术是第二次世界大战以来发展最快、影响最为深远的新兴学科之一。计算机产业已在世界范围内发展成为一种极富生命力的战略产业。

1946年2月14日，由美国军方定制的世界上第一台电子计算机“电子数字积分计算机”埃尼阿克（Electronic Numerical And Calculator，ENIAC）在美国宾夕法尼亚大学问世了。ENIAC是美国奥伯丁武器试验场为了满足计算弹道需要而研制成的。该机使用了1 500个继电器，18 800个电子管，占地170m^2，重量达30多吨，耗电150kW，造价约48万美元。这台计算机每秒能完成5 000次加法运算，400次乘法运算，比当时最快的计算工具快300倍，是继电器计算机的1 000倍、手工计算的20万倍。用今天的标准看，它是那样的“笨拙”和“低级”，其功能远不如一只掌上可编程计算器，但它使科学家们从复杂的计算中解脱出来，它的诞生标志着人类进入了一个崭新的信息革命时代。此后，随着计算机器件从电子管到晶体管，再从分立元件到集成电路以至微处理器，计算机的发展不断飞跃。至今已经经历了电子管计算机、晶体管计算机、大规模集成电路计算机和超大规模集成电路计算机4代的发展。

由于社会的需求和发展，计算机也在不断地革新和发展着。人们按计算机的规模、性能、用途和价格等方面来分类，曾经将其分为巨、大、中、小、微型计算机。近年来，计算机的发展趋势是：一方面向着高速、大容量、智能化的超级巨型机的方向发展；另一方面向着微型机的方向发展。

巨型机也被称作超级计算机，它具有很高的速度及巨大的容量，能对高品质动画进行实时处理。它的研制水平标志着一个国家的科学技术和工业发展的程度，象征着国家的实力。巨型机的指标通常用每秒多少次浮点运算来表示。20世纪70年代的第一代巨型机每秒为1亿次浮点运算；20世纪80年代的第二代巨型机每秒为100亿次浮点运算；20世纪90年代研制的第三代巨型机速度已达到每秒万亿次浮点运算。目前的许多巨型机都是采用多处理机结构，用大规模并行处理来提高整机的处理能力。巨型机大多用于空间技术，中、长期天气预报，石油勘探，战略武器的实时控制等领域。我国在 1983 年研制了“银河 I ”型巨型机，其速度为每秒 1 亿次浮点运算。2016 年 6 月，中国研发的超级计算机“神威太湖之光”，目前落户在位于无锡的中国国家超级计算机中心。该超级计算机的浮点运算速度是超级计算机“天河二号”（同样由中国研发）的 2 倍，达 9.3 亿亿次每秒。

微型计算机简称微机，其准确的称谓应该是微型计算机系统。一个完整的微型计算机系统包括硬件系统和软件系统两大部分。硬件系统由运算器、控制器、存储器（含内存、外存和缓存）、各种输入/输出设备组成，采用“指令驱动”方式工作。软件系统可分为系统软件和应用软件。系统软件是指管理、监控和维护计算机资源（包括硬件和软件）的软件。它主要包括：操作系统、各种语言处理程序、数据库管理系统以及各种工具软件等。其中操作系统是系统软件的核心，用户只有通过操作系统才能完成对计算机的各种操作。应用软件是为某种应用目的而编制的计算机程序，如文字处理软件、图形图像处理软件、网络通信软件、财务管理软件、CAD 软件、各种程序包等。微型机的中央处理单元（Central Processing Unit，CPU）集成在一个硅片上，因此其体积小，成本低。自 20 世纪 70 年代微型计算机诞生之后，计算机的应用就推向了全社会。个人计算机（Personal Computer，PC）的普及已经渗透到各个领域，它对于社会生产力的发展和人类生活的改变已经起到了极大的促进作用。

自 1971 年微型计算机问世以来，由于实际应用的需要，微型计算机向着两个方向发展：一个是向着高速度、大容量、高性能的高档微机方向发展；而另一个则是向着稳定可靠、体积小、功耗低、价格低廉的单片机方向发展。单片机是微型计算机的一个重要分支，它的出现是计算机发展史上的一个重要里程碑，它使计算机从海量存储与高速复杂数值计算进入到智能化控制领域。从此，计算机的两个重要领域——通用计算机领域和嵌入式计算机领域都获得了极其重大的进展。

1.2 单片机的基本概念

单片机因将其主要组成部分集成在一个芯片上而得名，具体说就是把中央处理单元（CPU）、随机存储器（RAM）、只读存储器（ROM）、中断系统、定时器/计数器以及输入/输出口（I/O）电路等主要微型机部件，集成在一块芯片上。虽然单片机只是一个芯片，但从组成和功能上看，它已经具有了计算机系统的属性，为此称它为单片微型计算机，简称单片机（Single Chip Microcomputer，SCM）。

单片机主要用于控制领域，用以实现各种测试和控制功能，为了强调其控制属性，也可以把单片机称为微控制器（Micro Controller Unit，MCU）。由于单片机应用时通常处于被控系统的核心地位并融入其中，即以嵌入的方式进行使用，为了强调其“嵌入”的特点，也常常将单片机称为嵌入式微控制器（Embedded Micro Controller Unit，EMCU）。

单片机通常是指芯片本身，它是由芯片制造商生产的，在它里面集成的是一些作为基本组成部分的运算器电路、控制电路、存储器、中断系统、定时器/计数器以及输入/输出口电路等。但一个单片机芯片并不能把计算机的全部电路都集成到其中，例如，组成谐振电路和复位电路的石英晶体、电阻、电容等，这些元件在单片机系统中只能以分离元件的形式出现。

此外，在实际的控制应用中，常常需要扩展外围电路和外围芯片。从中可以看到单片机和单片机系统的差别，即单片机只是一个芯片，而单片机系统则是在单片机芯片的基础上扩展其他电路或芯片构成的具有一定应用功能的计算机系统。

通常所说的单片机系统都是为实现某一控制应用需要由用户设计的，是一个围绕单片机芯片而组建的专用计算机应用系统。在单片机系统中，单片机处于核心地位，是构成单片机系统的硬件和软件基础。

在单片机硬件的学习上，既要学习单片机，也要学习单片机系统，即单片机芯片内部的组成和原理，以及单片机系统的组成方法。

1.3 单片机的发展概况

1971年11月，美国Intel公司首先设计出4位微处理器Intel 4004，搭配上随机存取存储器（RAM）、只读存储器（ROM）和移位寄存器等芯片，构成第一台MCS-4微型计算机。1972年4月Intel公司又研制成了功能较强的8位微处理器Intel 8008。这些微处理器虽说还不是单片机，但从此拉开了研制单片机的序幕。

1976年Intel公司推出了MCS-48单片机，这个时期的单片机才是真正的8位单片微型计算机，并推向市场。它以体积小，功能全，价格低赢得了广泛的应用，为单片机的发展奠定了基础，成为单片机发展史上重要的里程碑。在MCS-48的带领下，其后，各大半导体公司相继研制和发展了自己的单片机，如Zilog公司的Z8系列。到了20世纪80年代初，单片机已发展到了高性能阶段，如Intel公司的MCS-51系列、Motorola公司的6801和6802系列、Rokwell公司的6501及6502系列等，此外，日本的著名电气公司NEC和Hitachi都相继开发了具有自己特色的专用单片机。

20世纪80年代，世界各大公司均竞相研制出品种多、功能强的单片机，约有几十个系列，300多个品种，此时的单片机均属于真正的单片化，大多集成了CPU、RAM、ROM、数目繁多的I/O接口、多种中断系统，甚至还有一些带A/D转换器的单片机，功能越来越强大，RAM和ROM的容量也越来越大，寻址空间甚至可达64KB。可以说，单片机发展到了一个全新阶段，应用领域更广泛，许多家用电器均走向利用单片机控制的智能化发展道路。

1982年以后，16位单片机问世，代表产品是Intel公司的MCS-96系列，16位单片机比起8位机，数据宽度增加了一倍，实时处理能力更强，主频更高，集成度达到了12万只晶体管，RAM增加到了232字节，ROM则达到了8KB，并且有8个中断源，同时配置了多路的A/D转换通道，高速的I/O处理单元，适用于更复杂的控制系统。

20世纪90年代以后，单片机获得了飞速的发展，世界各大半导体公司相继开发了功能更为强大的单片机。美国Microchip公司发布了一种完全不兼容MCS-51的新一代PIC系列单片机，引起了业界的广泛关注，特别它的产品只有33条精简指令集吸引了不少用户，使人们从Intel的111条复杂指令集中走出来。PIC单片机获得了快速的发展，在业界中占有了一席之地。随后更多的单片机种蜂拥而至，Motorola公司相继发布了MC68HC系列单片机，日本的几个著名公司都研制出了性能更强的产品，但日本的单片机一般均用于专用系统控制，而不像Intel等公司投放到市场形成通用单片机。例如，NEC公司生产的μCOM87系列单片机，其代表作μPC7811是一种性能相当优异的单片机。Motorola公司的MC68HC05系列其高速低价等特点赢得了不少用户。Zilog 公司的 Z8 系列产品代表作是 Z8671，内含 BASIC Debug 解释程序，极大地方便了用户。而美国国家半导体公司的 COP800 系列单片机则采用了先进的哈佛结构。Atmel 公司则把单片机技术与先进的 Flash 存储技术完美地结合起来，发布了性能相当优秀的 AT89 系列单片机。Holtek 和 Winbond 等公司凭着他们廉价的优势，也纷纷加入了单片机发展行列。

随着集成电路的发展及信息时代的到来，开始出现了以 ARM 为代表的 32 位单片机，目前，ARM 单片机在移动通信、手持计算、多媒体数字消费等嵌入式设备中得到了广泛的应用。

目前，单片机园地里，单片机品种异彩纷呈，争奇斗艳。有 8 位、16 位和 32 位机，但 8 位单片机仍以它的价格低廉、品种齐全、应用软件丰富、支持环境充分、开发方便等特点而占据着重要的地位。

1.4 单片机的特点与应用

1. 单片机的特点

单片机是从工业测控对象、环境、接口特点出发，向着增强控制功能、提高工业环境下的可靠性方向发展。它的主要特点如下。

（1）种类多，型号全

很多单片机厂家逐年扩大适应各种需要，有针对性地推出一系列型号产品，使系统开发工程师有很大的选择余地。大部分产品有较好的兼容性，保证了已开发产品能顺利移植，较容易地使产品进行升级换代。

（2）提高性能，扩大容量，性能价格比高

集成度已经达到 300 万个晶体管以上，总线速度达到数十微妙到几百纳秒，指令执行周期已经达到几微妙到数十纳秒，以往片外 XRAM 现已在物理上存入片内，ROM 容量已经扩充达 32KB、64KB、128KB 以致更大的空间。价格从几百元到几元不等。

（3）增加控制功能，向真正意义上的“单片”机发展

把原本是外围接口芯片的功能集成到一块芯片内，在一片芯片中构造了一个完整的功能强大的微处理应用系统。

（4）低功耗

现在新型单片机的功耗越来越小，供电电压从 5V 降低到了 3.2V，甚至 1V，工作电流从 mA 降到 μA 级，工作频率从十几兆赫兹可编程到几十千赫兹。特别是很多单片机都设置了多种工作方式。这些工作方式包括等待、暂停、睡眠、空闲、节电等。

（5）C 语言开发环境，友好的人机互交环境

大多数单片机都提供基于 C 语言开发平台，并提供大量的函数供使用。这使产品的开发周期、代码可读性、可移植性都大为提高。

2. 单片机的应用

单片机广泛应用于仪器仪表、家用电器、医用设备、航空航天、专用设备的智能化管理及过程控制等领域，大致可分如下几个范畴。

（1）在智能仪器仪表上的应用

单片机具有体积小、功耗低、控制功能强、扩展灵活、微型化和使用方便等优点，广泛应用于仪器仪表中，结合不同类型的传感器，可实现诸如电压、功率、频率、湿度、温度、流量、速度、厚度、角度、长度、硬度、元素、压力等物理量的测量。采用单片机控制使得仪器仪表数字化、智能化、微型化，且功能比起采用电子或数字电路更加强大。例如，精密的测量设备（功率计、示波器、各种分析仪）。

（2）在工业控制中的应用

用单片机可以构成形式多样的控制系统、数据采集系统。例如，工厂流水线的智能化管理，电梯智能化控制、各种报警系统，与计算机联网构成二级控制系统等。

（3）在家用电器中的应用

可以这样说，现在的家用电器基本上都采用了单片机控制，从电饭煲、洗衣机、电冰箱、空调机、彩电、其他音响视频器材，再到电子秤量设备，五花八门，无所不在。

（4）在计算机网络和通信领域中的应用

现代的单片机普遍具备通信接口，可以很方便地与计算机进行数据通信，为在计算机网络和通信设备间的应用提供了极好的物质条件，现在的通信设备基本上都实现了单片机智能控制，从手机，电话机、小型程控交换机、楼宇自动通信呼叫系统、列车无线通信。再到日常工作中随处可见的移动电话、集群移动通信、无线电对讲机等。

（5）单片机在医用设备领域中的应用

单片机在医用设备中的用途亦相当广泛，例如，医用呼吸机、各种分析仪、监护仪、超声诊断设备及病床呼叫系统等。

此外，单片机在工商、金融、科研、教育、国防、航空航天等领域都有着十分广泛的用途。

1.5 常用单片机类型及常用单片机系列介绍

自单片机诞生至今，加入单片机生产和研制的厂家在全世界已经有上百家，它已发展为几百个系列的上千个机种，使用户有了较大的选择余地。随着集成电路的发展，单片机也已从4位发展到8位、16位、32位。根据近年来的使用情况看，8位单片机仍然是低端应用的主要机型。专家预测，在未来相当长一段时间内，仍将保持这个局面。所以，目前教学的首选机型还是8位单片机，而8位单片机中最具代表性、最经典的机型，当属51系列单片机。

20世纪80年代中期，由于Intel公司将8051内核使用权以专利互换或出售形式转给世界许多著名集成电路（Integrated Circuit，IC）制作厂商，使得众多的半导体厂商都购买了51芯片的核心专利技术，并在其基础上进行性能上的扩充，使得芯片得到进一步的完善，形成了一个庞大的体系。不同厂家在设计生产时都保证了产品的兼容性，这主要是指令兼容、总线兼容和引脚兼容。现在一般把与8051内核相同的单片机统称为“51系列单片机”。众多厂商的参与使得8051的发展长盛不衰，从而形成了一个既具有经典性，又有旺盛生命力的单片机系列。

下面介绍目前流行的51内核单片机。

1．MCS-51系列单片机

MCS-51系列单片机是Intel公司推出的通用型单片机。MCS-51系列又分为51和52两个子系列，并以芯片型号的最末位数字作为标志。其中，51 子系列是基本型，而 52 子系列则属增强型。

MCS-51 系列单片机采用两种半导体工艺生产。一种是 HMOS 工艺，即高速度、高密度、短沟道 MOS 工艺。另外一种是 CHMOS 工艺，即互补金属氧化物的 HMOS 工艺。表 1-1 中，芯片型号中带有字母"C"的，为 CHMOS 芯片，如 80C51、87C51。其余均为一般的 HMOS 芯片。

MCS-51 单片机片内程序存储器常见的有 3 种配置形式，即无 ROM、掩膜 ROM 和 EPROM。这 3 种配置形式对应 3 种不同的单片机芯片，它们各有特点，如表 1-1 所示。

表 1-1　MCS-51 单片机分类表

子系列	片内 ROM 形式			片内 ROM 容量(KB)	片内 RAM 容量(B)	寻址范围(KB)	I/O 特性			中断源
	无	ROM	EPROM				计数器	并行口	串行口	
51 子系列	8031	8051	8751	4	128	2×64	2×16	4×8	1	5
	80C31	80C51	87C51	4	128	2×64	2×16	4×8	1	5
52 子系列	8032	8052	8752	8	256	2×64	3×16	4×8	1	6
	80C32	80C52	87C52	8	256	2×64	3×16	4×8	1	6

对 Intel 公司的 MCS-51 系列单片机进行选型时应注意以下两点。

（1）每个单片机产品子系列，根据内部程序存储器提供方式的不同，型号基本上有 3 种。例如，在 8051 子系列中，有 3 种主要的芯片：8031、8051、8751，分别对应内部不提供程序存储器、提供 4KB 掩膜 ROM 和 4KB EPROM 的同一芯片的 3 种版本。

（2）MCS-51 系列单片机有两种制造工艺，HMOS 工艺和 CHMOS 工艺。由此可以分为分别对应的两个子系列：8051 和 80C51 子系列。虽然两种芯片在功能上完全兼容，但采用 CHMOS 工艺的 80C51 子系列属于 CMOS 器件，与 HMOS 器件相比，它的工作电流要小得多，因此使单片机的功耗降得很低，而且还增加了待机工作模式和掉电工作模式。

2．Atmel 公司 AT89 系列单片机

美国 Atmel 公司是国际上著名的半导体公司，该公司的技术优势在于 Flash 存储器技术。随着业务的发展，在 20 世纪 90 年代初，Atmel 公司一跃成为全球最大的 E^2PROM 供应商。1994 年，为了介入单片机市场，Atmel 公司以 E^2PROM 技术和 Intel 公司的 80C31 单片机核心技术进行交换，从而取得了 80C31 内核的使用权。Atmel 公司把自身的先进 Flash 存储器技术和 80C31 核相结合，推出了 Flash AT89 系列单片机。这是一种内部含 Flash 存储器的特殊单片机。由于它内部含有大容量的 Flash 存储器，所以，在产品开发及生产便携式商品、手提式仪器等方面有着十分广泛的应用，也是目前取代传统的 MCS-51 系列单片机的主流单片机之一。

AT89 系列单片机对于一般用户来说，有下列明显的优点。

（1）内部含有 Flash 存储器，在系统开发过程中很容易修改程序，可以大大缩短系统的开发时间。

（2）与 MCS-51 系列单片机引脚兼容，可以直接进行代换。

（3）AT89 系列并不是对 80C31 的简单继承，该系列的功能进一步增强了。

在我国，这种单片机受到广泛青睐，很多以前使用 80C51、80C52 的用户都转而使用 AT89

系列。对于有丰富编程经验的用户而言，不需要仿真器，可以直接将程序烧入芯片，放在目标板上加电直接运行，观察运行结果，出现问题时再进行修改，然后重新烧写程序，再进行试验，直至成功。

AT89 系列包括两大类，第一类是常规的，就是 AT89C 系列，这类单片机要用常规的并行方法编程，必需使用编程器编程；第二类是 ISP Flash 系列（ISP，在系统可编程，即芯片安装到电路板上之后不用拿下来而直接往里面烧写程序），也就是 AT89S 系列，这类单片机除了用常规的并行方法编程外，还可以在系统用下载线进行编程，省去价格较贵的编程器，而且可以在目标板上直接修改程序。

3．PHILIPS 80C51 系列单片机

PHILIPS 公司生产的单片机都属于 MCS-51 系列的兼容单片机，从内核结构上可划分为两类：16 位的 XA 系列和 80C51 兼容系列。其中以 80C51 兼容系列单片机最为著名，下面讨论的就是这一系列的产品。PHILIPS 公司开发了众多基于 80C51 内核架构的派生器件，型号数以百计，可满足不同的应用场合。其中许多产品在存储器、定时/计数器、输入/输出口、中断、串行口等资源上做了不同程度的改进和增强，在有的型号中还新增了诸如 IIC 接口、A/D 转换、PWM 输出等新的外设。这样就使用户总能找到适合自己需要的型号。可以说 PHILIPS 也为 MCS-51 单片机的经久不衰做出了很大的贡献。PHILIPS 公司 80C51 兼容系列单片机从内核结构上又可以划分为两大类，即 6 时钟内核类和 12 时钟内核类。我们知道标准的 MCS-51 单片机的每个机器周期包括 12 个时钟周期，所谓 6 时钟内核是指单片机的每个机器周期包括 6 个时钟周期，所以在相同的时钟频率下，采用 6 时钟内核的单片机运行速度更快。许多采用 6 时钟内核单片机也可以通过软件设置使其工作在 12 时钟模式，这样就增加了使用的灵活性。PHILIPS 公司提供了各种适合应用于各种场合的 80C51 兼容单片机配置，规格比较齐全，可应用在很多电子产品中。选型时可根据需要，从存储器、运行速度、定时/计数器、串行口、供电电压、模拟量处理等不同角度进行选择。

4．Winbond 单片机

Winbond（华邦）公司是一家在国际上有较高声誉的半导体公司，其生产的 MCS-51 系列兼容单片机独具特色。原 MCS-51 系列单片机虽然历史悠久，应用也非常广泛，但也有许多值得改进之处，如运行速度过慢等。当晶振频率为 12MHz 时，机器周期达 1μs，显然适应不了高速运行的需要。Winbond 公司在提高 MCS-51 系列单片机运行速度上做出了贡献。其生产的产品型号为 W77 和 W78 系列 8 位单片机，W77、W78 系列的脚位和指令集与 8051 兼容，其中 W78 系列与 AT89C 系列完全兼容。W77 系列为增强型，对原有的 8051 的时序做了改进，每个机器周期从 12 个时钟周期改为 4 个时钟周期，使速度提高了三倍，同时，晶振频率最高可达 40MHz。W77 系列还增加了看门狗（Watchdog）、两组 UART、两组 DPTR 数据指针、ISP 等多种功能。

5．STC 单片机

中国宏晶科技公司推出的高性价比的 STC89 系列单片机，增加了大量的新功能，提高了 51 单片机的性能。STC89 系列单片机是 MCS-51 系列单片机的派生产品。它们在指令系统、

硬件结构和片内资源上与标准 8051 单片机完全兼容，DIP40 封装系列与 8051 的引脚兼容。STC89 系列单片机高速（最高时钟频率 90MHz），低功耗，在系统/在应用可编程（ISP/IAP），不占用户资源。STC89 系列单片机按芯片型号分别有 64/32/16/8KB 片内 Flash，分为 2 个 Flash 存储块：Block0 和 Blockl。2 个 Flash 存储块在物理结构上 Block0 在前，Block1 在后。通过 REMAP（地址重置）功能可以将 Flash 存储块重定位。

STC89 系列单片机 ISP 和一般 MCS-51 系列的单片机如 AT89S 系列的 ISP 有所不同。ISP 主要应用于在线（或远程）升级，通过执行 ISP 引导码改写用户程序，无需编程器，不需要亲临现场。STC89 系列单片机在出厂时，片内已经烧录有 ISP 引导码，占用 Block1 的程序空间前 2KB，并设置为从 Block1 启动。启动时，首先执行 ISP 引导码，确认是程序下载，还是正常启动。无论是程序下载还是正常启动，ISP 引导码最后总是将 REMAP 取消，恢复 Block0 在前 8KB 的地址空间，进而执行 Block0 中的用户程序，即用户程序总是放在 Block0 的 00H 开始的单元，除非用户自行修改了 ISP 引导码。

IAP 功能是在应用可编程，利用该功能，可将本不具有 EEPROM 的单片机具有相当于 EEPROM 的功能，而且存储空间远大于 EEPROM。IAP 不能对自身所在的 Block 编程，即当程序运行在 Block0 时，可编程的是 Block1，当程序运行在 Block1 时，可编程的是 Block0。根据这个特点，通过 REMAP 功能可设置在应用编程的 Flash 的大小。

6. SST 单片机

SST89 系列单片机是美国 SST 公司推出的高可靠、小扇区结构的 51 内核单片机，特别是所有产品均带有 IAP（在应用可编程）和 ISP（在系统可编程）功能，不占用用户资源，通过串行口即可在系统仿真和编程，无须专用仿真开发设备，3～5V 工作电压，低价格，在市场竞争中占有较强的优势。

SST89 系列的 Flash 存储器使用 SST 专有的专利技术 CMOS SuperFlash E^2PROM 工艺，内部 Flash 擦写次数达 l 万次以上，程序保存时间可达到 100 年。片内的 SuperFlash 存储器分为两个独立的程序存储块。主 SuperFlash 存储块（Block0）大小为 64KB/32KB，从存储块（Blockl）大小为 8KB。从存储块的 8KB 可以映射到 64KB/32KB 地址空间的最低位位置；也可从被程序计数器隐藏，映射到数据空间，作为一个独立的 EEPROM 数据存储器。

SST 单片机有一个比较好的地方在于它具有 SoftICE（Software In Circuit Emulator）在线仿真功能，只需占用单片机的串口即可实现在 Keil 下的实时在线仿真功能，同时还可以实现 ISP 在线编程功能。SST 公司为部分 SST89 系列单片机提供了仿真监控程序，把仿真监控程序固化到单片机内部 Flash 存储器的 Blockl 中就可实现仿真功能。因此我们用一颗 SST89 系列单片机的芯片，如 SST89C58 或 SST89E564RD/516RD 等，加上串口电平转换电路就可以做成一个 51 单片机的仿真器。

1.6 单片机应用系统开发过程简介

1.6.1 单片机项目开发流程

单片机应用系统的开发过程主要包括 4 个部分：硬件系统的设计与调试、单片机应用程序设计、应用程序的仿真调试、系统调试。

1．硬件系统的设计与调试

硬件系统的设计包括系统硬件电路原理图的设计、印制电路板（PCB）的设计与制作、元器件的安装与焊接。完成硬件系统的设计后，应采用适当的手段对硬件系统进行测试，测试合格后，硬件系统的设计与调试完毕。所获得的硬件系统一般称为单片机目标板。

2．单片机应用程序设计

单片机应用程序按系统软件功能可划分为不同的子功能模块和子程序。无论子功能模块还是子程序，都要在单片机应用系统开发环境的编辑软件支持下，先编写好源程序，并且在汇编器/编译器的支持下，通过汇编/编译来检查源程序中的语法错误。只有通过汇编/编译且没有语法错误后，才能进入应用程序的仿真调试。目前编写应用程式时，主要使用汇编语言和 C 语言。编写较大的应用程序时，使用 C 语言编程会更加方便。无论使用汇编语言，还是 C 语言编写的程序，都必须通过工具软件转变成 CPU 可以执行的机器码才能供单片机运行。目标文件的格式一般为.hex 或.bin。对于 8051 系列单片机来说，Keil C51 开发系统具有编辑、编译、模拟单片机 C 语言程序的功能，也能编辑、编译、模拟汇编语言程序；对于初学者，开始编写的程序难免出现语法错误或其他不规范的语句，由于 Keil C51 编译时对错误语句有明确的提示，因此，十分方便程序的修改和维护。

3．应用程序的仿真调试

应用程序仿真调试的目的是：检查应用程序是否有逻辑错误，是否符合软件功能要求，纠正错误并完善应用程序。应用程序的仿真调试一般分为硬件仿真和软件仿真两种。

硬件仿真是通过仿真器（仿真机）与目标样机进行实时在线仿真，如图 1-1 所示。

一块单片机应用电路板包括单片机部分及为达到使用目的而设计的应用电路。硬件仿真就是利用仿真器来代替应用电路板（称目标样机）的单片机部分，由仿真器向目标样机的应用电路部分提供各种信号、数据进行测试、调试的方法。这种仿真可以通过单步执行、连续执行等多种方式来运行程序，并能观察到单片机内部的变化，便于修改程序中的错误。图 1-1 中，将仿真头插到电路板上的单片机插座上，此时可将仿真器看作是一个独立的单片机，通过运行 PC 上的仿真软件（如 Keil C51 软件），使目标机处于一个真实的工作环境之中，可模拟开发单片机的各种功能。显然，这种仿真因为需要仿真器、电路板等硬件装置，因而投资较大。

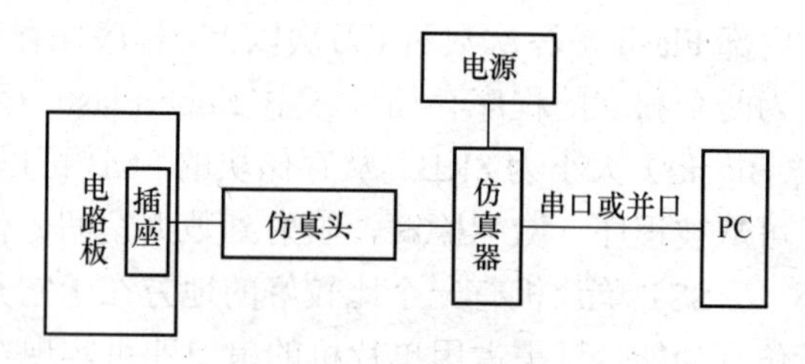

图 1-1 硬件仿真连接图

软件仿真是指在 PC 上运行仿真软件来实现对单片机的硬件模拟、指令模拟和运行状态模拟，故这种仿真方法又称为软件（程序）模拟调试。它不需要硬件，简单易行，可采用 Keil、MedWin 或 8051DEBUG 等软件进行模拟调试。软件仿真的缺点是不适用于实时性很强的单片机应用系统的调试，在实时性要求不高的场合，软件仿真已被广泛使用。

4．系统调试

仿真通过的应用程序，通过编程器将目标程序下载到单片机应用系统的程序存储器中，并通过人机交互通道接口，在给定不同的运行条件下，观测系统的具体功能实现与否。根据系统运行结果，若运行正确，则系统的某项功能实现得到确认；若运行不正确，应根据不正确的具体现象，修改应用程序设计，甚至修改系统硬件电路，最终满足系统的所有功能要求。

由于单片机的实际运行环境一般是工业生产现场，即使硬件仿真调试通过的单片机应用系统，在脱机运行于工况现场时，也可能出现错误，这时应特别注意单片机应用系统的防电磁干扰措施，应对所设计的单片机应用系统进行全面检查，针对可能出现的问题，修改应用程序、硬件电路、总体设计方案，直至达到用户要求。

1.6.2 MCS-51系列单片机仿真软件Proteus的基本使用方法

传统的单片机实验中，硬件部分大多采用市场上完善的实验电路板或实验箱，学生在实验过程中一般不存在硬件部分的设计。因而，传统的单片机实验基本上是验证性实验，其实验流程可以归纳为："根据原理图连线→下载代码并调试→运行并检测实验结果是否达到预期"等3大步骤。此类验证性实验缺乏创新性，不利于培养学生的实践能力和创新意识。而基于Proteus的单片机虚拟仿真实验则可以进行硬件电路和软件系统的设计和开发，所有软硬件系统的实现、调试和验证都可以在仿真平台上进行，同时对软硬件系统的设计修改十分便捷，节约开发时间的同时降低了开发成本，这对于学生学习单片机开发的相关知识是十分有帮助的。

Proteus是英国Labcenter公司开发的电路及单片机系统设计与仿真软件。Proteus可以实现数字电路、模拟电路及微控制器系统与外设的混合电路系统的电路仿真、软件仿真、系统协同仿真和PCB设计等功能。Proteus是能对各种处理器进行实时仿真、调试与测试的EDA工具，真正实现了在没有目标原型时就可以对系统进行调试、测试和验证。Proteus软件大大提高了企业的产品开发效率，降低了开发风险。由于Proteus软件逼真、真实的协同仿真功能，它也特别适合于作为配合单片机课堂教学和实验的学习工具。

Proteus软件提供了30多个元器件库、7 000余种元器件。元器件涉及电阻、电容、二极管、三极管、变压器、继电器、各种放大器、各种激励源、各种微控制器、各种门电路和各种终端等。Proteus 软件中还提供有交直流电压表、逻辑分析仪、示波器、定时/计数器和信号发生器等测试信号工具用于电路测试。

Proteus主要由以下两个设计平台组成。

（1）原理图设计与仿真平台（Intelligent Schematic Input System，ISIS），它用于电路原理图的设计及交互式仿真。

（2）高级布线和编辑软件平台（Advanced Routing and Editing Software，ARES），它用于印刷电路板的设计，并产生光绘输出文件。

下面我们通过用单片机控制一个LED灯闪烁发光的实例，来简单介绍一下使用Proteus进行51单片机仿真实验的方法。本例中我们使用P1口的第1个引脚控制一个LED灯，1s闪烁一次。该仿真实验需要如下3个主要步骤。

步骤一：原理图绘制。

运行Protues的ISIS模块，进入仿真软件的主界面，如图1-2所示。

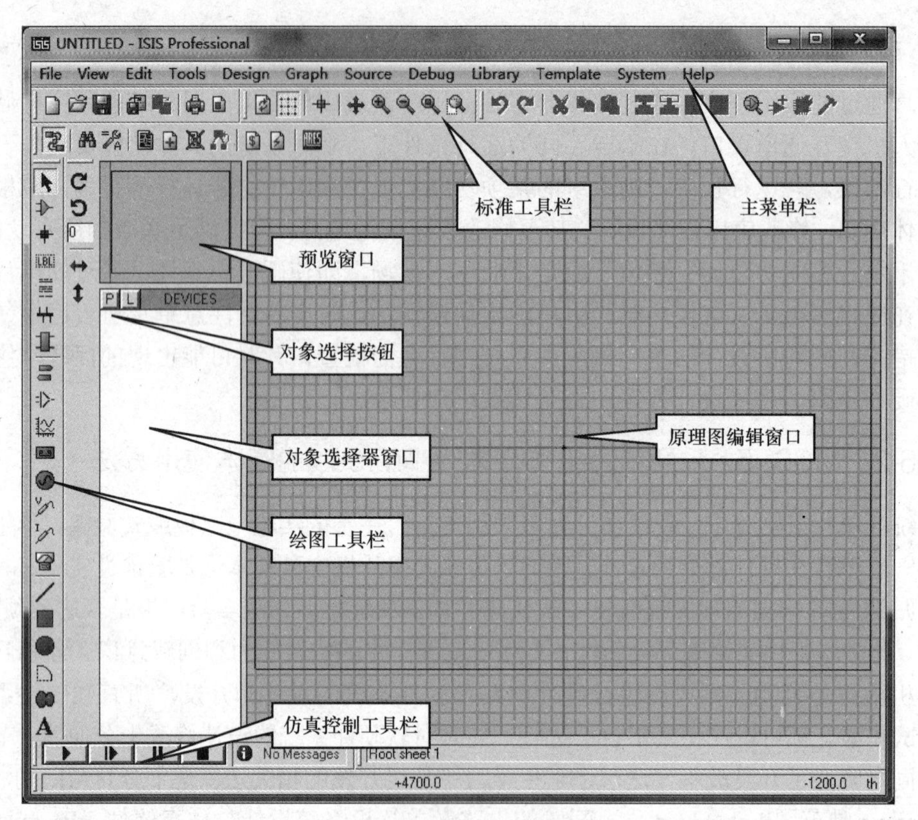

图 1-2　ISIS 工作界面

整个设计都是在 ISIS 编辑区中完成的。

（1）单击工具栏上的“新建”按钮，新建一个设计文档。单击“保存”按钮，弹出“Save ISIS Designe File”对话框，在文件名框中输入“LED”（实例的文件名），再单击“保存”按钮，完成新建设计文件操作，其后缀名自动为.DSN。

（2）选取元器件。单片机仿真实验中的一些常用元器件如下。

① 单片机：AT89C51。

② 发光二极管：LED-RED。

③ 瓷片电容：CAP*。

④ 电阻：RES*。

⑤ 晶振：CRYSTAL。

⑥ 按钮：BUTTON。

单击图 1-2 中的“P”按钮，弹出图 1-3 所示的选取元器件对话框，在此对话框左上角“Keywords（关键词）”一栏中输入元器件名称，如“AT89C51”，系统在对象库中进行搜索查找，并将与关键词匹配的元器件显示在“Results”中。在“Results”栏中的列表项中，双击“AT89C51”，则可将“AT89C51”添加至对象选择器窗口。按照此方法完成其他元器件的选取，如果忘记关键词的完整写法，可以用“*”代替，如“CRY*”可以找到晶振。被选取的元器件都加入到 ISIS 对象选择器中。

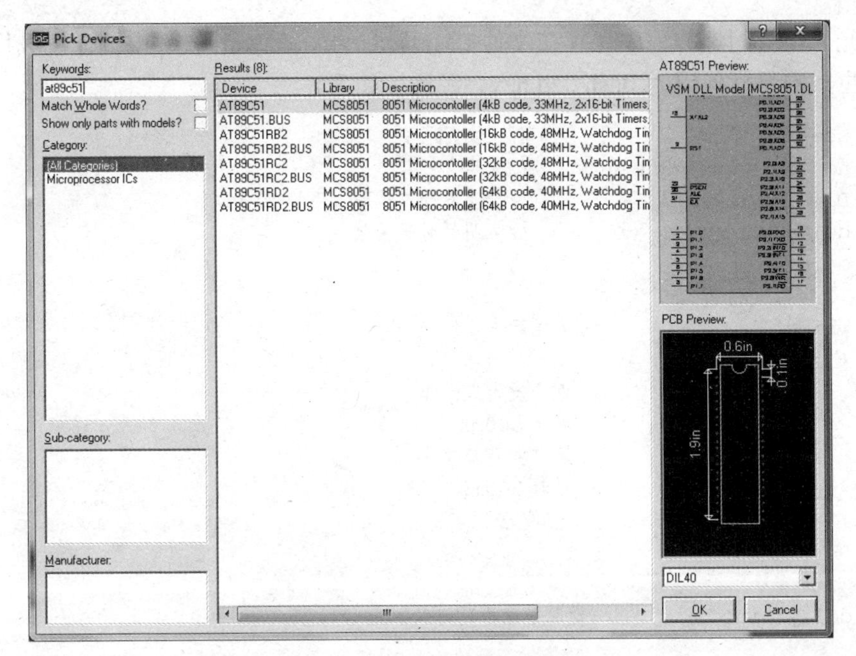

图 1-3 选取元器件对话框

（3）放置元器件至原理图编辑窗口。在对象选择器窗口中，选中 AT89C51，将鼠标置于原理图编辑窗口该对象的欲放置的位置，单击鼠标左键，该对象完成放置。同理，将 LED、RES 等放置到原理图编辑窗口中并连接导线，如图 1-4 所示。

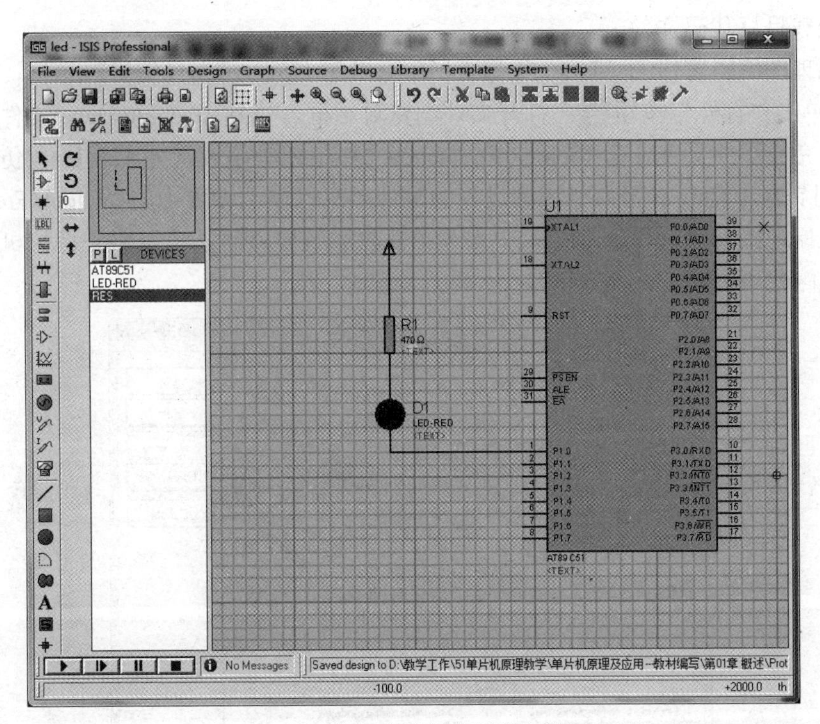

图 1-4 编辑完成的实例的电路图

步骤二：源程序设计与生成目标代码文件。

将发光二极管闪烁的程序保存在文件 flash_led.c 中，在 Keil 软件中编译生成目标代码文件，本例生成的目标代码为 flash_led.hex。源程序如下。

```
#include<reg52.h>               //头文件
#define uint unsigned int       //宏定义
sbit D1=P1^0;                   //声明发光二极管占用的I/O口位
void delay(uint z);             //声明延时子函数
void main()
{
     while(1)              //大循环
     {
          D1=0;            //点亮发光二极管
          delay(500);      //延时 500ms
          D1=1;            //熄灭发光二极管
          delay(500);      //延时 500ms
     }
}

void delay(uint z)         //延时子函数延时约 zms
{
     uint x,y;
     for(x=z;x>0;x--)
          for(y=110;y>0;y--);
}
```

步骤三：Proteus 仿真。

（1）加载目标代码文件

双击原理图编辑窗口的 AT89C51 器件，在弹出图 1-5 所示属性编辑对话框，在“Program File”栏中单击“打开”按钮，打开文件浏览对话框，找到 flash_led.hex 文件，单击“打开”按钮，完成添加文件。在“Clock Frequency”栏中把频率设置为 12MHz，仿真系统则以 12MHz 的时钟频率运行。因为单片机运行的时钟频率以属性设置中的“Clock Frequency”为准，所以在原理图编辑区设计 MCS-51 系列单片机系统电路时，可以略去单片机振荡电路，并且复位电路也可以略去。

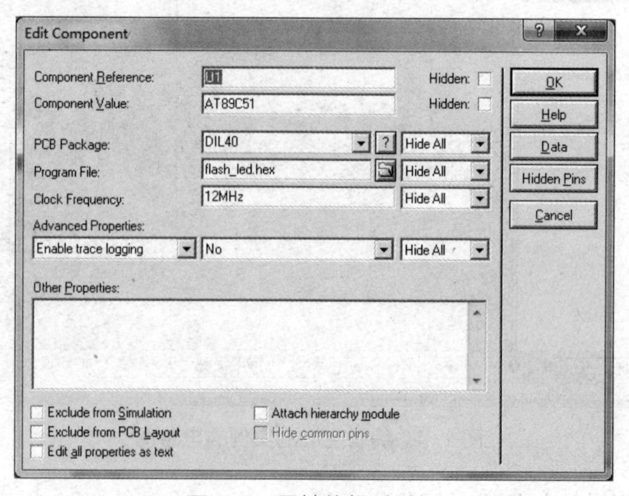

图 1-5　属性编辑对话框

（2）仿真运行

单击按钮，启动仿真，仿真运行效果如图 1-6 所示。可以看到发光二极管大约间隔 500ms 闪烁一次。

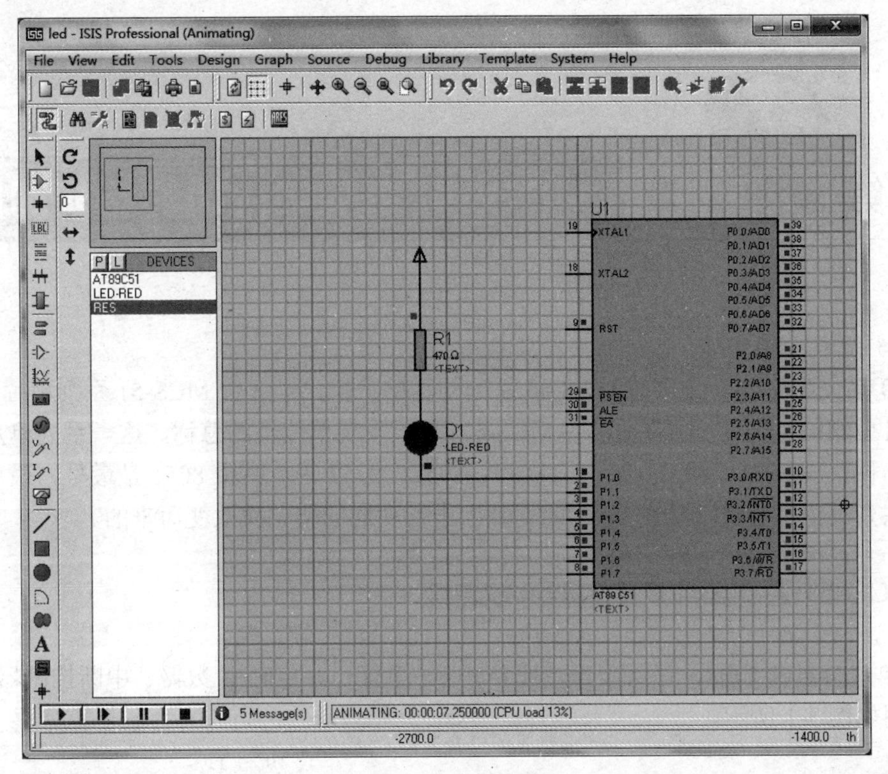

图 1-6　仿真运行效果

至此，一个单片机应用系统的典型设计与调试过程宣告结束。一般来讲，随着单片机应用系统复杂程度的增加，电路设计与调试的工作量会明显增加，这要求设计者必须具有足够的基础知识和工作经验，因此单片机学习需要采用理论与实践相结合的方法。

习题及思考题

1．什么是单片机？单片机与通用微机相比有何特点？
2．单片机的发展有哪几个阶段？8 位单片机会不会过时，为什么？
3．举例说明单片机的主要应用领域。
4．简述单片机应用项目的开发流程。
5．如何使用 Proteus 软件进行单片机应用系统的开发与调试？

第2章 MCS-51系列单片机的结构和原理

1980年，美国Intel公司在MCS-48系列的基础上推出了8位MCS-51系列单片机。它与以前的机型相比，功能增强了许多。MCS-51 是一系列单片机的总称，这一系列单片机包括了多个品种，如8031、8051、8751、8032、8052、8752等，其中8051是最早、最典型的产品。该系列其他单片机都是在8051的基础上进行功能的增、减改变而来的。

2.1 MCS-51系列单片机的主要性能特点

51单片机包含CPU、存储器、并行I/O口、串行口、定时/计数器、中断控制器等部件，其结构图如图2-1所示。

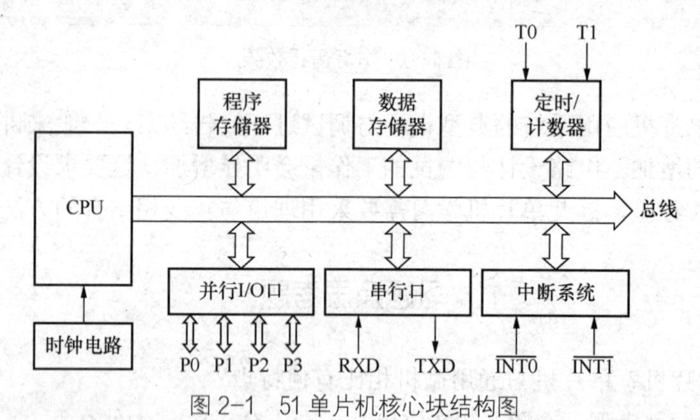

图2-1 51单片机核心块结构图

51单片机各部件的特点如下。

（1）8位的CPU。

（2）片内带振荡器，频率范围为1.2～12MHz。

（3）片内带256B的数据存储器（RAM）。

（4）片内带4KB的程序存储器（ROM）。

（5）程序存储器的寻址空间为64KB。

（6）片外数据存储器的寻址空间为64KB。

（7）128个用户位寻址空间。

（8）21个特殊功能寄存器。

（9）4个8位的I/O并行接口：P0、P1、P2、P3。

（10）两个16位定时/计数器。

（11）5个中断源（有两个优先级别）。

（12）一个全双工的串行I/O接口，可多机通信。

（13）111条指令，包含乘法指令和除法指令。

（14）片内采用单总线结构。

（15）有较强的位处理能力。

（16）采用单一+5V电源。

2.2 MCS-51系列单片机的内部结构

2.2.1 CPU结构

8位高性能的CPU是单片机的核心部分，它的作用是读入并分析每条指令，根据各指令的功能，控制单片机的各功能部件执行指定的操作。它由以下两部分组成。

1. 运算器

运算器由算术逻辑部件（ALU）、累加器A、寄存器B、暂存寄存器、程序状态字寄存器PSW组成。它的任务是完成算术和逻辑运算、位变量处理和数据传送等操作。

ALU是运算器的核心部件。它不仅能完成8位数据的加、减、乘、除等算术运算，而且能完成“与”“或”“异或”“循环”“求补”等逻辑运算，同时还具有位处理功能。

累加器A是一个8位寄存器，用于向ALU提供操作数和存放运算的结果。在运算时将一个操作数经暂存器送到ALU，与另一个来自暂存器的操作数在ALU中进行运算，运算后的结果又送回累加器A。

寄存器B一般做暂存器，配合累加器A完成乘、除法运算。在不进行乘、除运算时，可以作为通用的寄存器使用。

暂存寄存器用来暂时存放数据总线或其他寄存器送来的操作数。它作为ALU的数据输入源，向ALU提供操作数。

程序状态字寄存器（PSW）是一个8位标志寄存器，每一位有明确具体的含义，如表2-1所示。

表2-1　PSW各位的具体含义

位序	PSW.7	PSW.6	PSW.5	PSW.4	PSW.3	PSW.2	PSW.1	PSW.0
位名称	C	AC	F0	RS1	RS0	OV	—	P
含义	进位标志位	辅助进位标志	用户标志位	工作寄存器选择位		溢出标志位	—	奇偶标志位

2. 控制器

控制器由指令寄存器（IR）、指令译码器（ID）、定时及控制逻辑电路和程序计数器

PC 组成。

程序计数器（PC）是一个 16 位的计数器。它总是存放着下一个要取的指令的存储单元的 16 位地址。也就是说，CPU 总是把 PC 的内容作为地址，按该地址从内存中取出指令码或含在指令中的操作数。因此，每取完一个字节后，PC 的内容自动加 1，为取下一个字节做好准备。只有在程序转移、子程序调用和中断响应时例外，那时的 PC 不再加 1，而是由指令或中断响应过程自动给 PC 置入新的地址。单片机上电或复位时，PC 自动清 0，即装入地址 0000H，这就保证了单片机上电或复位后，程序从 0000H 地址开始执行。

指令寄存器（IR）用来保存当前正在执行的一条指令。若要执行一条指令，首先要把它从程序存储器取到指令寄存器中。指令的内容包括操作码和地址码两部分，操作码送往指令译码器（ID），经其译码后便确定了所要执行的操作，地址码送往操作数地址形成电路以便形成实际的操作数地址。

定时与控制逻辑是中央处理器的核心部件，它的任务是控制取指令、执行指令、存取操作数或运算结果等操作，向其他部件发出各种微操作控制信号，协调各部件的工作。

2.2.2 存储器结构及编址

1．存储器类型及地址分配

51 单片机的存储器包括程序存储器（ROM）和数据存储器（RAM），这种将程序和数据分开存储的结构称为哈佛结构。而这两类存储器又都分为片内和片外两类。因此，从物理结构上，51 单片机存储器可分为片内程序存储器、片外程序存储器、片内数据存储器和片外数据存储器 4 部分。

从用户使用角度，51 单片机有如下 3 个存储空间。

① 片内外统一编址的 64KB 的程序存储器地址空间，地址范围：0000H～FFFFH。

② 片内数据存储器的 256B 地址空间，地址范围：00H～FFH。

③ 片外数据存储器的 64KB 地址空间，地址范围：0000H～FFFFH。

在访问上述 3 个不同存储空间时，应采用不同的指令，以产生不同的存储器空间的选通信号。例如，程序存储器的 64KB 寻址空间与数据存储器的 64KB 空间是重叠的，通过不同指令，选通 ROM 或 RAM，从而避免地址重叠而发生混乱的情况。

2．程序存储器

程序存储器通过 $\overline{EA}$ 引脚区分片内和片外：如 $\overline{EA}$=1，先寻址片内，当 PC 地址超过片内程序存储器地址（0FFFH）时，将自动转到片外寻址；如 $\overline{EA}$=0，CPU 从片外程序存储器中寻址并取出指令，如图 2-2 所示。

程序地址空间中有 7 个具有特殊含义的地址，它们规定了 51 单片机的复位和中断的入口地址。

① 0000H——系统复位。

② 0003H——外部中断 0。

③ 000BH——定时器 T0 溢出。

④ 0013H——外部中断 1。

⑤ 001BH——定时器 T1 溢出。

⑥ 0023H——串行口中断。

⑦ 002BH——定时器 T2 溢出。

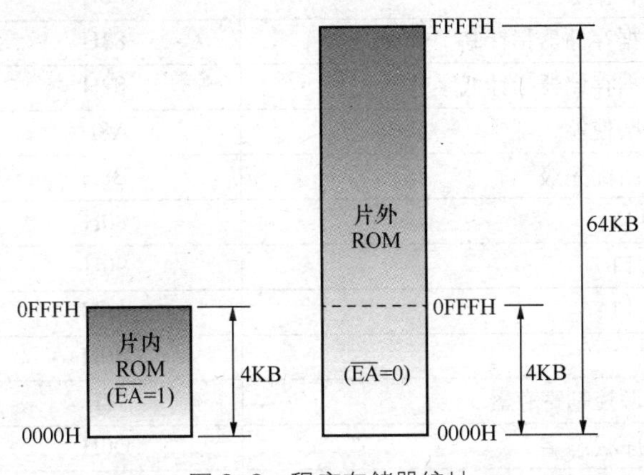

图 2-2 程序存储器编址

3．片内数据存储器

51 单片机的片内、片外数据存储器是两个独立的地址空间，分别单独编址。片内数据存储器大小为 256B，分为两部分：低 128B 的片内 RAM 和高 128B 的特殊功能寄存器块。

（1）片内 RAM（地址：00H～7FH）

这部分 RAM 存储器应用最为灵活，可用于暂存运算结果及标志位等，可直接或间接寻址。按其用途还可以分为以下 3 个区域。

① 工作寄存器区。从地址 00H～1FH 安排了 4 组工作寄存器，每组占用 8 个 RAM 字节，记为 R0～R7。在某一时刻，CPU 只能使用其中的一组工作寄存器，工作寄存器组的选择则由程序状态字寄存器（PSW）中 RS1、RS0 两位来确定。

② 位寻址区。占用地址 20H～2FH，共 16B，128 位。这个区域除了可以作为一般 RAM 单元进行读写外，还可以对每个字节的每一位进行操作，并且对这些位都规定了固定的位地址，从 20H 单元的第 0 位起到 2FH 的第 7 位止共 128 位，用位地址 00H～FFH 分别与之对应。对于需要进行按位操作的数据，可以存放到这个区域。

③ 用户 RAM 区。地址为 30H～7FH，共 80B。这是真正给用户使用的一般 RAM 区，在一般应用中常把堆栈放置在此区中。

（2）特殊功能寄存器块（地址：80H～FFH）

特殊功能寄存器（Special Function Registers，SFR），专用于控制、管理片内算术逻辑部件、并行 I/O 口、串行 I/O 口、定时器/计数器、中断系统等功能模块的工作。在 51 单片机中，SFR 与片内 RAM 统一编址，可直接寻址。

51 单片机内部有多个特殊功能寄存器（SFR），表 2-2 列出了这些 SFR 的符号、名称、地址和复位后的值。访问这些 SFR 只允许使用直接寻址方式，在指令中，既可以使用特殊功能寄存器的符号，也可以使用它们的地址，使用寄存器符号可以提高程序的可读性。

表 2-2　　51 系列单片机特殊功能寄存器（SFR）一览表

寄存器符号	寄存器名称	地　址	复 位 值
A	累加器	E0H	00H
B	寄存器 B	F0H	00H
DPH	数据存储器指针高字节	83H	00H
DPL	数据存储器指针低字节	82H	00H
IE	中断使能	A8H	00H
IP	中断优先级	B8H	x0000000B
P0	P0 口	80H	FFH
P1	P1 口	90H	FFH
P2	P2 口	A0H	FFH
P3	P3 口	B0H	FFH
PCON	电源控制寄存器	97H	00xxx000B
PSW	程序状态字	D0H	00000000B
SBUF	串口数据缓冲区	99H	xxxxxxxxB
SCON	串行口控制	98H	00H
SP	堆栈指针	81H	07H
TCON	定时器控制	88H	00H
T2CON#	定时器 2 控制	C8H	00H
TH0	定时器 0 高字节	8CH	00H
TH1	定时器 1 高字节	8DH	00H
TH2#	定时器 2 高字节	CDH	00H
TL0	定时器 0 低字节	8AH	00H
TL1	定时器 1 低字节	8BH	00H
TL2#	定时器 2 低字节	CCH	00H
TMOD	定时器模式	89H	00H

4．片外数据存储器

片外数据存储器的地址空间大小有 64KB，地址范围：0000H～FFFFH。片外数据存储器按 16 位编址时，其地址空间与程序存储器重叠。但不会引起混乱，访问程序存储器是使用 PSEN 信号选通，而访问片外数据存储器时是由读信号（$\overline{RD}$）和写信号（$\overline{WR}$）选通的。

最后，对 51 单片机存储结构的总结如图 2-3 所示。

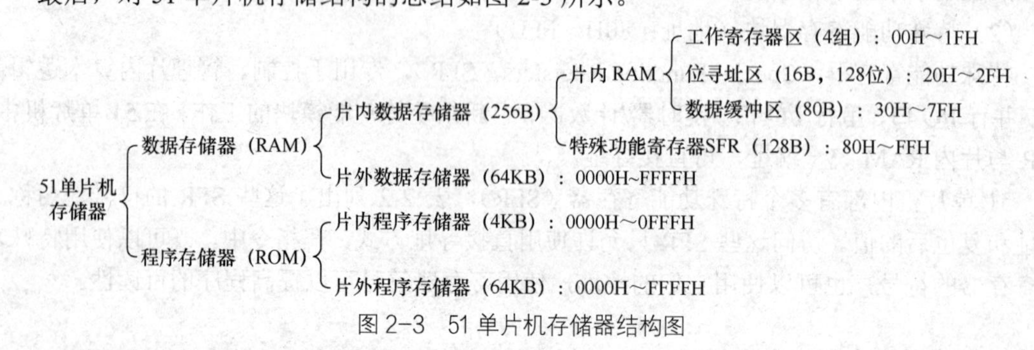

图 2-3　51 单片机存储器结构图

2.2.3　并行 I/O 接口

51 系列单片机有 4 个 8 位的并行 I/O 端口，分别记为 P0、P1、P2 和 P3，共 32 根线。每个端口都包含一个锁存器、一个输出驱动器和一个输入缓冲器。

4 个 I/O 口在结构和特性上是基本相同的，但又各具特色。下面详细地介绍它们的结构。

1. P0 口

图 2-4 所示的是 P0 口的某一位结构示意图。它由一个输出锁存器、两个三态输入缓冲器和输出驱动电路及控制电路组成。I/O 口的每位锁存器均由 D 触发器组成，用来锁存输入/输出的信息。在 CPU 的“写锁存器”信号驱动下，将内部总线上的数据写入锁存器中。两个三态缓冲器，一个用来“读引脚”信息，即将 I/O 引脚上的信息读到内部总线，送 CPU 处理；另一个用来“读锁存器”，即把锁存器内容读到内部总线上，送 CPU 处理。因此，对某些 I/O 指令可读取锁存器的内容，而另外一些指令则是读取引脚上的信息，应注意两者之间的区别。

输出控制电路由一个与门、一个反向器和一个多路转换开关（MUX）组成。多路转换开关用于在对外部存储器进行读/写时要进行地址/数据的切换。输出驱动电路由两个串联的场效应管（VT1 和 VT2）组成。当 P0 口作为一般 I/O 口使用时，CPU 送来的控制信号为低电平，此时模拟开关处于向下接通的位置，$\overline{Q}$ 端与输出驱动电路下面的 VT2 栅极接通。因控制信号为低，与门输出为 0，使 VT1 截止。这时，当 CPU 向 P0 口输出数据时，即 CPU 对 P0 口进行写操作时，写脉冲加到锁存器的时钟端 CP 上，锁存器的状态取决于 D 端的状态。当 Q 端为高，$\overline{Q}$ 为低，而 $\overline{Q}$ 与 VT2 的栅极连通，故 P0 端口的状态刚好与内部总线的状态一致。

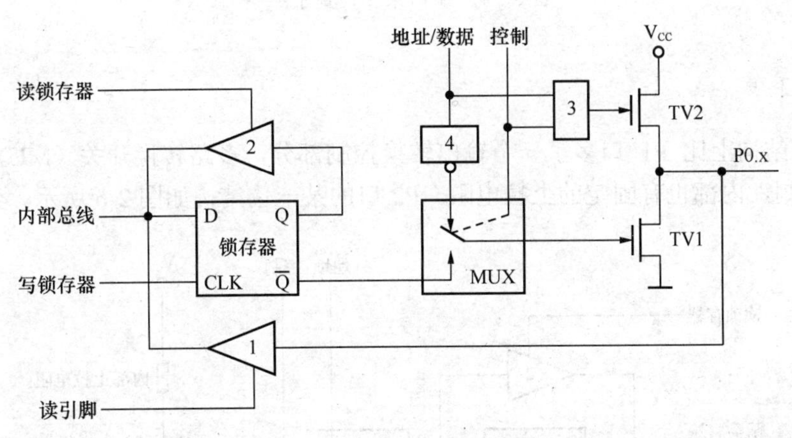

图 2-4　P0 口某一位的结构

当输入数据时，由于外部输入信号既加在缓冲输入端上，又加在驱动电路的漏极上，如果这时 VT2 是导通的，则引脚上的电位被钳位在 0 电平上，输入数据不可能正确地读入。因此，在输入数据时，应先把 P0 口置 1，将两个场效应管均关断，使引脚成为高阻状态，这样才能正确地输入数据。这就是所谓的准双向口。

在有外部扩展存储器时，P0 口必须作为地址/数据总线用，这时就不能把它作为通用的 I/O 口使用了。当从 P0 口输出地址/数据时，控制信号为高，使 MUX 向上与反向器输出端接通，同时与门打开，地址/数据便通过与门及 VT1 传送到 P0 口，当从 P0 口输入数据时，则通过下面的缓冲器进入内部总线。

2. P1 口

P1 口也是一个 8 位的准双向并行 I/O 口。对于 51 子系列单片机 P1 口的 P1.0 与 P1.1，除作为普通的 I/O 接口线外，它还有第二功能。P1 口某一位的结构如图 2-5 所示。在电路结构上，P1 口的输出驱动部分与 P0 口不同，内部有上拉电阻与电源相连，与场效应管共同组成输出驱动电路。当 P1 口输出高电平时，可以向外提供上拉电流负载，所以不必再接上拉电阻，当输入时，与 P0 口一样，必须先向锁存器写 1，使场效应管截止。由于片内负载电阻较大，所以不会对输入数据产生影响。

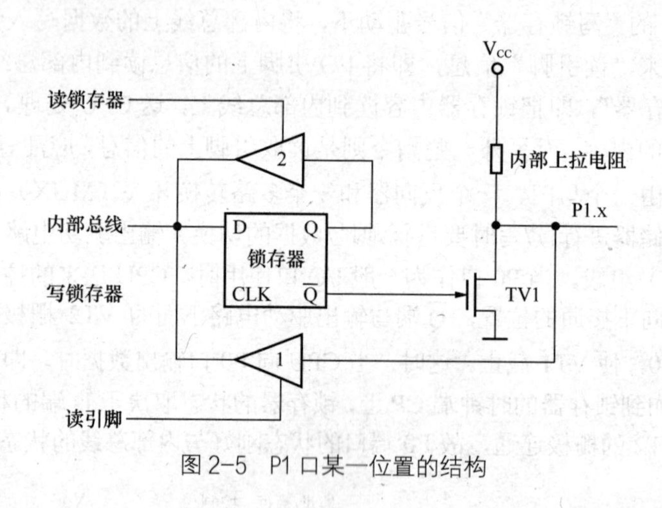

图 2-5　P1 口某一位置的结构

3. P2 口

P2 口在结构上比 P1 口多了一个输出转换控制部分，多路转换开关（MUX）的倒向由 CPU 命令控制，内部也有固定的上拉电阻。P2 口的某一位结构如图 2-6 所示。

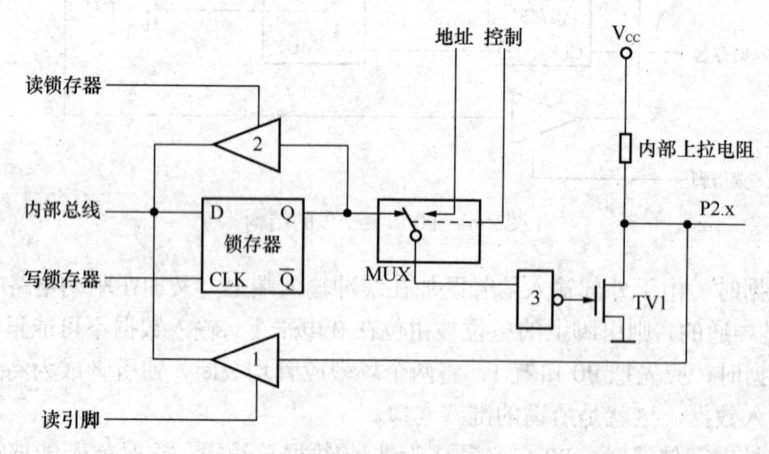

图 2-6　P2 口某一位的结构

P2 口既可作为通用 I/O 口使用，又可作为地址总线口，传送地址高 8 位。当 P2 口用来作为通用 I/O 口时，是一个准双向的 I/O 口。此时，CPU 送来的控制信号为低电平，使 MUX 与锁存器的 Q 端接通。当输出信息时，引脚上的状态即为 Q 端的状态。当输入信息时，也要先用软件使输出锁存器置 1，然后再进行输入操作。当单片机外部扩展有存储器时，P2 口可用于输出高 8 位地址，这时 CPU 送来的控制信号应为高电平，使 MUX 与地址接通，此时引脚上得到的信息为地址。在外接程序存储器的系统中，由于访问外部程序存储器的操作连续不断，P2 口将不断输出高 8 位地址，所以这时 P2 口不再作为通用 I/O 口使用。

4. P3 口

P3 口是一个多功能端口，其某一位的结构如图 2-7 所示。当 P3 口作为通用 I/O 口使用时，第二输出功能端应保持高电平，打开与非门，使锁存器输出 Q 端的状态能顺利通过与非门送到引脚上。输入时，先置输出锁存器为 1，使场效应管截止，在公共三态缓冲器读引脚信息。

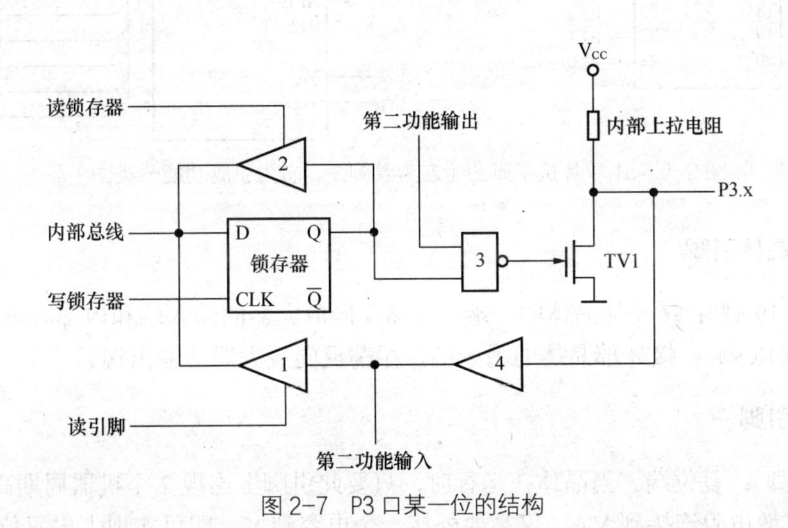

图 2-7　P3 口某一位的结构

当 P3 口作为第二功能使用时，应先将输出锁存器置 1，使与非门畅通。输出时，第二输出功能端的信息通过与非门送到引脚上。输入时，先置输出锁存器为 1，使场效应管截止，引脚上的第二输入功能信号经第一个缓冲器输入。不论作为输入口使用还是第二功能信号输入，图 2-7 中的锁存器输出和第二输出功能端都应保持高电平。

2.3　51 系列单片机的引脚功能

引脚是电路芯片的物理界面，用户通过引脚使用芯片的内部功能。51 单片机芯片一般有 40 条引脚，其管脚布置及引脚功能分类如图 2-8 所示。

1. 电源引脚

V_{SS}（20 脚）：接地，0V 参考点。

V_{CC}（40 脚）：电源，提供掉电、空闲、正常工作电压。

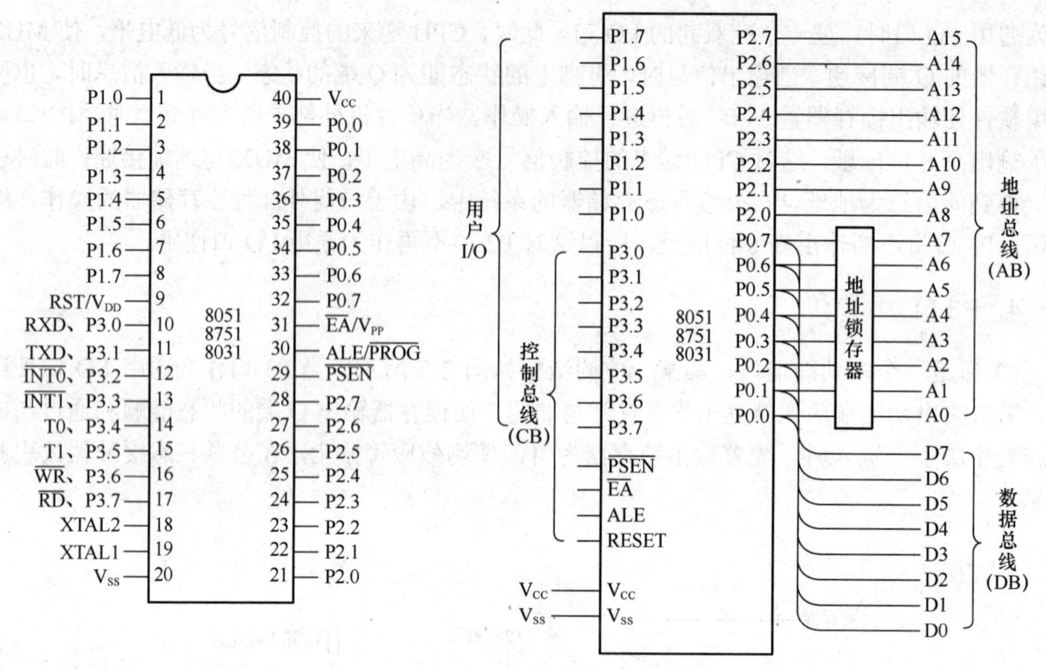

图 2-8　51 单片机引脚图（左为管脚图，右为引脚功能分类图）

2. 外接晶体引脚

XTAL1（19 脚）：接外部晶体的一端，振荡反向放大器的输入端和内部时钟电路输入端。

XTAL2（18 脚）：接外部晶体的另一端，振荡反向放大器的输出端。

3. 控制引脚

RST（9 脚）：复位端。当晶体在运行时，只要此引脚上出现 2 个机器周期高电平即可复位，内部有扩散电阻连接到 V_{SS}，仅需要外接一个电容到 V_{CC} 即可实现上电复位。

ALE（30 脚）：地址锁存使能。在访问外部存储器时，输出脉冲锁存地址的低字节，在正常情况下，ALE 输出信号恒定为 1/6 振荡频率。并可用作外部时钟或定时，注意每次访问外部数据时，一个 ALE 脉冲将被忽略。

$\overline{\text{PSEN}}$（29 脚）：程序存储使能。读外部程序存储。当从外部读取程序时，$\overline{\text{PSEN}}$ 每个机器周期被激活两次，在访问外部数据存储器时 $\overline{\text{PSEN}}$ 无效，访问内部程序存储器时 $\overline{\text{PSEN}}$ 无效。

$\overline{\text{EA}}$/V_{PP}（31 脚）：外部寻址使能/编程电压。在访问整个外部程序存储器时，$\overline{\text{EA}}$ 必须外部置低。如果 $\overline{\text{EA}}$ 为高时，将执行内部程序。当 RST 释放后 $\overline{\text{EA}}$ 脚的值被锁存，任何时序的改变都将无效。该引脚在对 Flash 编程时用于输入编程电压（V_{PP}）。

4. 输入/输出引脚

P0 口（P0.0～P0.7，39～32 脚）：是双向 8 位三态 I/O 口。可向其写入 1。使其状态为悬浮，用作高阻输入。P0 口也可以在访问外部程序存储器时作为地址的低字节，在访问外部数据存储器时作为数据总线，此时通过内部强上拉传送 1。

P1 口（P1.0～P1.7，1～8 脚）：是带内部上拉的双向 I/O 口。向 P1 口写入 1 时，P1 口被内部上拉为高电平，可用作输入口；当作为输入脚时，被外部拉低的 P1 口会因为内部上拉而输出电流。

P2 口（P2.0～P2.7，21～28 脚）：是带内部上拉的双向 I/O 口。向 P2 口写入 1 时，P2 口被内部上拉为高电平，可用作输入口。当作为输入脚时，被外部拉低的 P2 口会因为内部上拉而输出电流。在访问外部程序存储器和外部数据时作为 16 位地址的高 8 位字节，此时通过内部强上拉传送 1。当使用 8 位寻址方式访问外部数据存储器时，P2 口发送 P2 特殊功能寄存器的内容。

P3 口（P3.0～P3.7，10～17 脚）：是带内部上拉的双向 I/O 口。向 P3 口写入 1 时，P3 口被内部上拉为高电平，可用作输入口。当作为输入脚时，被外部拉低的 P3 口会因为内部上拉而输出电流。P3 口脚具有第二功能，表 2-3 介绍了 P3 口的第二功能。

表 2-3　P3 口的第二功能

口　线	第 二 功 能	类　型	名　称
P3.0	RXD	I	串行输入口
P3.1	TXD	O	串行输出口
P3.2	$\overline{INT0}$	I	外部中断 0
P3.3	$\overline{INT1}$	I	外部中断 1
P3.4	T0	I	定时器 0 外部输入
P3.5	T1	I	定时器 1 外部输入
P3.6	$\overline{WR}$	O	外部数据存储器写信号
P3.7	$\overline{RD}$	O	外部数据存储器读信号

2.4 时钟电路与时序

2.4.1 时钟电路

单片机内部有一个用于构成振荡器的高增益反向放大器，引脚 XTAL1 和 XTAL2 分别是反向放大器的输入端和输出端，由这个放大器与作为反馈元件的片外晶体或陶瓷谐振器一起构成了一个自激振荡器，如图 2-9 所示。这种方式形成的始终信号称为内部时钟方式。振荡器的频率主要取决于晶体的振荡频率，一般晶体可在 1.2～12MHz 之间任选；电容 C1、C2 的值则有微调作用，通常取 30pF 左右。

另外，单片机的时钟还可以采用外接方式。所谓外接方式，是指利用外部振荡信号源直接接入 XTAL1 或 XTAL2。由于 HMOS 和 CHMOS 单片机内部时钟进入的引脚不同，CHMOS 型由 XTAL1 进入，HMOS 型由 XTAL2 进入，因此外部振荡信号源接入的方法也不同。图 2-10 示出了 P89C51RX2 系列单片机时钟电路的外接方式。外接振荡信号源方式常用于多块芯片同时工作，以便于同步。

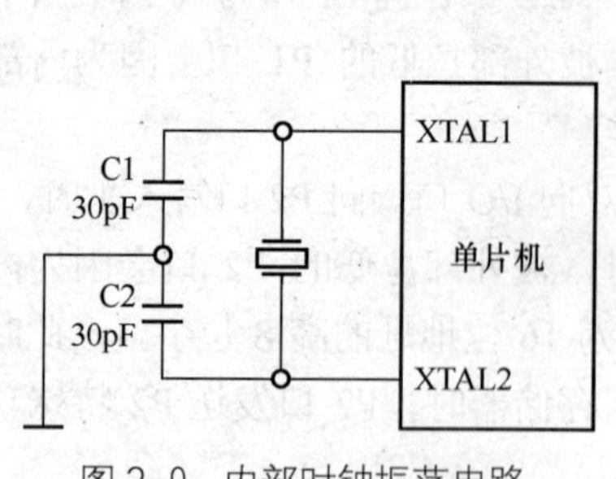

图 2-9　内部时钟振荡电路

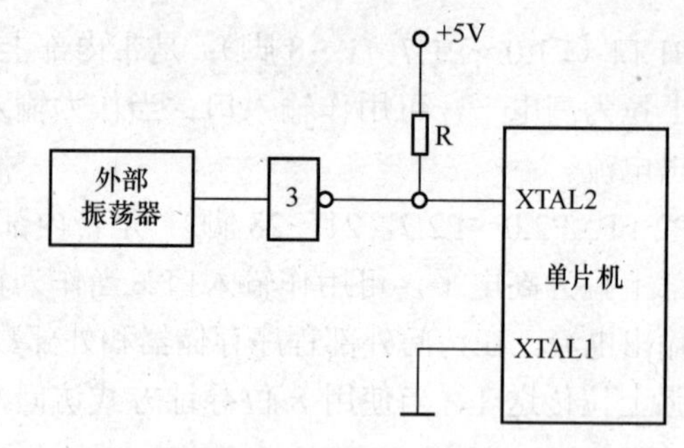

图 2-10　外部时钟接法

2.4.2　有关时序的概念

计算机在执行指令时，是将一条指令分解为若干基本的微操作。这些微操作所对应的脉冲信号在时间上的先后次序称为计算机的时序。51 单片机的时序有 4 类周期，从短到长依次如下。

1．振荡周期

振荡周期指为单片机提供定时信号的振荡源的周期，若为内部产生方式，则为石英晶体的振荡周期。

2．状态周期

振荡脉冲信号不被系统直接使用经 2 分频形成状态周期信号，才成为系统使用的信号，即一个状态周期包含 2 个振荡周期，用 S 表示。2 个振荡周期作为 2 个节拍，分别为节拍 P1 和节拍 P2。在状态周期的前半周期 P1 期间，通常完成算术逻辑操作；在后半周期 P2 期间，一般进行内部寄存器之间的传输。

3．机器周期

为便于管理，常把一个指令的执行过程划分为若干个阶段，每一个阶段完成一个基本操作，例如，取指令、存储器读、存储器写等。完成一个基本操作所需要的时间称为一个机器周期。一个机器周期包含 6 个时钟周期，用 S1，S2，…，S6 表示，共 12 个节拍，依次可表示为 S1P1，S1P2，S2P1，S2P2，…，S6P1，S6P2。

4．指令周期

完成一条指令所需要的时间称为指令周期。51 单片机除乘法、除法指令是 4 周期指令外，其余都是单周期指令和双周期指令。

例如，已知单片机用 12MHz 晶振，计算各周期。

① 12MHz 即 1μs 振荡 12 次，因此振荡周期=1/12μs；

② 时钟周期=2×振荡周期=1/6μs；

③ 机器周期=12×振荡周期=1μs；

④ 执行单周期指令=1μs，双周期指令=2μs。

2.4.3 CPU 时序

CPU 在固定时刻执行某种内部操作。在指令的执行过程中，分别在 S1P2、S4P2 期间读取指令。指令码被读取后送入指令寄存器，供 CPU 执行，同时 PC 指针加 1。

对于单周期单字节指令，CPU 在 S1P2 期间读取指令，同时 PC 加 1，PC 指向下一条指令；而在 S4P2 期间 CPU 仍将执行读取指令操作，但 CPU 不做任何操作，读取的指令将被丢弃，同时 PC 也不执行加 1 操作。对于单周期双字节指令，CPU 在 S1P2 期间读取指令，同时 PC 加 1；在 S4P2 期间读取指令的第 2 个字节，然后 PC 加 1，此时 PC 将指向下一条指令。这两种指令都为单周期指令，其具体执行情况如图 2-11 所示。如果不是单周期，则有不同。如对于单字节双周期指令，则在两个机器周期内将分 4 次读取指令操作码，但是后 3 次的读取操作均丢弃不用。

可见，51 单片机 CPU 也分取指令和执行指令两个阶段。而其时序特点是：固定时间 S1P2、S4P2 取指令，指令取完后在一个机器周期的剩余时间内，该指令执行完毕。

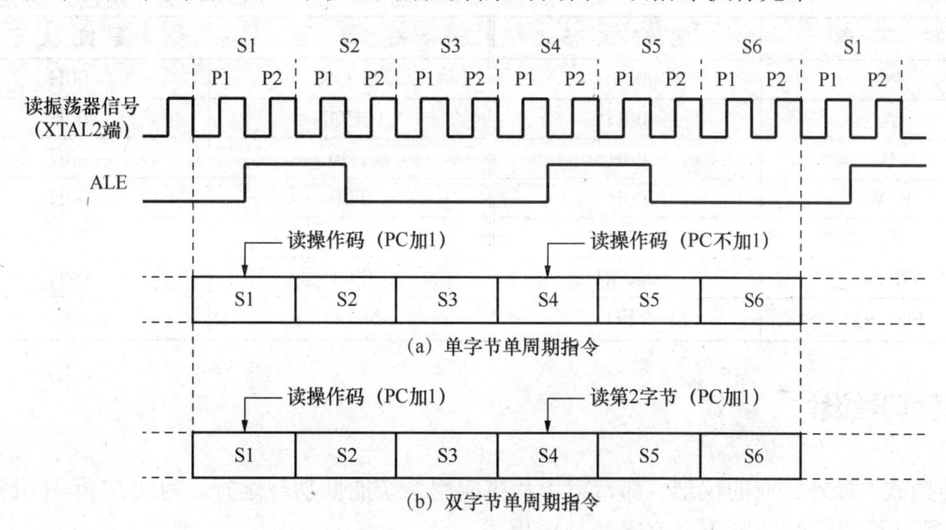

图 2-11 单周期指令时序图

2.5 单片机的复位

复位是在单片机开机初始化，或摆脱错误运行时的死锁状态而采用的一项操作。复位是使单片机不论处于何种状态，总是回归到某一确定的初始状态，并从这一状态重新开始工作。

2.5.1 复位电路

51 单片机的复位是由外部的复位电路实现的。复位电路通常有上电复位和按钮复位两种方式。所谓上电复位，是指计算机加电瞬间，要在 RST 引脚上出现大于 10ms 的正脉冲，使单片机进入复位状态。按钮复位是指用户按下“复位”按钮，使单片机进入复位状态。复位电路如图 2-12 所示。

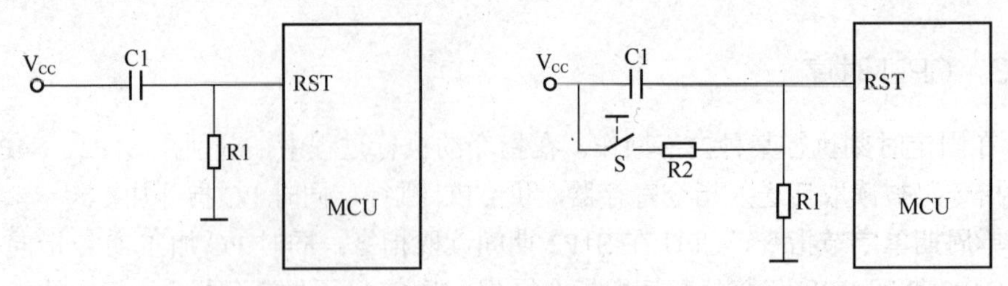

图 2–12　单片机复位电路（左图为上电复位，右图为按键复位）

2.5.2　复位后的状态

利用复位电路，使得 51 单片机的复位引脚 RST 上只要出现 10ms 以上的高电平，单片机即可实现复位。复位后，程序计数器 PC 的值设为 0000H，即程序重新从 0000H 地址单元开始执行。特殊功能寄存器复位后的内容也是确定的，如表 2-4 所示。

表 2-4　复位后寄存器状态表

寄存器	复位状态	寄存器	复位状态
PC	0000H	TCON	00H
A	00H	T2CON	00H
B	00H	TH0	00H
PSW	00H	TL0	00H
SP	07H	TH1	00H
DPTR	0000H	TL1	00H
P0～P3	FFH	SCON	00H

2.6　低功耗设计

便携式、野外作业的仪器，都希望单片机应用系统能低功耗运行。为此 51 单片机提供了 3 种低功耗模式：时钟停止、空闲和掉电模式。

2.6.1　时钟停止模式

该模式使时钟频率可以降至 0MHz（停振）。当振荡器停振时，RAM 和 SFR 的值保持不变。该模式允许逐步将时钟频率降至任意值以实现系统功耗的降低。如要实现最低功耗则建议使用掉电模式。

2.6.2　空闲模式

PCON.0 位置为 1 后，将执行最后一条指令，然后进入空闲模式。在空闲模式下，内部时钟信号向 CPU 关闭，但仍保持对中断系统、定时/计数器和串行口的响应。在系统处于空闲模式期间，CPU 的状态被完整保存，接口引脚的逻辑状态保持不变。ALE 和 $\overline{\text{PSEN}}$ 保持在逻辑高水平。

有两种方式可以终止空闲模式。①任何中断都将导致 PCON.0 被硬件清空，然后终止空闲模型；②用硬件重置终止空闲模式。

2.6.3　掉电模式

为了进一步降低功耗，通过软件（将电源控制寄存器 PCON 中的 PD 位置 1）可实现掉电模式。该模式中，振荡器停振并且在最后一条指令执行完进入掉电模式。在掉电工作方式下，内部振荡器停止工作。由于没有振荡时钟，所以单片机内部所有的功能部件都将停止工作。但片内的 RAM 区和特殊功能寄存器的内容被保持。

硬件复位可结束掉电模式。硬件复位使 SFR 值重新设置，但不改变片内 RAM 的值。要正确退出掉电模式，在 V_{CC} 恢复到正常操作电压范围之后，复位或外部中断开始执行并且要保持足够长的时间（通常小于 10ms）以使振荡器重新启动并稳定下来。

2.7　最小系统设计

单片机最小系统是指用最少的元件组成的单片机可以工作的系统。对 51 系列单片机来说，最小系统一般应该包括：单片机、电源、晶振电路、复位电路。单片机要正常工作，必须要有晶振电路，以提供时钟信号；还要有复位电路，因为单片机必须可靠复位后才能运行程序。

如果单片机最小系统内部有了程序，那么它可以运行该程序，但是单片机还不能够实现具体功能，因为单片机还没有接任何外围电路。所以一定要注意，对于单片机最小系统而言，要实现任何具体功能，必须配备相应的外围电路。

习题及思考题

1．51 单片机有哪些功能部件？各部件的主要功能是什么？

2．程序状态字寄存器（PSW）各位的含义是什么？

3．51 单片机存储器的物理结构分成几类？

4．51 单片机的引脚 $\overline{EA}$ 在访问程序存储器过程中起什么作用？

5．51 单片机的程序地址空间中，使用哪几个固定地址作为程序复位和中断的入口地址？

6．何谓 SFR？它的作用是什么？

7．P3 口各引脚的第二功能都有哪些？

8．如单片机 CPU 采用 6MHz 晶振，分别计算此 CPU 的振荡周期、时钟周期、机器周期和双周期指令所用的时间。

9．51 单片机有几个并行 I/O 口，它们有何异同？何谓“准双向口”？

10．复位操作在单片机中有什么作用？试列举几个重要的寄存器在复位后其复位状态码。

11．何为最小系统？

第3章 单片机C51语言基础与开发平台

在单片机系统应用开发中，不仅需要硬件系统设计，软件系统的设计和开发也是必不可少的环节。过去，单片机应用程序设计多采用汇编语言，能直接对硬件操作，编写出质量更高的程序代码，但其编写修改困难，可读性不如高级语言程序。C 语言属于高级语言，更容易被人们理解，更符合人们的思维习惯，编写代码效率高，维护方便，已成为单片机应用系统开发设计的一种趋势。

MCS-51 系列单片机多采用 Keil C51，它是美国 Keil Software 公司出品的 51 系列兼容单片机 C 语言软件开发系统，Keil C51 软件提供丰富的库函数和功能强大的集成开发调试工具，全 Windows 界面。只要看一下编译后生成的汇编代码，就能体会到 Keil C51 生成的目标代码效率非常之高，多数语句生成的汇编代码很紧凑，容易理解。在开发大型软件时更能体现高级语言的优势。Keil C51 标准 C 编译器为 80C51 微控制器的软件开发提供了 C 语言环境，同时保留了汇编代码高效、快速的特点。C51 编译器的功能不断增强，更加贴近 CPU 本身及其他的衍生产品。C51 已被完全集成到μVision5 的集成开发环境中，这个集成开发环境包含编译器、汇编器、实时操作系统、项目管理器、调试器。μVision2 IDE 可为它们提供单一而灵活的开发环境。

3.1 单片机 C51 语言基础

本节将介绍 Keil C 的主要特点和它与标准 C 语言（ANSI C）的不同之处。Keil C 编译器除了少数一些关键地方外，基本类似于 ANSI C。但是 Keil C 可以让用户针对 8051 单片机的结构进行程序设计，其差异主要是 8051 单片机的一些局限引起的。

3.1.1 数据类型

Keil C 有 ANSI C 的所有标准数据类型，除此之外，为了更加有效地利用 8051 的结构，还加入了一些特殊的数据类型。C51（Keil C）中用到的数据类型及长度如表 3-1 所示。

除了 ANSI C 支持的标准数据类型外，编译器还支持一种位数据类型。一个位变量存在于内部 RAM 的可位寻址区中，可像操作其他变量那样对位变量进行操作，但位数组和位指针是违法的。

表 3-1　　Keil C 中用到的数据类型及长度

数据类型	位　数	字节数	值　域
bit	1		0～1
signed char	8	1	−128～+127
unsigned char	8	1	0～255
enum	16	2	−32 768～+32 767
signed short	16	2	−32 768～+32 767
unsigned short	16	2	0～65 535
signed int	16	2	−32 768～+32 767
unsigned int	16	2	0～65 535
signed long	32	4	−2 147 483 648～+2 147 483 647
unsigned long	32	4	0～4 294 967 295
float	32	4	±1.175 494 E-38～±3.402 823 E+38
sbit	1		0～1
sfr	8	1	0～255
sfr16	16	2	0～65 535

bit、sfr、sfr16 和 sbit 是 Keil C51 中新增的变量类型。

（1）bit 用来定义位变量，值只能是 0 或 1。位变量位于 8051 单片机内部 RAM 位寻址区（20H～2FH），共为 16 字节，最多可定义 128 个位变量。

（2）sfr 用于定义特殊功能寄存器变量。该变量存储在片内的特殊功能寄存器存储区中，用来对特殊功能寄存器进行读写操作。

（3）sfr16 也用于定义特殊功能寄存器变量，所不同的是它用于操作占两个字节的特殊功能寄存器。

（4）sbit 用于定义特殊功能寄存器位变量，用来对特殊功能寄存器的可位寻址位进行读写操作。

3.1.2　特殊功能寄存器

特殊功能寄存器用 sfr 来定义，而 sfr16 用来定义 16 位的特殊功能寄存器，如 DPTR。通过名字或地址来引用特殊功能寄存器，地址必须高于 80H。可位寻址的特殊功能寄存器的位变量定义用关键字 sbit。sfr 的定义如下所示，对于大多数 8051 成员，Keil 提供了一个包含了所有特殊功能寄存器和它们的位的定义的头文件。通过包含头文件可以很容易地进行新的扩展。

```
sfr SCON=0X98; //定义 SCON
sbit SM0=0X9F; //定义 SCON 的各位
sbit SM1=0X9E;
sbit SM2=0X9D;
sbit REN=0x9C;
sbit TB8=0X9B;
sbit RB8=0X9A;
```

```
sbit TI=0X99;
sbit RI=0X98;
```

3.1.3 存储类型

51 单片机中，程序存储器和数据存储器严格区分。数据存储器又分为片内、片外两个独立的寻址空间，特殊功能寄存器与片内 RAM 统一编址。

Keil C51 完全支持 51 单片机的硬件结构和存储器组织，并提供了对 51 单片机所有存储区的访问，通过声明变量、常量为各种存储类型，将它们准确定位在不同的存储区中，即可以在变量定义中为其指定明确的存储空间。对内部数据存储器的访问比对外部数据存储器的访问快很多，因此，应当将频繁使用的变量放在内部数据存储器中，而把较少使用的变量放在外部数据存储器中。C51 存储类型和 51 单片机实际存储区的对应关系如表 3-2 所示。

带存储类型的变量的一般定义格式如下。

```
数据类型    存储类型    变量名
```

其中存储类型是表 3-2 所列的某一种，变量的定义包括了存储器类型的指定，指定了变量存放的位置。

表 3-2 存储区表

存储区	存储类型	长度/bit	地址区	描　述
直接寻址片内数据	data	8	00H～7FH	RAM 的低 128 个字节，可在一个周期内直接寻址
可位寻址片内数据	bdata	1	20H～2FH	data 区的 16 个字节的可位寻址区
间接寻址片内数据	idata	8	00H～FFH	可寻址 256 个字节，对 RAM 区的高 128 个字节，必须采用间接寻址
分页寻址片外数据	pdata	8	00H～FFH	外部存储区的 256 个字节，使用指令 MOVX @Rn，需要两个指令周期
外部数据	xdata	16	0000H～FFFFH	外部存储区使用 DPTR 寻址
程序	code	16	0000H～FFFFH	程序存储区使用 DPTR 寻址

1. data 区

对 data 区的寻址是最快的，所以应该把使用频率高的变量放在 data 区。由于空间有限，必须注意使用。data 区除了包含程序变量外，还包含了堆栈和寄存器组，data 区的声明如下所示。

```
unsigned char data system_status=0;
unsigned int data unit_id[2];
char data inp_string[16];
float data outp_value;
```

标准变量和用户自定义变量都可存储在 data 区中，只要不超过 data 区的范围。因为 C51 使用默认的寄存器组来传递参数，这样 data 区至少失去了 8 个字节空间。另外，要定义足够大的堆栈空间。当内部堆栈溢出的时候，程序会莫名其妙地复位。实际原因是 8051 系列微处理器没有硬件报错机制，堆栈溢出只能以这种方式表示出来。

2. bdata 区

可以在 bdata 区的位寻址区定义变量，这个变量就可进行位寻址，并且声明位变量。这对状态寄存器来说是十分有用的，因为它需要单独地使用变量的每一位。不一定要用位变量名来引用位变量。下面是一些在 bdata 区中声明变量和使用位变量的例子。

```
unsigned char bdata status_byte;
unsigned int bdata status_word;
unsigned long bdata status_dword;
sbit stat_flag=status_byte^4;
if(status_word^15){
…
    }
stat_flag=1;
```

编译器不允许在 bdata 区中定义 float 和 double 类型的变量。

下面的代码访问状态寄存器的特定位，把访问定义在 data 区中的一个字节与通过位名和位号访问同样的可位寻址字节的位的代码对比。注意，对变量位进行寻址产生的汇编代码比检测定义在 data 区的状态字节位所产生的汇编代码要好。如果对定义在 bdata 区中的状态字节中的位采用偏移量进行寻址，而不是用先前定义的位变量名时，编译后的代码是错误的。

```
unsigned char data byte_status=0x43;   //定义一个字节宽状态寄存器
unsigned char bdata bit_status=0x43;   //定义一个可位寻址状态寄存器
sbit status_3=bit_status^3;            //把bit_status的第3位设为位变量
bit use_bit_status(void);
bit use_bitnum_status(void);
bit use_byte_status(void);
void main(void){
    unsigned char temp=0;
    if (use_bit_status()){            //如果第3位置位temp 加1
        temp++;
    }
    if (use_byte_status()){           //如果第3位置位temp 再加1
        temp++;
    }
    if (use_bitnum_status()){         //如果第3位置位temp 再加1
        temp++;
    }
}

bit use_bit_status(void){
    return(bit)(status_3);
}

bit use_bitnum_status(void){
    return(bit)(bit_status^3);
}

bit use_byte_status(void){
```

```
        return byte_status&0x04;
    }
```

3．idata 区

idata 区也可存放使用比较频繁的变量，使用寄存器作为指针进行寻址。在寄存器中设置 8 位地址进行间接寻址。和外部存储器寻址比较，它的指令执行周期和代码长度都比较短。

```
unsigned char idata system_status=0;
unsigned int idata unit_id[2];
char idata inp_string[16];
float idata outp_value;
```

4．pdata 和 xdata 区

在这两个区声明变量和在其他区的语法是一样的。pdata 区只有 256 个字节，而 xdata 区可达 65 536 个字节。下面是一些例子。

```
unsigned char xdata system_status=0;
unsigned int pdata unit_id[2];
char xdata inp_string[16];
float pdata outp_value;
```

对 pdata 和 xdata 的操作是相似的。对 pdata 区寻址比对 xdata 区寻址要快，因为对 pdata 区寻址只需要装入 8 位地址，而对 xdata 区寻址需装入 16 位地址。所以尽量把外部数据存储在 pdata 区中。对 pdata 和 xdata 寻址要使用 movx 指令，需要两个处理周期。

```
#include <reg51.h>
unisgned char pdata inp_reg1;
unsigned char xdata inp_reg2;
void main(void){
    inp_reg1=P1;
    inp_reg2=P3;
 }
```

5．code 区

code 区的数据是不可改变的。一般，code 区中可存放数据表、跳转向量和状态表。对 code 区的访问和对 xdata 区的访问的时间是一样的。code 区中的对象在编译的时候初始化，否则，就得不到想要的值。下面是 code 区的声明例子。

```
unsigned char code data[ ]= {
    0x00, 0x01, 0x02, 0x03, 0x04, 0x05, 0x06, 0x07,
    0x08, 0x09, 0x10, 0x11, 0x12, 0x13, 0x14, 0x15
};
```

3.1.4 指针

1．通用指针

C51（51 系列的单片机是典型，我们在下面将用这种型号来说明）提供一个 3 字节的通

用存储器指针，通用指针的第一个字节表明指针所指的存储区空间，另外两个字节存储 16 位偏移量。对于 data、idata 和 pdata 区，只需要 8 位偏移量。

例如：

long * state; 是一个指向 long 型整数的指针，而 state 本身则根据存储模式存放在不同的 RAM 区。

char * xdata ptr;是一个指向 char 数据的指针，而 ptr 本身存放在外部 RAM 区。

以上的 long、char 等指针指向的数据可存放于任何存储器中。通用指针产生的代码比具体指针代码的执行速度要慢，因为存储区在运行前是未知的，编译器不能优化存储区访问，必须产生可以访问任何存储区的通用代码。如果优先考虑执行速度，应该尽可能地用具体指针，而不用通用指针。

2．具体指针

Keil 允许使用者规定指针指向的存储段，这种指针叫具体指针。例如：

```
char data *str;    //str 指向 data 区中 char 型数据
int xdata *ptr;    //ptr 指向外部 RAM 的 int 型整数
```

使用具体指针的好处是节省了存储空间。编译器不用为存储器选择和决定正确的存储器操作指令产生代码，这样就使得代码更加简短，但必须保证指针不指向所声明的存储区以外的地方，否则会产生错误，而且很难调试。

由于使用具体指针能够节省不少时间因此我们一般都不使用通用指针。

具体指针与通用指针对照如表 3-3 所示。

表 3-3　具体指针与通用指针对照表

指针类型	通用指针	xdata 指针	code 指针	idata 指针	data 指针	pdata 指针
大小	3 字节	2 字节	2 字节	1 字节	1 字节	1 字节

下面的例子体现了使用具体指针比使用通用指针更加高效。

```
#include <absacc.h>
char *generic_ptr;
char data *xd_ptr;
char mystring[]="Test output";
main() {
    generic_ptr=mystring;
    while (*generic_ptr) {
        XBYTE[0x0000]=*generic_ptr;
        generic_ptr++;
    }
    xd_ptr=mystring;
    while (*xd_ptr) {
        XBYTE[0x0000]=*xd_ptr;
        xd_ptr++;
    }
}
```

3.1.5 绝对地址访问

C51 提供了几种访问绝对地址的方法，下面介绍常用的两种方法。

1．绝对宏

在程序中，用“#include<absacc.h>”即可使用其中声明的宏来访问绝对地址，包括 CBYTE、XBYTE、PWORD、DBYTE、CWORD、XWORD、PBYTE 和 DWORD 等，具体使用方法请参考 absacc.h 头文件，例如：

```
xval=XBYTE[0x0002];              //把外部存储区地址 0x0002 的数据存入变量 xval 中
XWORD[0x0002]=0x2000;            //把 0x2000 送到外部存储区地址为 0x0002 的单元
#define DAC0832 XBYTE[0x7fff]    //定义 DAC0832 的端口地址
DAC0832=0x80;                    //启动一次 D/A 转换
```

2．_at_关键字

它的用法比较简单，直接在数据声明后加上_at_地址常数即可，但是需要注意以下问题。

（1）绝对变量不能被初始化。

（2）bit 型函数及变量不能用_at_指定。

例如：

```
struct dat{
    struct dat idata *next;
    char code *test;
};
idata struct dat num _at_ 0x42;//结构变量 num 定位于 idata 空间地址 0x42
xdata int val _at_ 0x8000;  //int 变量 val 定位于 xdata 空间地址 0x8000
```

3.1.6 运算符

运算符主要包括算数运算、关系运算、逻辑运算、位运算及复合运算等（具体见表 3-4、表 3-5、表 3-6、表 3-7、表 3-8）。

表 3-4 算数运算符表

运 算 符	意 义	举 例
+	加法运算	若 x=7，则 x+3=10
-	减法运算	若 x=7，则 x-3=4
*	乘法运算	若 x=7，则 x*3=21
/	除法运算	若 x=8，则 x/2=4
x++	先用 x 值，再加 1	若 x=7，y=x++，则 y=7，x=8
++x	先加 1，再用 X 值	若 x=7，y=++x，则 y=8，x=8
x--	先用 x 值，再减 1	若 x=7，y=x--，则 y=7，x=6
--x	先减 1，再用 X 值	若 x=7，y=--x，则 y=6，x=6
%	求余	若 x=7，则 x%3=1

表 3-5 关系运算符表

运 算 符	意 义	举 例
>	大于	若 x=7，则 y=x>3 得 y=1
>=	大于等于	若 x=7，则 y=x>=7 得 y=1
<	小于	若 x=7，则 y=x<3 得 y=0
<=	小于等于	若 x=7，则 y=x<=7 得 y=1
==	两边相等，用于 if（a==x）	若 x=7，则 if（x==7）为真
!=	两边不等	若 x=7，则 if（x!=3）为真

表 3-6 逻辑运算符表

<table>
<tr><th>运 算 符</th><th>意 义</th><th>举 例</th></tr>
<tr><td>&&</td><td>逻辑与</td><td>0&&1=0，0&&0=0，1&&1=1</td></tr>
<tr><td>||</td><td>逻辑或</td><td>0||1=1，0||0=0，1||1=1</td></tr>
<tr><td>!</td><td>逻辑非</td><td>!0=1，!1=0</td></tr>
</table>

表 3-7 位运算符表

<table>
<tr><th>运 算 符</th><th>意 义</th><th>举 例</th></tr>
<tr><td>&</td><td>按位与运算</td><td>若 x=0101B，y=1010B，则 x&y=0000B</td></tr>
<tr><td>|</td><td>按位或运算</td><td>若 x=0101B，y=1010B，则 x|y=1111B</td></tr>
<tr><td>^</td><td>按位异或</td><td>若 x=1100B，y=1111B，则 x^y=0011B</td></tr>
<tr><td>~</td><td>按位取反</td><td>若 x=1100B，则～x=0011B</td></tr>
<tr><td><<n</td><td>按位左移 n 位，高位丢弃，低位补 0</td><td>若 x=1100B，则 x<<1 得 x=1000B</td></tr>
<tr><td>>>n</td><td>按位右移 n 位，低位丢弃，高位补 0</td><td>若 x=1100B，则 x>>1 得 x=0110B</td></tr>
</table>

表 3-8 复合运算符表

<table>
<tr><th>运 算 符</th><th>意 义</th><th>举 例</th></tr>
<tr><td>=</td><td>赋值</td><td>若 x=7，即 x 值为 7</td></tr>
<tr><td>+=</td><td>先加后赋值</td><td>若 x=7，则 x+=3 得 x=10</td></tr>
<tr><td>-=</td><td>先减后赋值</td><td>若 x=7，则 x-=3 得 x=4</td></tr>
<tr><td>*=</td><td>先乘后赋值</td><td>若 x=7，则 x*=3 得 x=21</td></tr>
<tr><td>/=</td><td>先除后赋值</td><td>若 x=8，则 x/=2 得 x=4</td></tr>
<tr><td>%=</td><td>先取模后赋值</td><td>若 x=7，则 x%=2 得 x=1</td></tr>
<tr><td>&=</td><td>先与后赋值</td><td>若 x=0101B，则 x&=1010B 得 x=0000B</td></tr>
<tr><td>|=</td><td>先或后赋值</td><td>若 x=0101B，则 x|=1010B 得 x=1111B</td></tr>
<tr><td>^=</td><td>先异或后赋值</td><td>若 x=1100B，则 x∧=1111B 得 x=0011B</td></tr>
<tr><td><<=</td><td>先左移后赋值</td><td>若 x=1100B，则 x<<=1 得 x=1000B</td></tr>
<tr><td>>>=</td><td>先右移后赋值</td><td>若 x=1100B，则 x>>=1 得 x=0110B</td></tr>
<tr><td>?:</td><td>条件运算</td><td>若 x=7>3?1:0，则得 x=1</td></tr>
</table>

3.1.7 Keil C 代码优化技巧

Keil 编译器能从我们的 C 程序源代码中产生高度优化的代码。但我们可以帮助编译器产生更好的代码。下面将讨论一些这方面的问题。

1．采用短变量

一个提高代码效率的最基本的方式就是减小变量的长度。使用 C 编程时，我们都习惯于对循环控制变量使用 int 类型，这对 8 位的单片机来说，是一种极大的浪费。我们应该仔细考虑所声明的变量值可能的范围，然后选择合适的变量类型。很明显，经常使用的变量应该是 unsigned char，只占用一个字节。

2．使用无符号类型

为什么要使用无符号类型呢？原因是 8051 不支持符号运算，程序中也不要使用含有带符号变量的外部代码。除了根据变量长度来选择变量类型以外，还要考虑变量是否会用于负数的场合。如果程序中可以不需要负数，那么把变量都定义成无符号类型的。

3．避免使用浮点指针

在 8 位操作系统上使用 32 位浮点数是得不偿失的，虽然可以这样做，但会浪费大量的时间。所以当我们要在系统中使用浮点数的时候，要确认是否一定需要。可以通过提高数值数量级和使用整型运算来消除浮点指针。处理 int 和 long 比处理 double 和 float 要方便得多。

4．使用位变量

对于某些标志位，应使用位变量而不是 unsigned char。这将节省内存，可以不用多浪费 7 位存储区，而且位变量在 RAM 中，访问它们只需要一个处理周期。

5．用局部变量代替全局变量

把变量定义成局部变量比全局变量更有效率。编译器为局部变量在内部存储区中分配存储空间，而为全局变量在外部存储区中分配存储空间，这会降低访问速度。另一个避免使用全局变量的原因是我们必须在系统的处理过程中调节使用全局变量，因为在中断系统和多任务系统中，不止一个过程会使用全局变量。

6．为变量分配内部存储区

局部变量和全局变量可被定义在想要的存储区中。根据先前的讨论，当我们把经常使用的变量放在内部 RAM 中时，可使程序的速度得到提高，除此之外，还缩短了代码，因为外部存储区寻址的指令相对要麻烦一些。考虑到存储速度，按下面的顺序使用存储器：data、idata、pdata、xdata，当然要记得留出足够的堆栈空间。

7．使用特定指针

当在程序中使用指针时，应指定指针的类型，确定它们指向哪个区域，如 xdata 或 code

区。这样我们的代码会更加紧凑，因为编译器不必去确定指针所指向的存储区，因为已经进行了说明。

8. 使用宏替代函数

对于小段代码，像使能某些电路或从锁存器中读取数据，可通过使用宏来替代函数，使得程序有更好的可读性。可把代码定义在宏中，这样看上去更像函数。编译器在碰到宏时，按照事先定义的代码去替代宏。宏的名字应能够描述宏的操作。当需要改变宏时，只要修改宏定义处。

```
#define led_on() {
led_state=LED_ON;
XBYTE[LED_CNTRL] = 0x01;}
#define led_off() {
led_state=LED_OFF;
XBYTE[LED_CNTRL] = 0x00;}
```

宏能够使得访问多层结构和数组更加容易，可以用宏来替代程序中经常使用的复杂语句，以减少录入的工作量，且有更好的可读性和可维护性。

3.1.8 Keil C 程序举例

Keil C 是对单片机进行程序设计的，也就是对硬件进行编程的，在程序设计之前一定要搞清楚硬件的连接方式，因为不同的硬件连接方式下程序的编写方法是不同的。

1. 延时程序

实际应用中经常会用到延时程序，如键盘去抖动程序。一般可用程序执行循环来作为短暂延迟。

```
delay1ms(count)
/* 参数 count 为次数，总共延迟时间为 1ms 乘以 count。程序如下*/
void delay1ms(unsigned char count)
{
  unsigned char i,j;
  for(i=0;i<count;i++)
    for(j=0;j<120;j++);  //在时钟频率为 12MHz 时，循环 120 次大约为 1ms
}                        //具体应用应考虑系统的实际时钟频率
```

注意，以上是函数，不能单独运行，要在其他函数中调用它才可以。

2. P2.0 口线输出方波

说明：若想让 P2.0 口线以大约 100ms 的周期输出方波，则 P2.0 口线应该保持 50ms 高电平，然后保持 50ms 低电平，不断循环。还要注意，所谓高电平就是对应数字“1”，低电平就是对应数字“0”。程序如下（利用上述的延时函数，以下程序为完整程序，可直接运行）。

```
/* reg51.h 是 51 单片机头文件，该文件中定义了所有普通 51 单片机内部的寄存器，包含了该头文件，
则可以直接使用这些寄存器，如 P1、TCON 等*/
#include<reg51.h>
```

```
sbit p2_0=P2^0;              //定义特殊位变量p2_0指向P2.0口线
delay1ms(unsigned char); //声明延时函数
void main()
{
   while(1)                  //死循环，不断产生方波
    {
       p2_0=!p2_0;           //P2.0口线取反，实现高低电平的跳变
       delay1ms(50);         //延时50ms
    }
}
void delay1ms(count)
{
   unsigned char i,j;
   for(i=0;i<count;i++)
     for(j=0;j<120;j++);//在时钟频率为12MHz时，循环120次大约为1ms
}
```

任何控制I/O都是最基本的，而且大部分的应用程序也都需要用到I/O，8051共有4个I/O口，分别为P0、P1、P2和P3，此4个接口都可作为单独的输入或输出使用（P0口不带有锁存功能）。当作为输出时，则每一支脚的外部电路可以高电平“1”（+5V）驱动或低电平“0”（0V）驱动。P3口又同时做其他功能接口使用，当用于其他功能时，则不能作为I/O口使用，当作为I/O使用，则就无法作为其他功能使用了。

3.2 Keil μVision5集成开发环境

通过对单片机的硬件和C语言编程的基本知识的学习，读者可进行一些基本的开发了，如何在实际操作中进行程序编写，又如何将编写好的程序通过单片机硬件实现呢？这里主要讲述单片机C语言程序集成开发环境及程序下载方法。

目前，单片机C语言的开发环境主要是Keil μVision5，该软件是用于8051系列及其衍生的单片机的开发工具，可以支持汇编和C语言。μVision5集成开发环境集成了项目管理器、功能完善的编辑器、仿真器、各种选项设置工具以及在线帮助。Keil μVision5是51系列单片机最佳的软件开发工具。该软件可以在网络上免费下载。

首先在计算机的集成开发环境中编制好源程序（如*.c文件），然后对源程序进行修改、编译和链接，生成十六进制文件（*.hex文件），最后通过编程器或仿真器把该十六进制文件下载到单片机的程序存储器中，从而实现软件编制和下载过程。当计算机上电复位后单片机就可以运行用户编制的程序了。

3.2.1 Keil μVision5中建立项目的方法

Keil μVision5软件界面如图3-1所示，从图中可以看出，该界面与Visual C++环境相似。Keil μVision5使用方便，下面介绍在该开发环境中编制程序的方法。

要想从头开始编制一个C语言程序，首先要打开Keil μVision5，然后从“Project”下拉菜单中左键单击“New μVision Project...”选项，如图3-2所示。马上会弹出图3-3所示的对话框，在该对话框中选择合适的路径（如桌面test文件夹），输入项目名称（如text），保存。

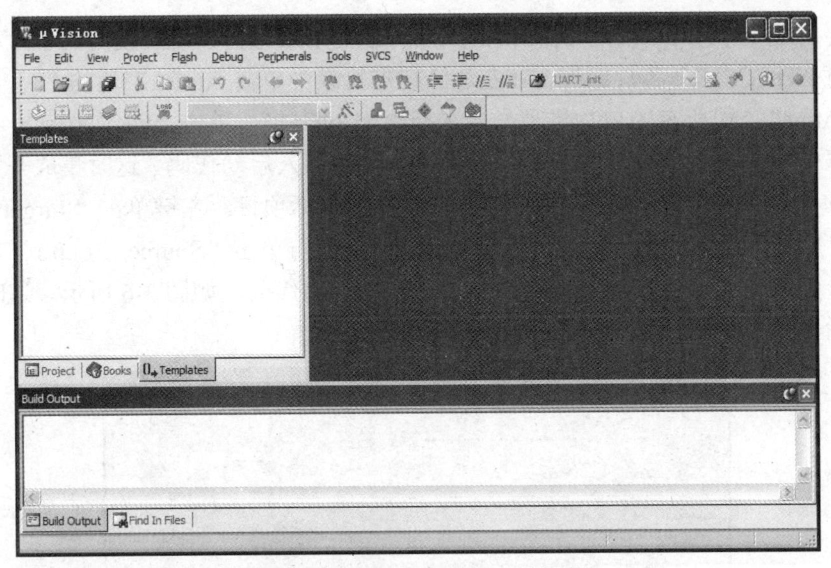

图 3-1 Keil µVision5 软件界面

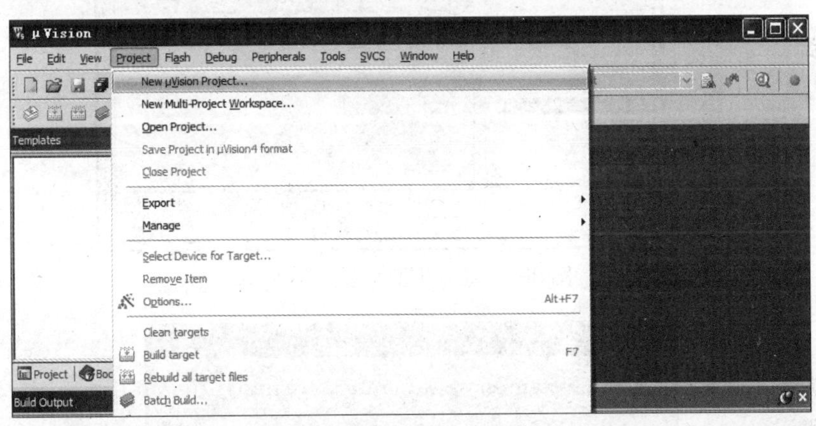

图 3-2 新建工程

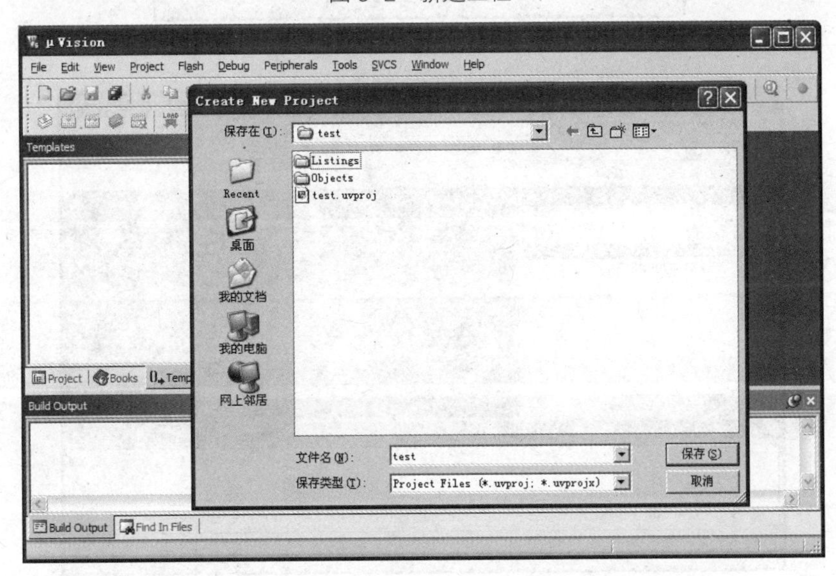

图 3-3 新建工程对话框

然后会出现一个图 3-4 所示的对话框，该对话框用来选择系统要使用的单片机的型号，假设是针对 AT89C51RC 芯片编程，在左边的树形目录中单击 Atmel 左边的“+”符号，下面就会显示 Atmel 公司所有的单片机型号，选择“AT89C51”，单击“OK”按钮。在紧接着出现的对话框中单击“是”，如图 3-5 所示，系统会自动加入启动代码。这时集成开发环境左边的 Project Workspace 区就出现了一个“Target 1”的目标项目。左键单击“Target 1”左边的“+”号，可以看到展开的目录有个“Source Group 1”，再单击“Source Group 1”左边的“+”号，可以看到项目中已经加入了“STARTUP.A51”启动代码，如图 3-6 所示。这时就可以向工程里添加程序文件了。

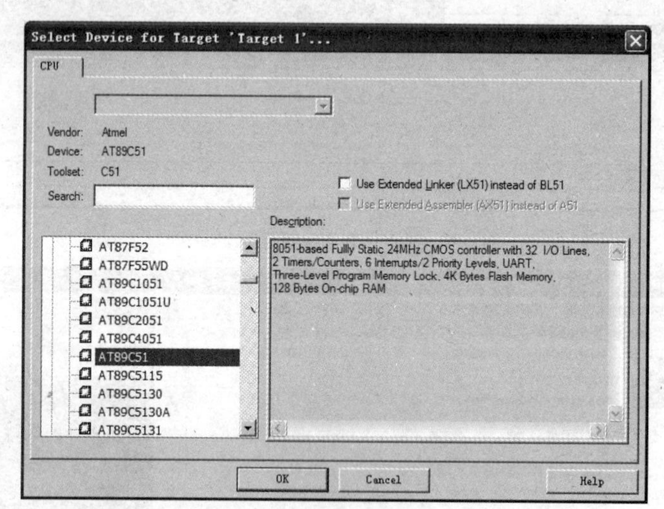

图 3-4　单片机型号选择对话框

图 3-5　选择添加文件到工程

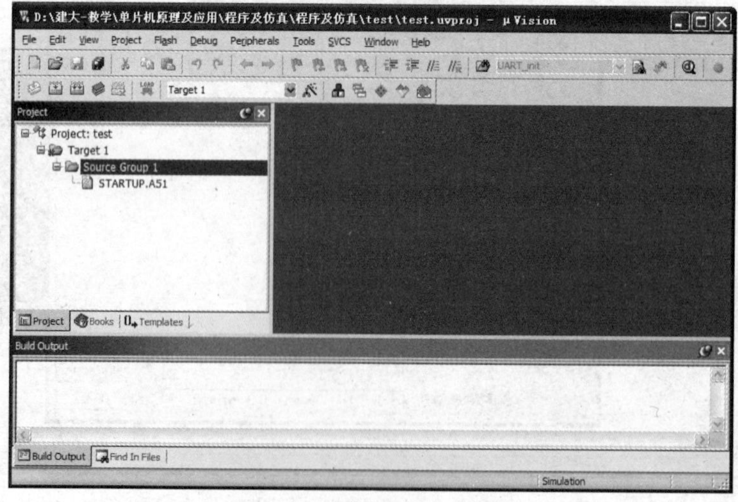

图 3-6　工程初步建立界面

从“File”下拉菜单选择“New...”或者左键单击工具栏上的“New File”按钮，就可以打开一个文本编辑区，此时就可以在该编辑区中输入所需的代码了，假设所输入的代码功能为从单片机的串口输出字符，如图 3-7 所示。输入结束后，从“File”下拉菜单选择“Save”或者左键单击工具栏上的“Save”按钮，在弹出的对话框里输入文件名，如 test.c（注意一定要加后缀.c），如图 3-8 所示，然后保存。

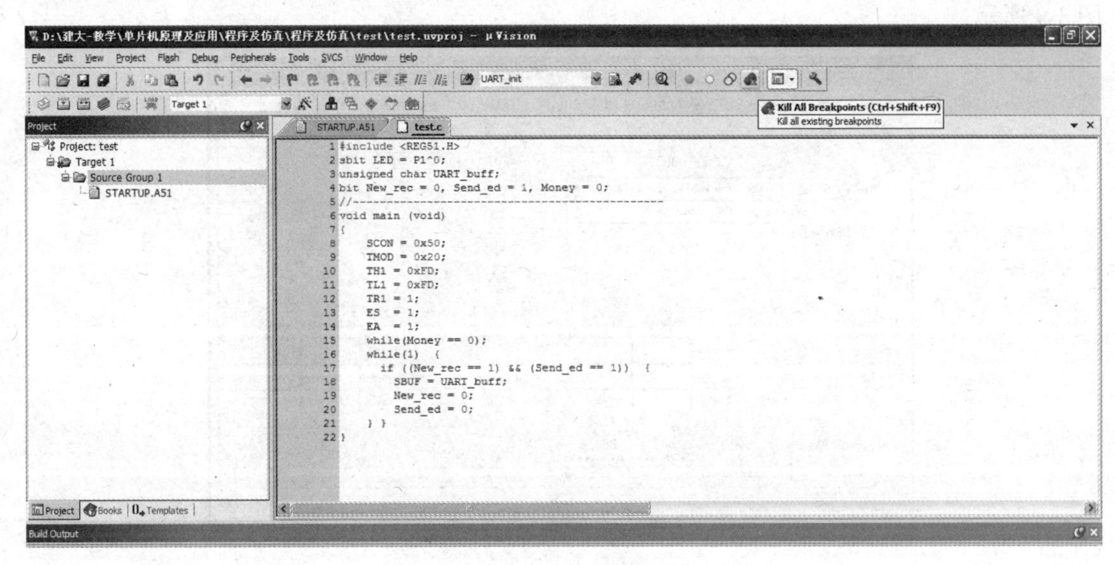

图 3-7　代码编辑界面

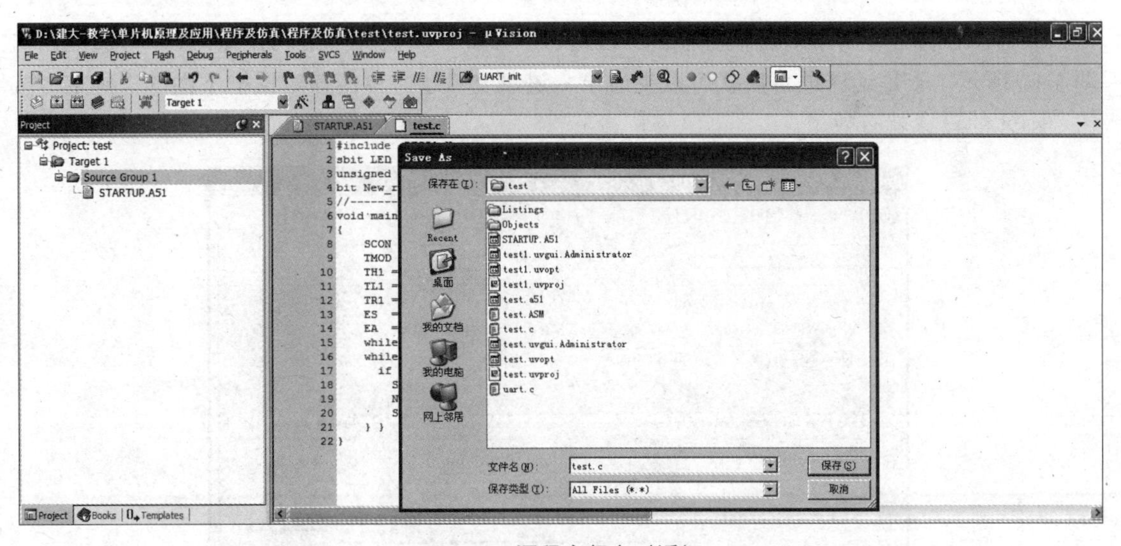

图 3-8　源程序保存对话框

然后从 Project Workspace 区里右键单击“Source Group 1”，在弹出的菜单中选择“Add File to Group ‘Source Group 1’”，在弹出的对话框里用左键选中刚才建立的源程序文件（此处为 test.c），然后单击“Add”按钮，即可把该源程序文件加入到工程。

此时项目已经建立完毕，但是在实际应用之前要进行设置。从“Project”下拉菜单选择“Option for Target　‘Target 1’”。在弹出的标签页对话框中选择“Target”，这里有很多选项可选，把存储器模式选为“Large”，则程序中用到的变量就优先存放到外部数据存储区，一般这里选择“Small”，则程序中用到的变量就优先存放到内部数据存储区，执行速度较快；程序段大小选为“Large”；并选中右侧 3 个单选框（使用片内 ROM、使用片内 XRAM、使用多 DPTR 寄存器）。如果外部扩展了程序存储器或数据存储器，则需在下面填入存储器的起始地址及存储区大小。注意：必须选择“Use on—chip ROM（0x0-0x1FFF）”，选择完毕后如图 3-9 所示。

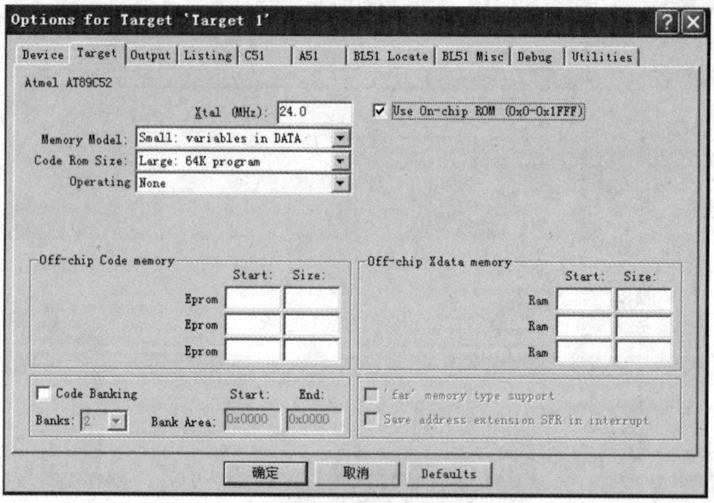

图 3-9 设置对话框

然后单击图 3-9 所示对话框上面的“Output”标签，选上“Create HEX File”单选框，如图 3-10 所示，于是编译项目后就可以生成十六进制文件了。单击该对话框下面的“确定”按钮，刚才的设置就有效了。

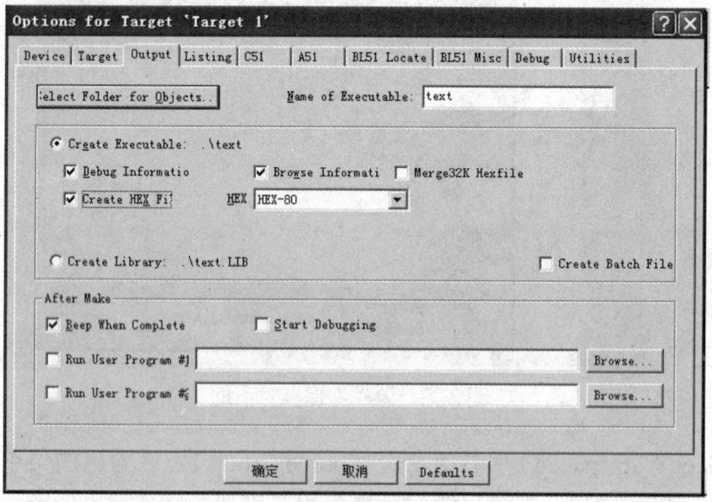

图 3-10 生成十六进制文件设置

单击“File”下拉菜单中的“Save All”或单击工具栏上的该按钮，以保存全部工程。然后单击工具栏中的图标（translate current file）、（build targed）或（rebuild all targed file）以编译该工程，此时在所建的工程文件夹中就会生成十六进制文件 test.hex。把该十六进制文件用编程器等下载到单片机的程序存储器中，上电后程序即可运行。

3.2.2 Keil μVision5 中软件调试的方法

Keil μVision5 提供了在计算机中运行和调试单片机源程序的机制，软件的调试可以在计算机中脱离单片机进行。

1．软件调试

软件调试要通过“Debug”下拉菜单中的工具进行。“Debug”菜单如图 3-11 所示，共分为 5 块。

下面就其中主要部分分别进行介绍。

“Start/Stop Debug Session”命令用于启动或停止调试功能。启动调试功能后，Keil μVision5 的项目窗口自动切换到寄存器标签页，显示 CPU 内部各寄存器的当前状态，寄存器的状态将随着程序的执行而不断变化。

“Run”命令用于启动用户程序从当前地址处开始全速运行，遇到断点或是执行“Stop”命令时停止。

“Step”命令用于单步执行程序。单击一次该选项则执行一条 C 语言指令，遇到函数调用则进入被调用函数执行。

“Step Over”命令用于启动用户程序从当前地址处开始执行一条语句。遇到函数调用时不进入函数执行，而是将整个函数一起一次执行。

“Step Out”命令用于在调用函数的过程中，启动函数从当前地址处开始执行并返回到调用该函数的下一条语句。

“Run to Cursor Line”命令用于启动用户程序从当前地址处开始执行到光标所在行。

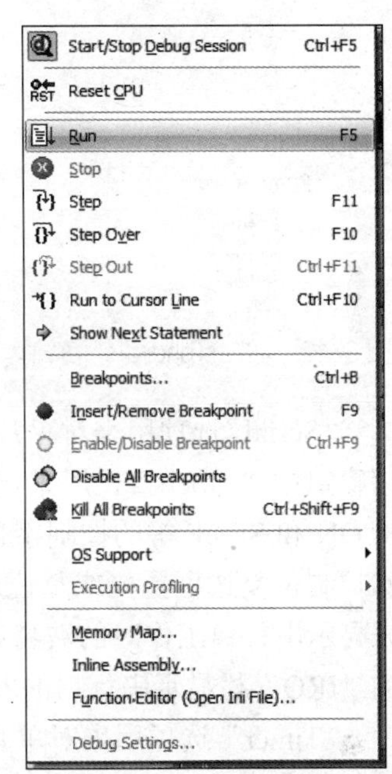

图 3-11　“debug”菜单

“Stop”命令用于停止运行用户程序。

以上是“Debug”菜单中前两块的内容，其第 3 块的内容用于调试用户程序过程中的断点管理。断点功能可在某种特定条件下暂停程序的运行，以便于观察程序的运行情况、查找和排除错误。

“Insert/Remove Breakpoint”命令用来在当前光标所在行插入或删除一个断点。

“Enable/Disable Breakpoint”命令可激活或禁止当前光标所指向的一个断点。

“Disble All Breakpoints”命令用来禁止所有已经设置的断点。

“Show Next Statement”命令用来在编辑窗口中显示下一条将要被执行的用户程序语句。

2．观察仿真结果

Keil μVision5 可以通过内部集成的器件库实现对单片机外围集成功能的模拟仿真，在调试状态下可以通过“Peripherals”菜单来观察仿真的结果。“Peripherals”菜单在调试状态下的内容如图 3-12 所示。下面对该菜单中各选项进行分别介绍。

“Reset CPU”选项用来对模拟仿真的单片机进行复位。

“Interrupt”选项用来显示单片机中断系统状态。单击该选项会弹出图 3-13 所示的窗口。在窗口中选中某一个中断源，窗口下面一栏将显示于该中断相对应的中断允许和中断标志位的复选框，通过对这些状态位的置位或复位操作，可以实现对单片机系统的仿真。单片机的中断系统将在后续章中做介绍。

“I/O-Ports”选项用来对单片机的并行 I/O 口 P0～P3 进行仿真，选中 Port1 后会弹出图 3-14 所示的窗口。窗口中 P1 栏显示单片机 P1 口各位锁存器的状态；Pins 栏显示 P1 口各个引脚的状态。在进行仿真时以上各位可以根据需要进行修改。

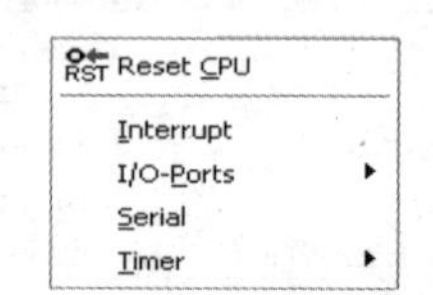

图 3-12 “Peripherals”菜单

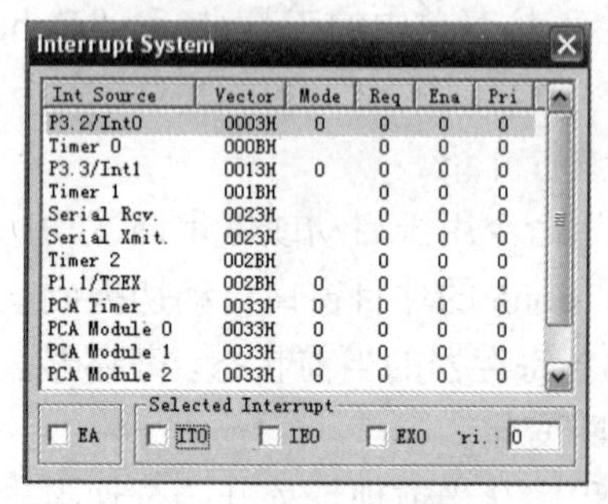

图 3-13 中断系统状态窗口

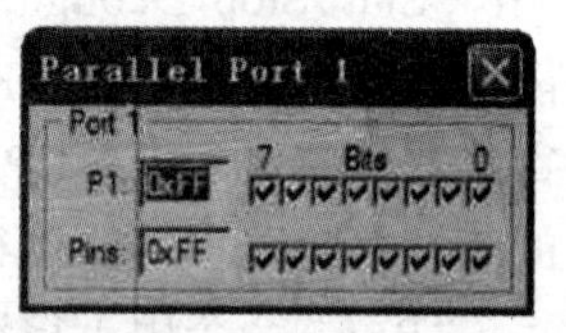

图 3-14 Port1 窗口

“Serial”选项用来对单片机的串行口进行仿真。单击该选项会显示出图 3-15 所示的窗口。该窗口中“Mode”栏用来选择串行口的工作方式。选定工作方式后相应的特殊功能寄存器 SCON 和 SBUF 等的控制字也显示在窗口中。通过对 SM2、REN、TB8、RB8、TI 和 RI 等特殊控制位复选框置位或复位就可以实现对单片机串行口的仿真。窗口中的“Baudrate”栏用来显示串行口工作时的波特率，PCON 寄存器中的 SMOD 位置位时将使波特率加倍。窗口中的“IRQ”栏显示串行口的发送和接收中断标志。单片机的串行口将在后续章中做介绍。

“Timer”选项用来对单片机内部的定时/计数器、PCA 定时器、PCA 模块和内部看门狗进行仿真，对不同类型的单片机，该选项内容不尽相同。选中 Timer0 后将弹出图 3-16 所示的窗口。该窗口中“Mode”栏用来选择定时器的工作方式。选定好工作方式后，相应的特殊功能寄存器 TCON 和 TMOD 的控制字也显示在窗口中，TH0 和 TL0 用来显示计数初值，“T0 Pin”和“TF0”复选框用来显示 T0 引脚和定时/计数器的溢出状态。“TR0”“GATE”“INT0#”是启动控制位，通过对这些位置位或复位就可以实现对单片机内部定时/计数器的仿真。单片机的定时/计数器等内容将在后续章中做介绍。

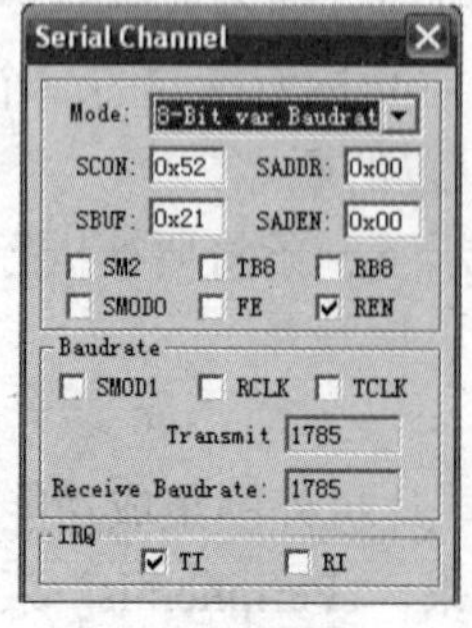

图 3-15 串行口窗口

图 3-16 定时器 0 窗口

3. Keil μVision5 中的常用工具栏

在进行仿真调试的时候，要经常用到 Keil μVision5 开发环境中的工具栏。常用的工具栏图标如图 3-17 所示，此图中的状态为启动仿真的状态，从左到右共分为 4 栏。

图标为运行控制，相当于“Debug”菜单中“Run”。当启动仿真（单击“Debug”菜单中的“Start/Stop Debug Session”选项）后，系统处于待运行状态。这时单击该图标，程序就开始从头运行。这时图 3-17 中第 3 个图标变为，该图标为停止运行控制，程序运行的时候，单击该图标则停止运行。

图 3-17 Keil μVision5 中的常用工具栏

图标用来模拟复位单片机。

第 2 栏和第 3 栏中的工具在“Debug”菜单中有介绍，这里不再赘述。

图标用来显示反汇编窗口，单击该图标后，在弹出的窗口中会显示已经装入到 Keil μVision5 的用户程序汇编语言指令、反汇编代码及地址。

图标用来在调试状态下观察窗口的显示/隐藏切换。观察窗口有 4 个标签页，分别是“Locals”“Watch #1”“Watch #2”和“Call Stack”。“Locals”用来显示用户程序调试过程中当前局部变量的使用情况；“Watch #1”用来显示程序中已经设置了的观察点在调试过程中的当前值；“Call Stack”用来显示程序在执行过程中对函数的调用情况。

图标用于串行窗口 1 的显示/隐藏切换。单击该图标会弹出一个窗口，该窗口在进行用户程序调试时非常有用，如果用户程序中调用了 C51 的库函数 scanf()或 printf()，则必须利用该窗口来完成 scanf()函数的输入操作，printf()函数的输出结果也将显示在该窗口中。利用该串行窗口，用户可在仿真调试时实现人机交互或者对程序的运行结果进行实时显示。

图标用于系统存储器空间的显示/隐藏切换。单击该图标会弹出显示存储器空间的窗口，在该窗口中“Address”处键入存储器地址，将立即显示对应存储器空间的内容。

3.3 STC89C52RC 系列单片机的 ISP 编程

上一节介绍了在计算机中开发程序的方法，相信读者可以很容易地输入自己的源程序并将其编译链接成十六进制文件。那么如何才能把该十六进制文件下载到单片机的程序存储器里呢？本节就来讨论这个问题。

单片机程序的下载有以下几种方式。

（1）用商用编程器编程。这是最古老的编程方式，该方式的适用范围广，既可对 EPROM 型单片机编程，也可对 Flash 型单片机编程。只是该方式比较麻烦，必须把单片机或外围存储器脱离单片机系统，并将其置入编程器才能实现程序的下载，因此应用比较费力，目前只在一些低价位的传统单片机编程时使用。

（2）利用仿真器编程。现在很多 Flash 型单片机都支持 JTAG 边界扫描方式，也都配有 JTAG 接口，这种单片机可以使用带有 JTAG 接口的仿真器进行程序的下载，如 Cygnal 公司的 C8051F 系列单片机。这种编程方式无须使单片机脱离系统，可以实现单片机在线编程，因此不必频繁的插/拔单片机，使用非常方便。

（3）ISP 编程。目前很多公司的单片机都支持 ISP 编程，如 STC 系列单片机、飞利浦公司的 P89C52RX2 系列单片机。所谓 ISP 是指在系统编程（In-System Programming），只需三根线来连接上位机和单片机即可实现对单片机的编程。该编程方式无需昂贵的编程器或仿真器，因此应用方便，且编程时无需使单片机脱离系统。

STC89C52RC 系列单片机片内程序存储器采用先进的 Flash 存储器结构，比 EPROM 存储器的改进之处是不仅可读，而且可以用软件快速地擦除和写入，从而引出了在系统编程（ISP）技术。STC89C52RC 系列单片机也可用商用编程器进行并行的编程。

3.3.1 ISP 编程硬件电路

ISP 编程需要使用单片机的 5 个引脚：TXD、RXD、V_{CC}、V_{SS}（GND）和 V_{PP}。为了和主机进行 RS232 串口通信，还需要少量的器件和 DB9 型小插座。STC89C52 系列单片机 ISP 编程的硬件电路如图 3-18 所示。

图 3-18 中，DB9 插座与 IBM PC 及其兼容机标准串口连接，与主机中的 ISP 编程软件（STC-ISP）配合使用。单片机直接置于系统中，系统只要留出 ISP 编程接口即可。此时就可以在 PC 机上运行 ISP 编程软件进行写入、擦除、校验等操作。具体 ISP 编程方法见下一小节描述。

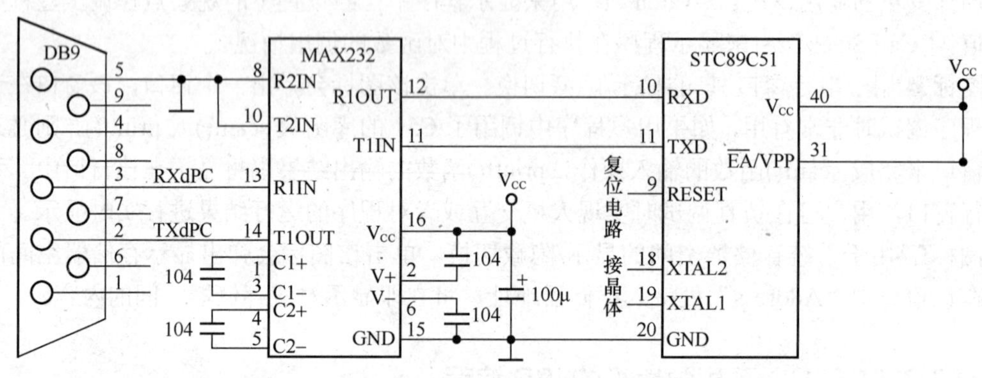

图 3-18 ISP 编程电路原理图

3.3.2 STC-ISP 下载软件

按照图 3-18 所示的连接方式，把单片机与主机连接好以后，就可以使用 ISP 下载软件进行程序的写入了。

STC-ISP 是专门针对 STC 公司支持 ISP 编程的单片机进行 ISP 写入的软件。该软件的界面如图 3-19 所示。

在使用 STC-ISP 软件下载程序时，一般遵循以下步骤。

（1）选择单片机型号。用鼠标左键单击界面中“步骤 1”中的“MCU Type”下面的选择对话框右侧的向下箭头，选择所使用的单片机型号，如图 3-20 所示（假设所用的是 STC89C52RC 系列）。

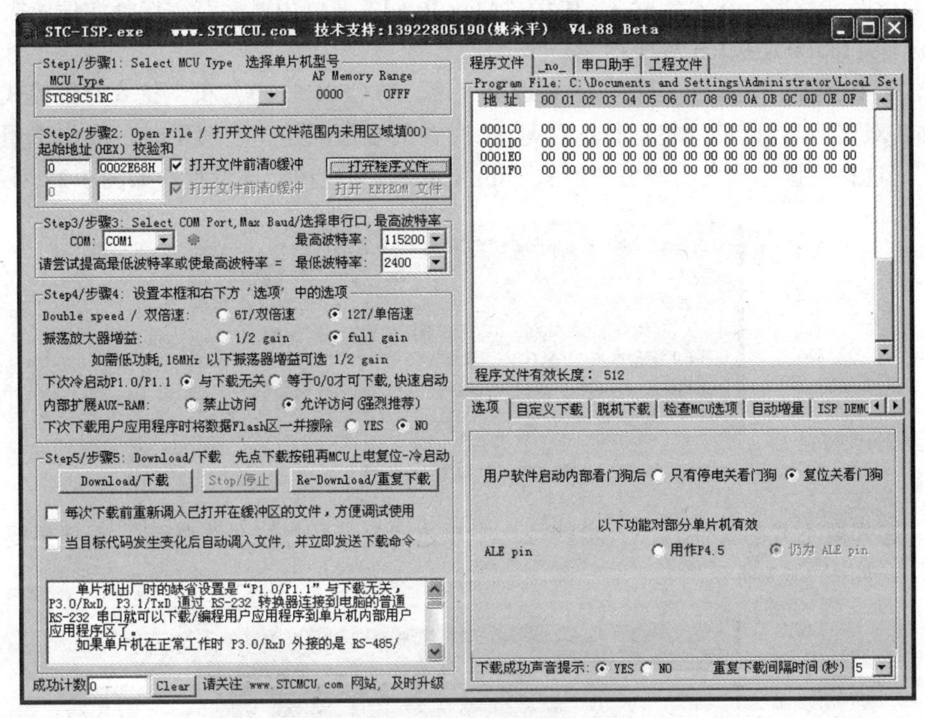

图 3-19 STC-ISP 下载软件

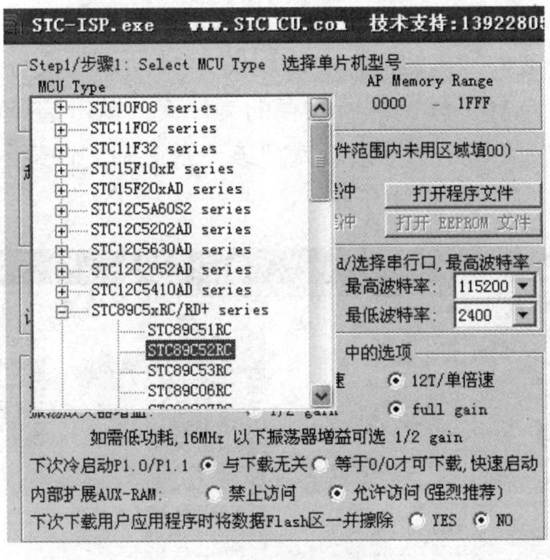

图 3-20 选择单片机型号

(2)选择串口。在“步骤 3”中的“COM”右侧用鼠标选择主机所使用的串行口，有 COM1～COM16 个选项，实际连接了哪个串口就选择对应的串口号，如图 3-21 所示（一般选择 COM1）。

图 3-21 选择串口

（3）选择波特率。在“步骤 3”中的“Max Buad”右侧用鼠标左键选择通信所需的波特率（可选择 115200），如图 3-21 所示。

（4）在“步骤 4”中，可以根据需要选择速度。STC89C52 单片机支持 6 时钟模式，若选择了“6T/双倍速”，则单片机运行速度是 12 时钟的 2 倍。当速度够用时，我们选用“12T/单倍速”。选择“振荡放大器增益”中的“full gain”。其他按默认设置，如图 3-22 所示。

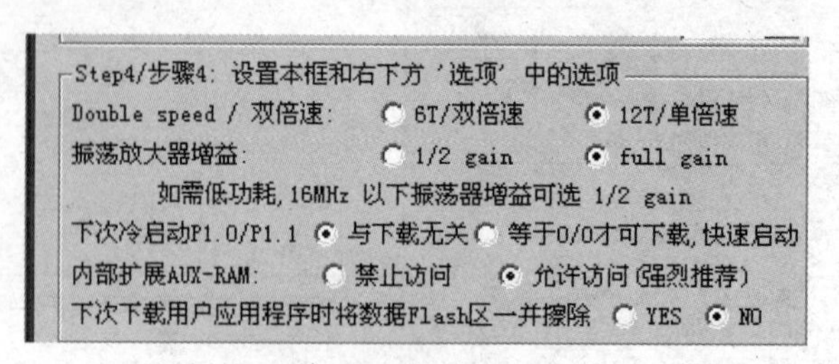

图 3-22　选择波特率

（5）选择要下载的文件。在“步骤 2”中单击“打开程序文件”按钮，选择想要下载的程序文件，如图 3-23 所示。

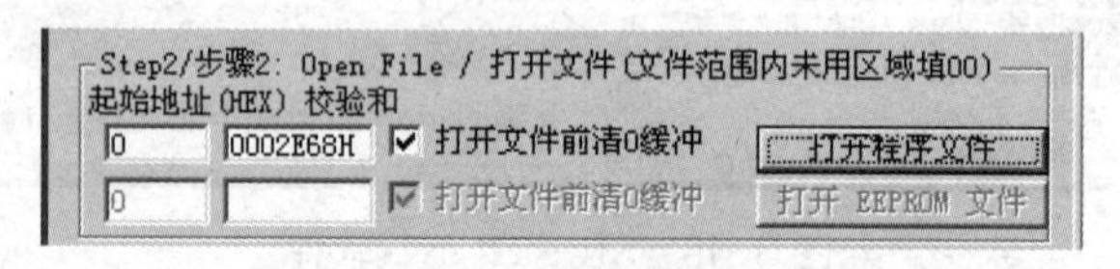

图 3-23　打开下载文件

（6）单击“打开程序文件”按钮后，会出现图 3-24 所示的文件打开对话框。单击“查找范围”右侧的下拉箭头，选择工程文件所保存的文件夹，单击选择已经编译好的十六进制文件（.hex 文件），然后单击“打开”按钮。就把该十六进制文件载入了 STC 缓冲区，例如，我们选择了显示文件程序，如图 3-24 所示。

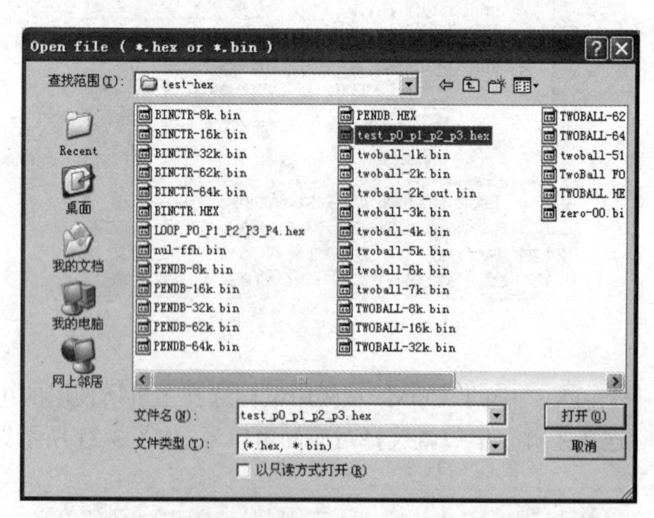

图 3-24　选中十六进制文件

（7）在 STC-ISP 下载软件的右侧文件缓冲区中有相应的十六进制的数据生成，如图 3-25 所示。此时单击图 3-26 所示的“Download/下载”按钮就可以把程序下载到单片机中，注意：

在下载程序时，单片机应该处于断电状态，当“Download/下载”下面的对话框中提示“请给MCU上电”，此时方可通电，否则下载程序会失败，如图3-26所示。

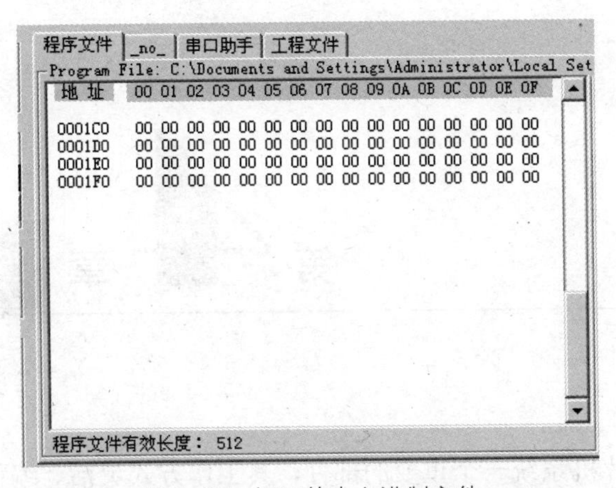

图3-25 打开的十六进制文件

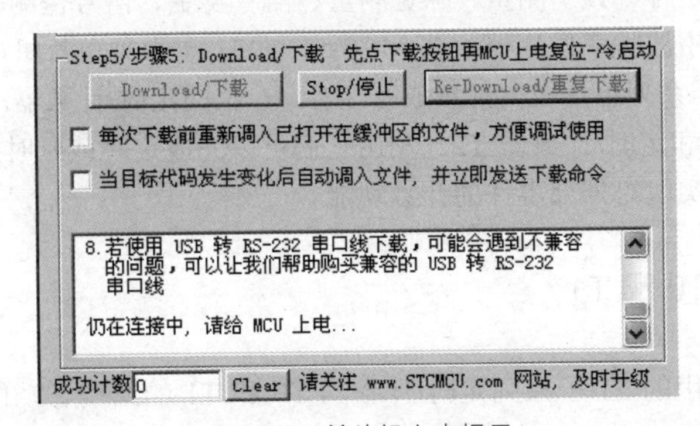

图3-26 单片机上电提示

到这里相信读者已经掌握了单片机ISP编程的方法，现在就可以把编制好的程序下载到单片机中进行实际应用了。如果读者使用的是不支持ISP编程的51系列单片机，则可用通用编程器进行程序的写入。

习题及思考题

1. Keil C与ANSI C之间的主要区别是什么？
2. C51中单片机存储类型与51单片机存储空间如何对应？
3. C51中51单片机的特殊功能寄存器如何定义？试举例说明。
4. 51单片机能直接进行处理的C51的数据类型有哪些？C51中51单片机不能进行处理的数据有哪些？C51编译器需要做什么处理？
5. Keil集成开发环境中程序编写的步骤有哪些？
6. 如何对编写好的程序进行调试？调试中应注意的问题是什么？
7. 如何实现ISP编程？

第4章 定时/计数器

定时/计数器是单片机系统一个重要的部件，其工作方式灵活、编程简单、使用方便，可用来实现定时控制、延时、频率测量、脉宽测量、信号发生、信号检测等。此外，定时/计数器还可作为串行通信中波特率发生器。在 MCS-51 的 51 子系列单片机内部只有两个定时/计数器 T0 和 T1，52 子系列单片机内部集成有 3 个 16 位的定时/计数器，分别为定时/计数器 T0、定时/计数器 T1 和定时/计数器 T2。利用它们可以完成定时或延时控制，如定时输出、定时检测等；还可以实现对外部事件的计数功能。

4.1 定时/计数器 T0 和 T1

本节首先介绍常用的 51 子系列定时/计数器 T0 和 T1 的结构、功能、工作模式及使用方法。

4.1.1 定时/计数器 T0 和 T1 的结构及功能

1. 定时/计数器的结构

定时/计数器的结构如图 4-1 所示。CPU 通过内部总线与定时/计数器交换信息。16 位定时/计数器分别由两个 8 位的专用寄存器组成，即定时/计数器 T0 由 TH0 和 TL0 组成，T1 由 TH1 和 TL1 组成。此外，其内部还有 2 个 8 位的特殊功能寄存器 TMOD 和 TCON，TMOD 负责控制和确定 T0 和 T1 的功能和工作模式，TCON 用来控制 T0 和 T1 启动或停止计数，同时包含定时/计数器的状态。这两个寄存器的内容可通过软件设置，系统复位时，寄存器的所有位都被清零。

定时/计数器 T0 和 T1 都是加法计数器，每输入一个脉冲，计数器加 1，当加到计数器全为 1 时，再输入一个脉冲，就使计数器发生溢出，溢出时，计数器重新回零，并置位 TCON 中的 TF0 或 TF1，以表示定时时间已到或计数器已满，向 CPU 发出中断申请。

2. 定时/计数器的功能选择

T0 和 T1 都具有定时和计数两种功能。在 TMOD 中，有一个控制位 $C/\overline{T}$，分别用于选择T0和T1是工作于定时器方式，还是计数器方式。

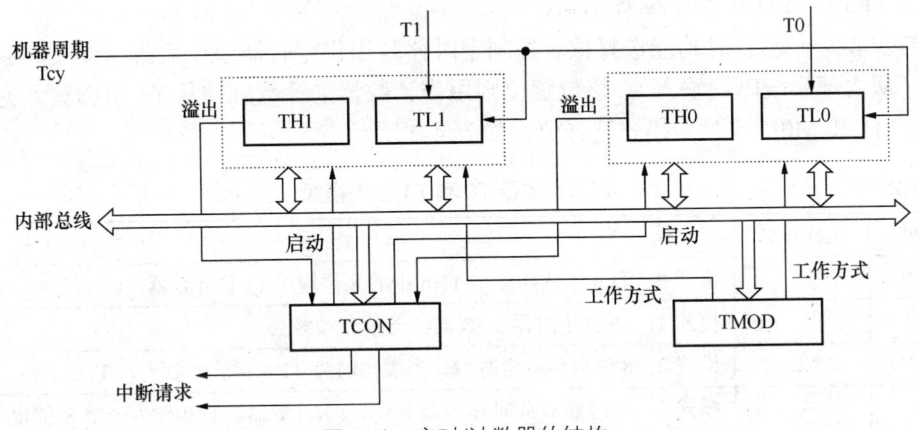

图4-1 定时/计数器的结构

（1）计数功能

所谓计数是指对外部事件进行计数。外部事件的发生以输入脉冲表示，因此计数功能的实质是对外来脉冲进行计数。51系列单片机有T0（P3.4）和T1（P3.5）两个信号引脚，分别是这两个计数器的计数输入端。外部输入的脉冲在负跳变时有效，进行计数器加1。

计数方式下，单片机在每个机器周期的S5P2（12时钟模式）期间对外部计数脉冲进行采样。如果前一个机器周期采样为高电平，后一个机器周期采样为低电平，即为一个有效的计数脉冲。在下一机器周期的S3P1进行计数。可见采样计数脉冲是在两个机器周期进行的。因此，计数脉冲的频率不能高于振荡脉冲频率的1/24。

（2）定时功能

定时功能也是通过计数器的计数来实现的。不过此时的计数脉冲来自单片机的内部，即每个机器周期产生一个计数脉冲，也就是每个机器周期计数器加1。由于一个机器周期等于12（12时钟模式）个振荡脉冲周期，因此计数频率为振荡频率的1/12。

4.1.2 定时/计数器T0和T1的功能寄存器

与定时/计数器T0和T1应用有关的控制寄存器有以下几种。

1. 工作方式控制寄存器TMOD

TMOD寄存器是一个专用寄存器，用于设定两个定时/计数器的工作方式。但TMOD不能位寻址，只能用字节传送指令设置其内容。TMOD的各位定义如表4-1所示。

表4-1 工作方式控制寄存器TMOD

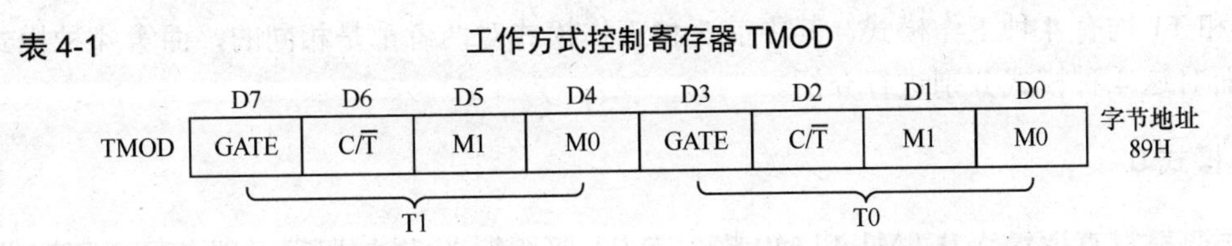

	D7	D6	D5	D4	D3	D2	D1	D0	
TMOD	GATE	C/$\overline{T}$	M1	M0	GATE	C/$\overline{T}$	M1	M0	字节地址 89H
	T1				T0				

说明如下。

（1）GATE位：门控位。该位置位时只有在INTn（n是0或1）引脚置高及TRn控制置位时才可打开定时器/计数器，这时可用于测量在 $\overline{\text{INTn}}$ 引脚出现的正脉冲的宽度。该位清零时，置位 TR1 即可打开定时器/计数器。

（2）C/$\overline{\text{T}}$：计数/定时功能选择位。控制定时器是用作定时器或计数器，该位清零则用作定时器（从内部系统时钟输入）；该位置位则用作计数器（计数脉冲从 Tn 引脚输入）。

（3）M1 和 M0：定时器模式选择位，如表 4-2 所示。

表 4-2　　定时/计数器 T0 和 T1 工作模式

M1	M0	工作模式	工 作 模 式
0	0	0	模式 0：TLn 中低 5 位与 THn 中的 8 位构成 13 位计数器
0	1	1	模式 1：16 位定时器/计数器，无预分频器
1	0	2	模式 2：8 位自装载定时器，当溢出时将 THn 存放的值装入 TLn
1	1	3	模式 3：定时器 0 此时作为双 8 位定时/计数器。TL0 作为一个 8 位定时器/计数器，通过标准定时器 0 控制位控制。TH0 仅作为一个 8 位定时器，由定时器 1 控制位控制。在这种模式下定时/计数器 T1 关闭

2．定时/计数器控制寄存器 TCON

TCON 用来控制 T0 和 T1 的启动和停止。TCON 各位的定义如表 4-3 所示。

表 4-3　　定时/计数器控制寄存器 TCON

D7	D6	D5	D4	D3	D2	D1	D0
TF1	TR1	TF0	TR0	IE1	IT1	IE0	IT0

说明如下。

（1）TF1：定时器 T1 溢出标志。定时/计数器溢出时由硬件置位。中断处理时由硬件清除。或用软件清除。

（2）TR1：定时器 T1 运行控制位。由软件置位时将定时/计数器打开，清零时将定时/计数器关闭。

（3）TF0：定时器 T0 溢出标志。定时/计数器溢出时由硬件置位。中断处理时由硬件清除，或用软件清除。

（4）TR0：定时器 T0 运行控制位。由软件置位时将定时/计数器打开，清零时将定时/计数器关闭。

（5）TCON 的低 4 位与外部中断有关，具体说明参见中断系统部分。

4.1.3　定时/计数器 T0 和 T1 的工作模式

T0 和 T1 均有 4 种工作模式，其中前 3 种工作模式对两者都是相同的，而第 4 种模式不同。下面对这 4 种模式分别进行介绍。

1．模式 0

将定时器设置成模式 0（M1 和 M0 均设为 0）时类似 8048 定时器，即 8 位计数器带 32 分频的预分频器。图 4-2 所示为模式 0 工作方式，其中 6 时钟模式 d=6，12 时钟模式 d=12。

此模式下定时器寄存器配置为 13 位寄存器。当计数从全为“1”翻转为全“0”时，定时器中断标志位 TF0 置位。当 TR0=1 同时 GATE=0 或 $\overline{\text{INT0}}$=1 时定时器计数，置位 GATE 时允许由外部输入 $\overline{\text{INT0}}$ 控制定时器，这样可实现脉宽测量。TR0 为 TCON 寄存器内的控制位。

该 13 位寄存器包含 THn 全部 8 个位及 TLn 的低 5 位。TLn 的高 3 位不定，可将其忽略。置位运行标志（TRn）不能清零此寄存器。

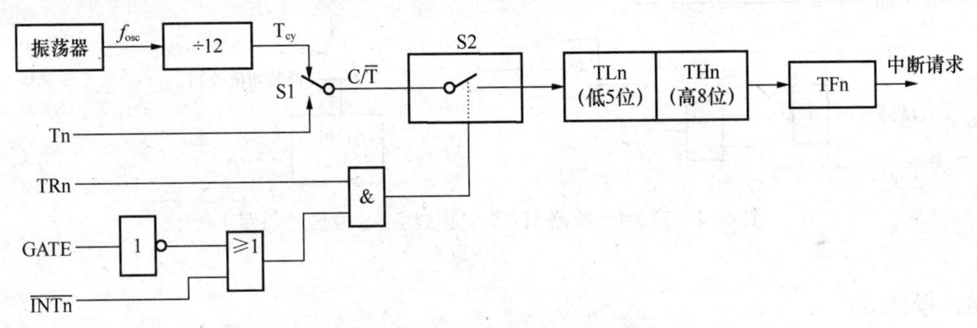

图 4-2　定时/计数器 T0/T1 的模式 0（13 位定时/计数器）

模式 0 的操作对于定时器 T0 及定时器 T1 都是相同的，两个不同的 GATE 位（TMOD.7 和 TMOD.3）分别分配给定时器 T0 及定时器 T1。

在模式 0 下，当为计数工作方式时，计数值的范围是：1～8192（2^{13}）。当为定时器工作方式时，定时时间的计算公式为：（2^{13}–计数初值）×晶振周期×d（6 时钟模式 d=6，12 时钟模式 d=12）。其时间单位为μs。

2．模式 1

模式 1 除了使用了 THn 及 TLn 全部 16 位外，其他与模式 0 相同，如图 4-3 所示。模式 1 情况下定时时间的计算公式为：（2^{16}–计数初值）×晶振周期×d（6 时钟模式 d=6，12 时钟模式 d=12）。其时间单位为μs。

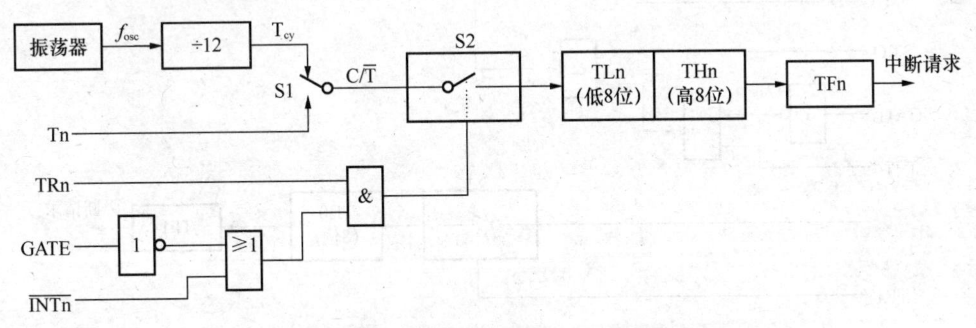

图 4-3　定时/计数器 T0/T1 的模式 1（16 位定时/计数器）

3．模式 2

此模式下定时器寄存器作为可自动重装的 8 位计数器（TLn），如图 4-4 所示，其中 6 时钟模式 d=6，12 时钟模式 d=12。TLn 的溢出不仅置位 TFn，而且将 THn 内容重新装入 TLn，THn 内容由软件预置。重装时 THn 内容不变。模式 2 的操作对于定时器 T0 及定时器 T1 是相同的，定时时间的计算公式为：（2^{8}–计数初值）×晶振周期×d（6 时钟模式 d=6，12 时钟

模式 d=12）。其时间单位为μs。

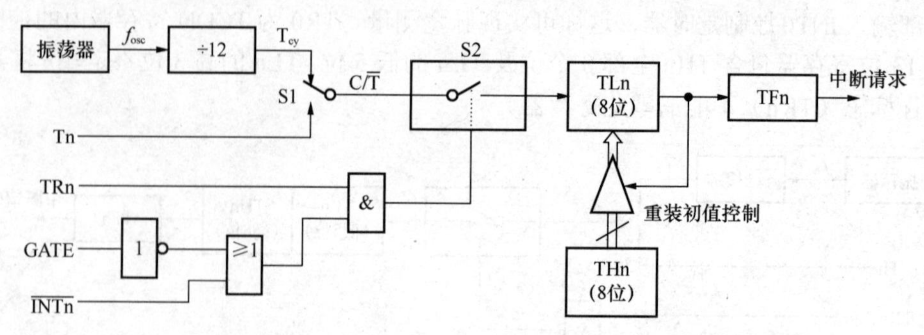

图 4-4　定时/计数器 T0/T1 的模式 2（8 位自动重装）

4. 模式 3

在模式 3 中定时器 T1 停止计数，效果与将 TR1 设置为 0 相同。此模式下定时器 T0 的 TL0 及 TH0 作为两个独立的 8 位计数器。图 4-5 为模式 3 时的定时器 T0 逻辑，其中 6 时钟模式 d=6，12 时钟模式 d=12。TL0 占用定时器 T0 的控制位：C/$\overline{T}$、GATE、TR0、$\overline{INT0}$ 及 TF0。TH0 限定为定时器功能（计数器周期），占用定时器 T1 的 TR1 及 TF1，此时 TH0 控制“定时器 T1”中断。

模式 3 可用于需要一个额外的 8 位定时器的场合。定时器 T0 工作于模式 3 时，80C51 看似有 3 个定时器/计数器，当定时器 T0 工作于模式 3 时，定时器 T1 可通过开关进入/退出模式 3，它仍可用作串行端口的波特率发生器，或者应用于任何不要求中断的场合。

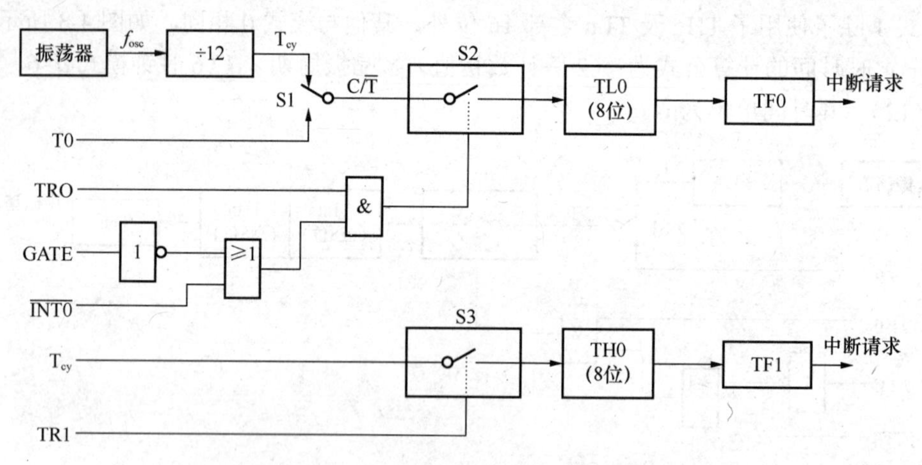

图 4-5　定时/计数器 T0 的模式 3（双 8 位计数器）

4.1.4　定时/计数器 T0 和 T1 应用举例

一般设置定时/计数器的过程如下。

（1）先初始化工作方式寄存器 TMOD。

（2）为定时/计数器赋初值。

（3）通过控制寄存器 TCON 中的 TRO 或 TRl 实现启动或停止。

【例 4-1】 设单片机系统时钟频率为 12MHz，工作于 12 时钟模式，试编程使 P1.2 引脚输出周期为 5ms 的方波。

分析思路：当系统时钟为 12MHz 时，若定时/计数器工作于模式 0，则最大定时时间为 2^{13}=8192μs，满足周期为 5ms 的要求，可选用定时器 T0，工作于模式 1，定时时间为 2.5ms。首先计算定时器的初值，根据下式：

$$(2^{13}-计数初值)\times 晶振周期\times 12=2500\mu s$$

可计算出定时器的初值为 5692，由于模式 0 用到了 TH0 的 8 位和 TL0 的低 5 位，于是可计算出 TH0=B1H，TL0=1CH。程序编制如下。

```
#include<reg52.h>
sbit p1_2=P1^2;
void main()
{
  TMOD=0x00;
  TH0=0xb1;
  TL0=0x1c;
  TR0=1;
  while(1)
  {
    while(TF0==0);                    //等待定时器溢出
    TF0=0;
    p1_2=!p1_2;
  }
}
```

【例 4-2】 利用定时器 T0 测量正脉冲的宽度（时间），脉冲从 P3.2 引脚输入，设脉冲宽度不超过定时器的定时范围，且系统时钟为 12MHz，单片机工作于 12 时钟模式。要求把该脉冲宽度值存入 pul_width 中。

分析思路：在模式 0 的介绍中提到过，利用门控位 GATE 可以测量外部脉冲的宽度。具体方法是令 GATE=1，然后软件置位 TR0（或 TR1），这时当 INT0（或 INT1）为 1 时（外部脉冲的上升沿）就会自动启动定时器，当 INT0（或 INT1）变为 0 时（外部脉冲的下降沿）关闭定时器，于是定时器中的计数值就体现了外部脉冲的宽度。程序编制如下。

```
#include<reg52.h>
sbit p3_2=P3^2;                 /*定义定时器 0 的外部引脚*/
unsigned int pul_width;         /*定义全局变量以保存脉宽结果*/
void main()                     /*主程序*/
{
  unsigned char a;              /*定义中间变量*/
  TMOD=0x09;                    /*T0 工作为 16 位计数器方式，GATE 置 1*/
  TL0=0x00;                     /*计数器装入初值*/
  TH0=0x00;
  while(1)
  {
      while(p3_2==1);           /*等待 INT0 变低，以检测一个完整的正脉冲*/
      TR0=1;                    /*定时器准备好，INT0 来上升沿则启动*/
      while(p3_2==0);           /*等待 INT0 的上升沿*/
      while(p3_2==1);           /*等待 INT0 的下降沿，此时为完整的正脉冲*/
```

```
        TR0=0;                        /*关闭定时器*/
        a-TH0;                        /*计数结果高8位存入中间变量*/
        pul_width=a*256+TL0;          /*计算脉宽的最终结果*/
    }
}
```

【例 4-3】 利用定时器实现一个时钟，时间从 12 时 34 分 56 秒开始走，并在 LED 显示器中显示该时间，时、分、秒之间用“-”隔开。

分析思路：利用定时器 T0 产生 50ms 的定时间隔，这样计数溢出 20 次则可得到 1s。让定时器 T0 工作于方式 0，假定单片机为 12MHz 的时钟频率，设计数初值为 *T*，则有如下等式：

$$(2^{16}-T)=50000\mu s$$

于是可计算出计数初值为 T=15536，对应的 16 进制数为 0x3CB0。

```
#include<reg52.h>
sbit cs_138=P2^6;
sbit cs_373=P1^5;
unsigned char code zima1[11]={0xc0,0xf9,0xa4,0xb0,0x99,0x92, 0x82,0xf8, 0x80,
0x90,
0xbf};//0～9及“-”的字形码
unsigned char hour,minute,second; //定义全局变量保存时间
void delay();                     //延时函数
void xianshi();                   //显示函数

void main()
{   unsigned char i
    cs_138=1;
    cs_373=1;
    i=0;
    hour=12;
    minute=34;
    second=56;
    TMOD=0x01;                    //定时器T0，模式1
    TL0=0xb0;                     //定时时间为50ms
    TH0=0x3c;
    TR0=1;                        //启动定时器
    while(1)
    {
      if(TF0==1)                  //如果定时时间到
      {
            TF0=0;                //清零溢出标志
            TL0=0xb0;             //重新赋初值
            TH0=0x3c;
            i++;
            if(i==20)             //如果1s已到
            {
              second++;
              i=0;
            }
            if(second==60)        //如果1min已到
```

```
            {
               second=0;
               minute++;
            }
            if(minute==60)              //如果1h已到
            {
               minute=0;
               hour++;
            }
            if(hour==24)
               hour=0;
        }
     xianshi();                         //不断显示
   }
}

void delay()                            //延时函数
{
   unsigned char i;
   for(i=0;i<80;i++);
}

void xianshi(void)                         //LED显示的函数
{
     P0=zima1[hour/10];                    //显示小时
     P1=0xbf;                              //在第1、2位数码管显示
     delay();
     P0=zima1[hour%10];
     P1=0xbb;
     delay();

     P0=zima1[10];                         //显示"-"
     P1=0xb7;                              //在第3位数码管显示
     delay();

     P0=zima1[minute/10];                  //显示分
     P1=0xb3;                              //在第4、5位数码管显示
     delay();
     P0=zima1[minute%10];
     P1=0xaf;
     delay();

     P0=zima1[10];                         //显示"-"
     P1=0xab;                              //在第6位数码管显示
     delay();

     P0=zima1[second/10];                  //显示秒
     P1=0xa7;                              //在第7、8位数码管显示
     delay();
     P0=zima1[second%10];
     P1=0xa3;
```

```
        delay();
    }
```

【例 4-4】 用一个计数器和一个定时器来检测一台电机的转速。设在电机主轴上安装了一个旋转编码器，该旋转编码器随电机主轴一起旋转，每转一周编码器发出 100 个脉冲，该脉冲输出端接到单片机 T0 端，通过检测每秒钟内 T0 端的脉冲个数即可知道该电机的转速。

分析思路：让定时/计数器 T0 工作于 16 位计数器方式，定时/计数器 T1 工作于 16 位定时器方式，先启动计数器 T0 对外部脉冲计数，同时启动 T1 开始定时，每隔 1s 的时间关闭计数器 T0，此时计数器 T0 的计数值除以 100 就是电机的转速，单位是 r/s（转/秒）。

程序编制如下（设系统时钟为 12MHz）。

```
#include <reg51.h>
unsigned int num;                //定义保存计数值的变量
unsigned char n;                 //定义保存转速的变量
void main()
{
  unsigned char k=0,a;
  TMOD=0x15;                     //T0 工作为 16 位计数器方式，T1 为 16 位定时器方式
  TL1=0xb0;                      //T1 置初值，定时时间为 50ms
  TH1=0x3c;
  while(1)
  {
      TL0-0x00;                  //计数器装入初值
      TH0=0x00;
      TR0=1;                     //启动计数器 T0
      TR1=1;                     //启动定时器 T1
      while(k<20)                //等待 1s 定时到
      {
         if(TF1==1)              //如果 50ms 定时到
         {
              TL1=0xb0;          //T1 重置初值
              TH1=0x3c;
              k++;
         }
      }
      TR0=0;                     //关闭计数器 T0
      TR1=0;                     //关闭定时器 T1
      k=0;                       //中间变量清 0
      a=TH0;                     //计数结果高 8 位存入中间变量
      num=a*256+TL0;             //计算计数结果
      n=num/100;                 //计算转速
  }
}
```

4.2 定时/计数器 T2

定时器 T2 是一个 16 位定时/计数器，通过设置特殊功能寄存器 T2CON 中的 C/T2 位，可将其作为定时器或计数器。

4.2.1 T2控制寄存器T2CON和T2MOD

1．状态控制寄存器T2CON

T2CON是定时/计数器T2的状态控制寄存器，用于确定T2的工作方式、各种功能选择及有关状态信息。T2CON可位寻址，因此所有标志或控制位都可以用位操作指令来置位或清零。T2CON的格式如表4-4所示。

表4-4 状态控制寄存器T2CON

D7	D6	D5	D4	D3	D2	D1	D0
TF2	EXF2	RCLK	TCLK	EXEN2	TR2	$C/\overline{T2}$	$CP/\overline{RL2}$

说明如下。

（1）TF2：定时器T2溢出标志。定时器T2溢出时置位，必须由软件清除。当RCLK或TCLK 1时，TF2将不会置位。

（2）EXF2：定时器T2外部标志。当EXEN2=1且T2EX的负跳变产生捕获或重装时，EXF2置位。定时器T2中断使能时，EXF2=1将使CPU从中断向量处执行定时器T2中断子程序。EXF2位必须用软件清零，在递增/递减计数器模式DCEN 1中，EXF2不会引起中断。

（3）RCLK：接收时钟标志。RCLK置位时，定时器T2的溢出脉冲作为串行口模式1和模式3的接收时钟。RCLK=0时，将定时器T1的溢出脉冲作为接收时钟。

（4）TCLK：发送时钟标志。TCLK置位时，定时器T2的溢出脉冲作为串行口模式1和模式3的发送时钟。TCLK=0时，定时器T1的溢出脉冲作为发送时钟。

（5）EXEN2：定时器T2外部使能标志。当其置位且定时器T2未作为串行口时钟时，允许T2EX的负跳变产生捕获或重装。EXEN2=0时，T2EX的跳变对定时器T2无效。

（6）TR2：定时器T2启动/停止控制位。置1时启动定时器。

（7）$C/\overline{T2}$：定时器/计数器选择（定时器T2）。

0：内部定时器（OSC/12或OSC/6）。

1：外部事件计数器（下降沿触发）。

（8）$CP/\overline{RL2}$：捕获/重装标志。置位：EXEN2=1时 T2EX的负跳变产生捕获。清零：EXEN2=1时定时器T2溢出或T2EX的负跳变都可使定时器自动重装。当RCLK=1或TCLK=1时，该位无效且定时器强制为溢出时自动重装。

2．模式控制寄存器T2MOD

T2MOD是定时/计数器T2的模式控制寄存器，不可位寻址，格式如表4-5所示。

表4-5 模式控制寄存器T2MOD

D7	D6	D5	D4	D3	D2	D1	D0
—	—	—	—	—	—	T2OE	DCEN

说明如下。

（1）“—”：不可用，保留将来之用。但不可将其置1，这些位在将来8051系列产品中用来实现新的特性，这种情况下，以后用到保留位，复位时或非有效状态时，它的值应为 0，而这些位为有效状态时，它的值为 1，从保留读到的值是不确定的。

（2）T2OE：定时器 T2 输出使能位。

（3）DCEN：向下计数使能位。定时器 T2 可配置成向上/向下计数器。

4.2.2　T2 的操作模式

定时器 T2 有 3 种操作模式：捕获、自动重新装载（递增或递减计数）和波特率发生器，这 3 种模式由 T2CON 中的位进行选择，如表 4-6 所示。

表 4-6　定时/计数器 T2 工作模式

RCLK+TCLK	CP/$\overline{RL2}$	TR2	操作模式
0	0	1	16 位自动重装
0	1	1	16 位捕获
1	×	1	波特率发生器
×	×	0	（关闭）

1．捕获模式

在捕获模式中，通过 T2CON 中的 EXEN2 设置两个选项。如果 EXEN2=0，定时器 T2 作为一个 16 位定时器或计数器（由 T2CON 中 C/$\overline{T2}$ 位选择），溢出时置位 TF2（定时器 T2 溢出标志位）。通过使能 IE 寄存器中的定时器 T2 中断使能位，该位可用于产生中断。如果 EXEN2=1，与以上描述相同，但增加了一个特性，即外部输入 T2EX 由 1 变 0 时将定时器 T2 中 TL2 和 TH2 的当前值各自捕获到 RCAP2L 和 RCAP2H。另外，T2EX 的负跳变使 T2CON 中的 EXF2 置位，EXF2 也像 TF2 一样能够产生中断，其向量与定时器 T2 溢出中断地址相同，定时器 T2 中断服务程序通过查询 TF2 和 EXF2 来确定引起中断的事件。

捕获模式如图 4-6 所示。在该模式中 TL2 和 TH2 无重新装载值。甚至当 T2EX 产生捕获事件时，计数器仍以 T2EX 的负跳变或振荡频率的 1/12（12 时钟模式）或 1/6（6 时钟模式）计数。

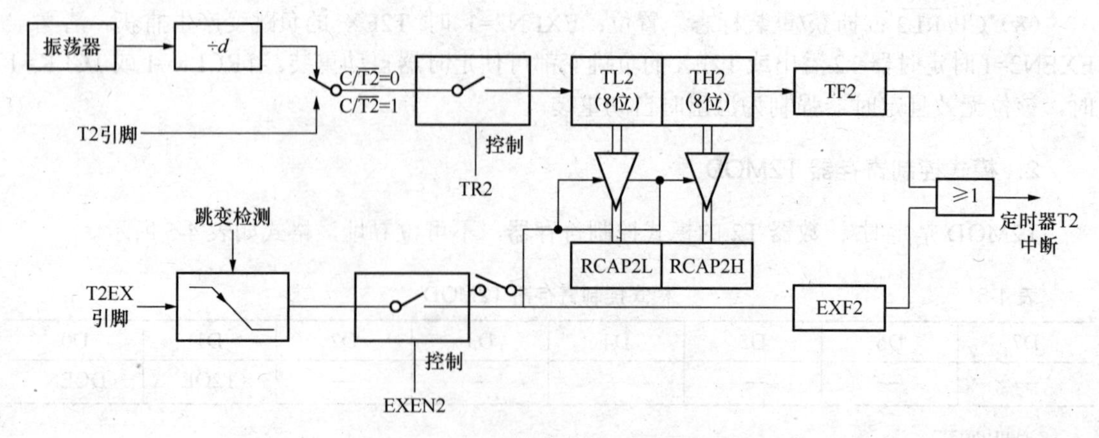

图 4-6　定时/计数器 T2 的捕获模式

2. 自动重装模式（递增/递减计数器）

16 位自动重装模式中，定时器 T2 可通过 C/$\overline{T2}$ 配置为定时器/计数器，编程控制递增/递减计数。计数的方向是由 DCEN （递减计数使能位）确定的。DCEN 位于 T2MOD 寄存器中，当 DCEN=0 时，定时器 T2 默认为向上计数；当 DCEN =1 时，定时器 T2 可通过 T2EX 确定递增或递减计数。

图 4-7 显示了当 DCEN=0 时，定时器 T2 自动递增计数，在该模式中通过设置 EXEN2 位进行选择。如果 EXEN2= 0，定时器 T2 递增计数到 0FFFFH 并在溢出后将 TF2 置位，然后将 RCAP2L 和 RCAP2H 中的 16 位值作为重新装载值装入定时器 T2。RCAP2L 和 RCAP2H 的值是通过软件预设的。

如果 EXEN2=1，16 位重新装载可通过溢出或 T2EX 从 1 到 0 的负跳变实现，此负跳变同时将 EXF2 置位。如果定时器 T2 中断被使能，则当 TF2 或 EXF2 置 1 时产生中断。

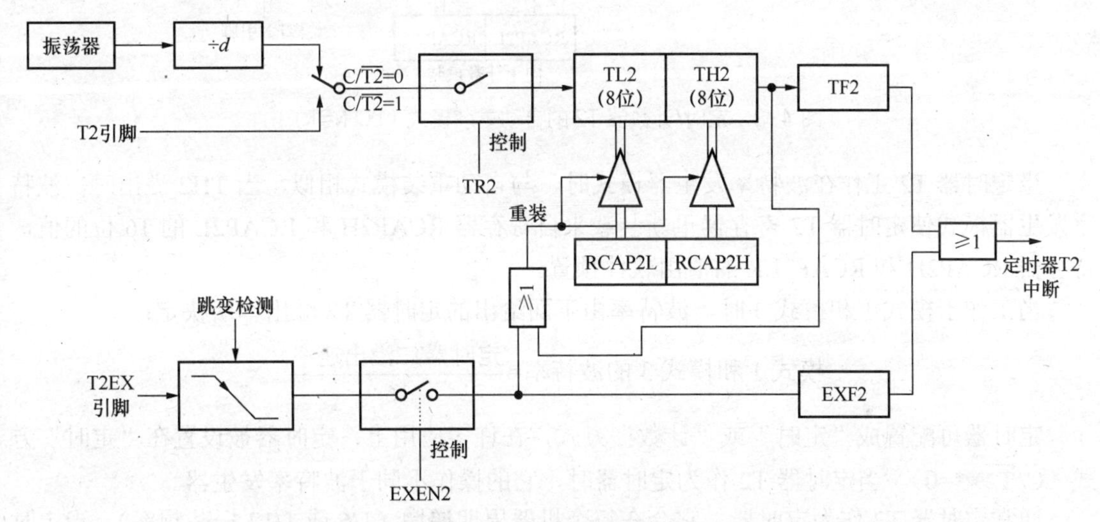

图 4-7 定时/计数器 T2 的自动重装模式（DCEN=0）

在图 4-8 中，DCEN=1 时定时器 T2 可递增或递减计数，此模式允许 T2EX 控制计数的方向。当 T2EX 置 1 时，定时器 T2 递增计数，计数到 0FFFFH 后溢出并置位 TF2，还将产生中断（如果中断被使能）。定时器 T2 的溢出将使 RCAP2L 和 RCAP2H 中的 16 位值作为重新装载值放入 TL2 和 TH2。

当 T2EX 置零时，将使定时器 T2 递减计数。当 TL2 和 TH2 计数到等于 RCAP2L 和 RCAP2H 时，定时器产生溢出，定时器 T2 溢出置位 TF2 ，并将 0FFFFH 重新装入 TL2 和 TH2。

当定时器 T2 递增/递减产生溢出时，外部标志位 EXF2 翻转。如果需要，可将 EXF2 位作为第 17 位。在此模式中，EXF2 标志不会产生中断。

3. 波特率发生器模式

寄存器 T2CON 的位 TCLK 和 RCLK 允许从定时器 T1 或定时器 T2 获得串行口发送和接收的波特率。当 TCLK=0 时，定时器 T1 作为串行口发送波特率发生器；当 TCLK=1 时，定时器 T2 作为串行口发送波特率发生器。RCLK 对串行口接收波特率有同样的作用。通过这两位，串行口能得到不同的接收和发送波特率：一个通过定时器 T1 产生，另一个通过定时器 T2 产生。

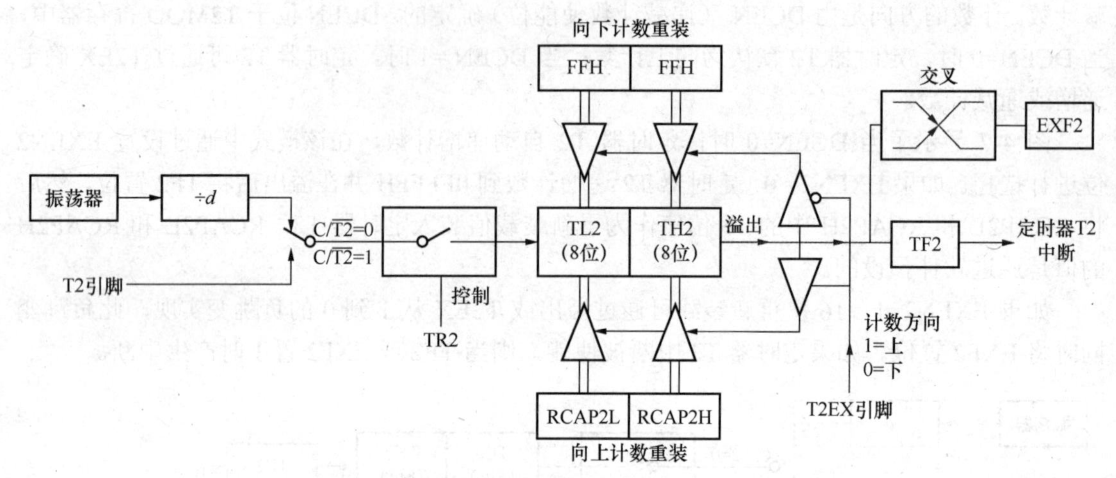

图 4-8　定时/计数器 T2 的自动重装模式（DCEN=1）

当定时器 T2 工作在波特率发生器模式时，与自动重装模式相似，当 TH2 溢出时，波特率发生器模式使定时器 T2 寄存器重新装载来自寄存器 RCAP2H 和 RCAP2L 的 16 位的值，寄存器 RCAP2H 和 RCAP2LR 的值由软件预置。

当工作于模式 1 和模式 3 时，波特率由下面给出的定时器 T2 溢出率所决定：

$$\text{模式 1 和模式 3 的波特率}=\frac{\text{定时器T2溢出速率}}{16}$$

定时器可配置成“定时”或“计数”方式，在许多应用上，定时器被设置在“定时”方式（$C/\overline{T2}$ *=0）。当定时器 T2 作为定时器时，它的操作不同于波特率发生器。

通常定时器 T2 作为定时器，它会在每个机器周期递增（1/6 或 1/12 振荡频率）。当定时器 T2 作为波特率发生器时，它在 6 时钟模式下，以振荡器频率递增（12 时钟模式时为 1/2 振荡频率），这样，波特率公式如下：

$$\text{模式 1 和模式 3 的波特率}=\frac{\text{振荡器频率}}{[n\times[65536-(\text{RCAP2H,RCAP2L})]]}$$

此处，$n=16$（6 时钟模式）或 32（12 时钟模式）；（RCAP2H,RCAP2L）=RCAP2H 和 RCAP2L 的内容，为 16 位无符号整数。

当定时器 T2 作为波特率发生器时，仅当寄存器 T2CON 中的 RCLK 和（或）TCLK=1 时，定时器 T2 作为波特率发生器才有效。注意 TH2 溢出并不置位 TF2，也不产生中断。这样当定时器 T2 作为波特率发生器时，定时器 T2 中断不必被禁止。如果 EXEN2（T2 外部使能标志）被置位，在 T2EX 中，由 1 到 0 的转换会置位 EXF2（T2 外部标志位），但并不导致（TH2，TL2）重装载（RCAP2H，RCAP2L）。因此，当定时器 T2 用作波特率发生器时，如果需要，T2EX 可用作附加的外部中断。

当计时器工作在波特率发生器模式下，则不要对 TH2 和 TL2 进行读写，每隔一个状态时间（Osc/2）或由 T2 进入的异步信号，定时器 T2 将加 1，在此情况下对 TH2 和 TH1 进行读写是不准确的。可对 RCAP2 寄存器进行读，但不要进行写，否则将导致自动重装错误。当对定时器 T2 或寄存器 RCAP 进行访问时，应关闭定时器（清零 TR2）。

表 4-7 列出了常用的波特率和如何用定时器 T2 得到这些波特率。

表 4-7　　由定时器 T2 产生的常用波特率

波特率		振荡器频率	定时器 T2	
12 时钟模式	6 时钟模式		RCAP2H	RCAP2L
375kBd	750kBd	12MHz	FFH	FFH
9.6kBd	19.2kBd	12MHz	FFH	D9H
4.8kBd	9.6kBd	12MHz	FFH	B2H
2.4kBd	4.8kBd	12MHz	FFH	64H
1.2kBd	2.4kBd	12MHz	FEH	C8H
300Bd	600Bd	12MHz	FBH	1EH
110Bd	220Bd	12MHz	F2H	AFH
300Bd	600Bd	6MHz	FDH	8FH
110Bd	220Bd	6MHz	F9H	57H

4．波特率公式汇总

定时器 T2 工作在波特率发生器模式，外部时钟信号由 T2 脚进入，波特率为：

$$波特率=\frac{定时器T2溢出率}{16}$$

如果定时器 T2 采用内部时钟信号，则波特率为：

$$波特率=\frac{f_{OSC}}{n\times[65536-(RCAP2H,RCAP2L)]}$$

此处，$n=32$（12 时钟模式）或 16（6 时钟模式）；$f_{OSC}=$ 振荡器频率。

自动重装值可由下式得到：

$$RCAP2H，RCAP2L=65536-[f_{OSC}/(n\times 波特率)]$$

5．T2 的设置

除了波特率发生器模式，T2CON 不包括 TR2 位的设置，TR2 位需单独设置来启动定时器。表 4-8、表 4-9 给出了 T2 作为定时器和计数器的设置。

表 4-8　　T2 作为定时器

模式	T2CON	
	内部控制（注 1）	外部控制（注 2）
16 位自动重装	00H	08H
16 位捕获	01H	09H
波特率发生器接收和发送相同波特率	34H	36H
只接收	24H	26H
只发送	14H	16H

表 4-9　　　　T2 作为计数器

模　　式	TMOD	
	内部控制（注 1）	外部控制（注 2）
16 位	02H	0AH
自动重装	03H	0BH

说明：（1）仅当定时器溢出时进行捕获和重装。

（2）当定时/计数器溢出并且 T2EX（P1.1）发生电平负跳变时产生捕获和重装（定时器 T2 用于波特率发生器模式时除外）。

6．可编程时钟输出

STC89C52 系列单片机，可以设定定时/计数器 T2，通过 P1.0 输出时钟。P1.0 除作为通用 I/0 口外，还有两个功能可供选用：用于定时/计数器 T2 的外部计数输入和定时/计数器 T2 时钟信号输出。

通过软件对 T2CON.1 位 $C/\overline{T2}$ 复位为 0，对 T2MOD.1 位 T2OE 置 1 就可将定时/计数器 T2 选为时钟信号发生器，而 T2CON.2 位 TR2 控制时钟信号开始或结束（TR2 为启停控制位）。由主振频率（f_{OSC}）和定时/计数器 T2 定时、自动再装入方式的计数初值决定时钟信号的输出频率，其设置公式如下：

$$时钟信号输出频率=\frac{f_{OSC}}{n\times[65536-(RCAP2H,RCAP2L)]}$$

上式中，n=2，6 时钟/机器周期；n=4，12 时钟/机器周期。

从公式可见，主振频率（f_{OSC}）设定后，时钟信号输出频率的设定就取决于定时/计数器 T2 初值的设定。

在时钟输出模式下，计数器回 0 溢出不会产生中断请求，这种功能相当于定时/计数器 T2 作为波特率发生器，同时又可作为时钟发生器。但必须注意，无论如何波特率发生器和时钟发生器不能单独确定不同的频率，因为两者都同时用同一个陷阱寄存器 RCAP2H 和 RCAP2L，不可能出现两个计数初值。

习题及思考题

1．定时器/计数器定时与计数的内部工作有何异同？

2．定时器/计数器有 4 种工作方式，它们的定时与计数范围各是多少？使用中怎样选择工作方式？

3．利用定时器/计数器 T0 编写一个延时 5ms 的程序。

4．编写一段程序，功能要求为：当 P1.0 引脚的电平正跳变时，对 P1.1 的输入脉冲进行计数；当 P1.2 引脚的电平负跳变时，停止计数，并将计数值写入 R0、R1（高位存 R1，低位存 R0）。

第5章 中断系统

5.1 中断控制方式

5.1.1 中断的概念

1. 什么是中断

什么是中断，我们从一个生活中的例子引入。你正在家中看书——突然电话铃响了——你在书上做了个记号——去接电话，和来电话的人交谈——门铃响了——你让打电话的对方稍等——你去开门，并在门旁与来人交谈——谈话结束，关好门——回到电话机旁继续通话——通话完毕，放下电话——从做记号的地方继续看书。

这是一个很典型的中断现象，就是正常的工作过程被外部的事件打断。从看书到接电话，这是一次中断过程，而从打电话到与门外来人交谈，则是在中断过程中发生的又一次中断，即所谓中断嵌套。为什么会发生上述的中断现象呢？是因为在一个特定的时刻，面对着3项任务：看书、打电话和接待来人。但一个人又不可能同时完成3项任务，因此只好采用中断方法穿插着做。

此种现象同样也出现在计算机中，在程序正常运行时，计算机内部或外部常会随机或定时（如定时器发出的信号）出现一些紧急事件，在多数情况下需要CPU立即响应并进行处理。为了解决这一问题，在计算机中引入了中断技术。

在中断系统中，通常将CPU正常情况下运行的程序称为主程序，把引起中断的设备或事件称为中断源。由中断源向CPU所发出的请求中断的信号称为中断请求信号，CPU接受中断申请终止现行程序而转去为服务对象服务称为中断响应，为服务对象服务的程序称为中断服务程序（也称中断处理程序）。现行程序中断的地方称为断点，为中断服务对象服务完毕后返回原来的程序称为中断返回。整个过程称为中断。

2. 引进中断技术的优点

计算机引进中断技术后，主要具有如下优点。

（1）分时操作

在计算机与外部设备交换信息时，存在着高速CPU和低速外设（如打印机等）之间的矛盾。若采用软件查询方式，则不但占用了 CPU 操作时间，而且响应速度慢。中断功能解决了高速 CPU 与低速外设之间的矛盾。此时，CPU 在启动外设工作后，继续执行主程序，同时外设也在工作。每当外设做完一件事，就发出中断申请，请求 CPU 中断它正在执行的程序，转去执行中断服务程序（一般是处理输入/输出数据）。中断处理完成后，CPU 恢复执行主程序，外设仍继续工作。这样，CPU 可以命令多个外设（如键盘、打印机等）同时工作，从而大大提高了 CPU 的工作效率。

（2）实时处理

在实时控制中，现场的各个参数、信息是随时间和现场情况不断变化的。有了中断功能，外界的这些变化量可根据要求随时向 CPU 发出中断请求，要求 CPU 及时处理，CPU 就可以马上响应（若中断响应条件满足）并加以处理。这样的及时处理在查询方式下是做不到的，从而大大缩短了 CPU 的等待时间。

（3）故障处理

计算机在运行过程中，难免会出现一些无法预料的故障，如存储出错、运算溢出和电源突跳等。有了中断功能，当出现上述情况时，CPU 可及时转去执行故障处理程序，自行处理故障而不必停机。

5.1.2 中断处理过程

在单片机中，为了实现中断功能而配置的软件和硬件，称为中断系统。中断系统的处理过程包括中断请求、中断响应、中断处理和中断返回。

1. 中断源

发出中断请求的来源一般统称为“中断源”。中断源有多种，最常见的有以下 4 种。

（1）外部设备中断源

计算机的输入/输出设备，如键盘、磁盘驱动器、打印机等，可通过接口电路向 CPU 申请中断。

（2）故障源

故障源是产生故障信息的来源。它作为中断源，使得 CPU 能够以中断方式对已发生的故障及时进行处理。

计算机故障源有内部和外部之分。内部故障源一般是指执行指令时产生的错误情况，如除法中除数为零等，通常把这种中断源称为“内部软件中断”（注意：目前，多数 80C51 系列单片机没有内部软件中断功能）；外部故障源主要有电源掉电等情况，在电源掉电时，当电压因掉电而降至一定值时，即发出中断请求，由计算机的中断系统自动响应，并进行相应处理（如可以接入备用的电池供电电路，以保护存储器中的信息）。

（3）控制对象中断源

计算机做实时控制时，被控对象常常用作中断源。例如，电压、电流、温度等超过其上限或下限时，以及继电器、开关闭合断开时都可以作为中断源向 CPU 申请中断。

（4）定时/计数脉冲中断源

定时/计数脉冲中断源也有内部和外部之分。内部定时中断是由单片机内部的定时/计数器溢出而自动产生的；外部计数中断是由外部脉冲通过 CPU 的中断请求输入线或定时/计数器的输入线引起的。

每个中断源所发出的中断请求信号应符合 CPU 响应中断的条件，如电平高/低、持续时间、脉冲幅度等。

2．中断系统的功能

为了满足上述各种情况下的中断要求，中断系统一般具有如下功能。

（1）中断处理及返回

当某个中断源发出中断申请时，CPU 决定是否响应该中断请求。当 CPU 在执行更紧急、更重要的工作时，可以暂时不响应该中断；若允许响应这个中断请求，则 CPU 必须在现行的指令执行完后，把断点处的 PC 值（即下一条应执行的指令地址）推入堆栈保留下来，这称为“保护断点”，这一步是硬件自动执行的。同时，用户在编程时，须注意把有关的寄存器内容和状态标志位推入堆栈保留下来，这称为“保护现场”。保护断点和现场之后，即可执行中断服务程序。中断服务程序执行完毕后，须恢复原保留的寄存器的内容和标志位的状态，这称为“恢复现场”，并执行中断返回指令，这个过程由用户编程实现。中断返回指令可以恢复 PC 值（称为“恢复断点”），使 CPU 返回断点，继续执行主程序。上述过程如图 5-1 所示。

（2）优先权排队

通常，在系统中有多个中断源，有时会出现 2 个或更多个中断源同时提出中断请求的情况。这就要求计算机既能区分各个中断源的请求，又能确定应首先为哪个中断源服务。为了解决这一问题，通常给各个中断源规定其优先级别，这称为“优先权”。当 2 个或 2 个以上的中断源同时提出中断请求时，计算机首先为优先权最高的中断源服务，服务结束后，再响应级别较低的中断源。计算机按中断源级别高低逐次响应的过程称为“优先权排队”。这个过程可以通过硬件电路来实现，也可以通过程序查询来实现。

（3）中断嵌套

当 CPU 响应某中断请求而正在进行中断处理时，若有优先权级别更高的中断源发出中断申请，则 CPU 中断正在进行的中断服务程序，并保留这个程序的断点（类似于子程序嵌套），而去响应高级中断；在高级中断处理完以后，再继续执行被中断的中断服务程序。这个过程称为“中断嵌套”，如图 5-2 所示。

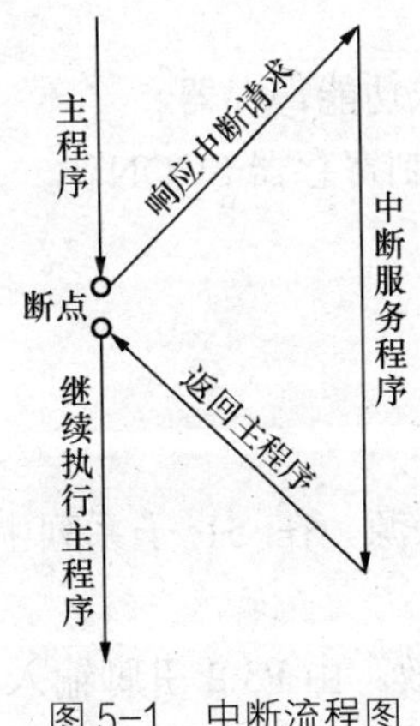

图 5-1　中断流程图

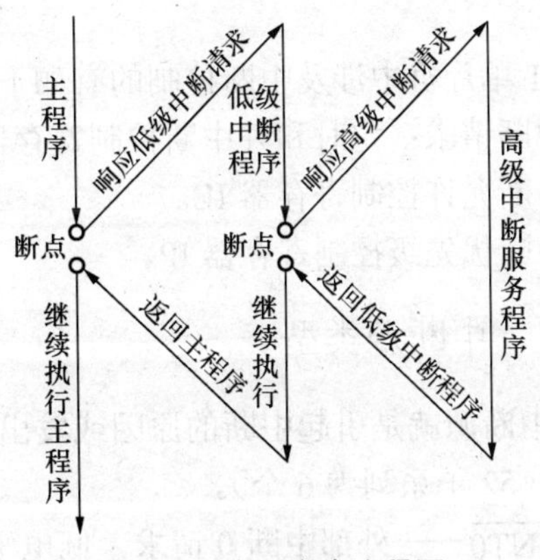

图 5-2　中断嵌套流程图

如果发出新中断申请的中断源的优先级别与正在处理的中断源同级或者比它还低，则 CPU 暂时不响应这个中断申请，直到正在处理的中断服务程序执行完以后才去处理新的中断申请。

5.2 MCS-51 单片机的中断系统

MCS-51 系列中不同型号的单片机具有 5～11 个不同的中断源，最典型的 8051 单片机有 5 个中断源，分为两个中断优先级，可以实现两级中断服务嵌套。用户可以用关中断指令（或复位）来屏蔽所有的中断请求，也可以用开中断指令使 CPU 接受所有的中断请求；每一个中断源可以用软件独立地控制为开中断或关中断状态；每个中断源的中断优先级别均可以用软件设置。51 单片机的中断系统结构图如图 5-3 所示。

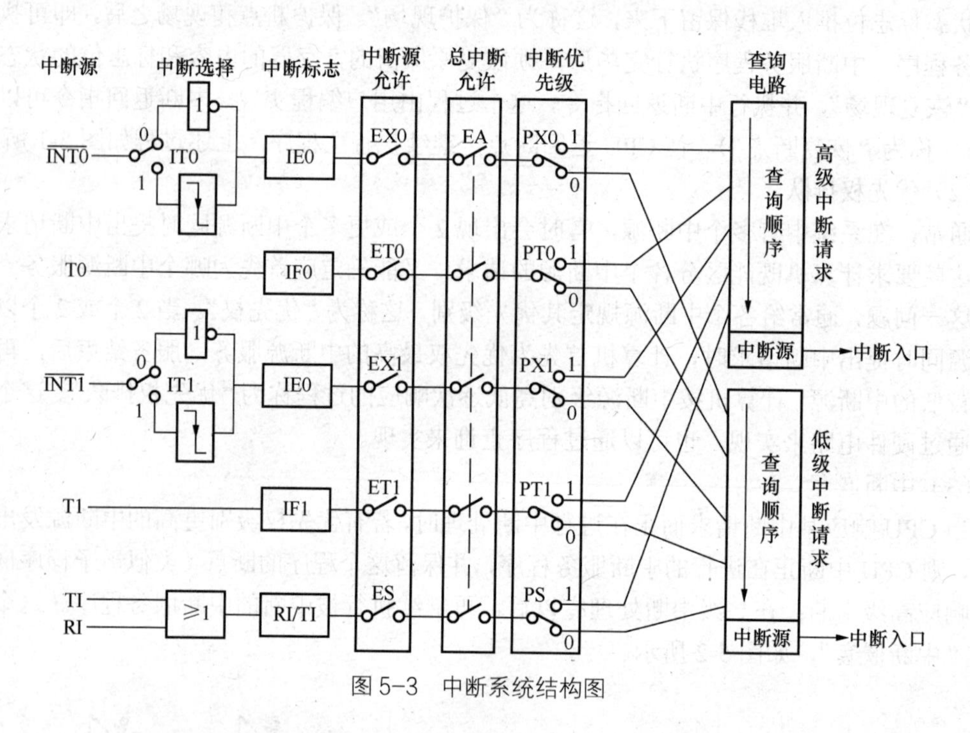

图 5-3　中断系统结构图

80C51 单片机中涉及中断控制的有如下 3 个方面 4 个特殊功能寄存器。

① 中断请求：定时和外中断控制寄存器 TCON，串行控制寄存器 SCON。

② 中断允许控制寄存器 IE。

③ 中断优先级控制寄存器 IP。

5.2.1 中断源类型

所谓中断源就是引起中断的原因或发出中断请求的中断来源。在 51 子系列中有如下 5 个中断源（52 子系列为 6 个）。

（1）$\overline{INT0}$——外部中断 0 请求，低电平或脉冲下降沿有效。由 P3.2 引脚输入。

（2）$\overline{INT1}$——外部中断 1 请求，低电平或脉冲下降沿有效。由 P3.3 引脚输入。

（3）T0——定时器/计数器0溢出中断请求。外部计数脉冲由P3.4引脚输入。

（4）T1——定时器/计数器1溢出中断请求。外部计数脉冲由P3.5引脚输入。

（5）TX/RX——串行中断请求。包括串行接收中断RI和串行发送中断TI。当串行口完成一帧数据发送或接受时，请求中断。

5.2.2 中断请求标志

每一个中断源都对应有一个中断请求标志位来反映中断请求状态，这些标志位分布在特殊功能寄存器TCON和SCON中。

1. 定时/计数器控制寄存器TCON

TCON为定时/计数器的控制寄存器，它同时也锁存T0、T1溢出中断源标志、外部中断请求标志，与这些中断请求源相关的位含义如表5-1所示。

表5-1 TCON（地址为88H）的格式

D7	D6	D5	D4	D3	D2	D1	D0
TF1		TF0		IE1	IT1	IE0	IT0

（1）IT0（TCON.0）：选择外部中断请求0（$\overline{\text{INT0}}$）为边沿触发或电平触发方式的控制位。IT0=0，为电平触发方式，$\overline{\text{INT0}}$引脚为低电平时向CPU申请中断；IT0=1，为边沿触发方式，$\overline{\text{INT0}}$输入脚上出现由高到低的负跳变时向CPU申请中断。IT0可由软件置“1”或清“0”。注意：在边沿触发方式下，中断请求信号的高、低电平状态都应该至少维持1个机器周期。

（2）IE0（TCON.1）：外部中断0的中断申请标志位。当IT0=0即电平触发方式时，CPU在每个机器周期的S5P2采样$\overline{\text{INT0}}$引脚，若$\overline{\text{INT0}}$为低电平，则置“1”IE0。当IT0=1，即$\overline{\text{INT0}}$为边沿触发方式时，若第1个机器周期采样到$\overline{\text{INT0}}$引脚为高电平，第2个机器周期采样到该引脚为低电平，则置“1”IE0。IE0为1表示外部中断0正在向CPU申请中断。当CPU响应该中断，转向中断服务程序时，由硬件清“0”IE0。

（3）IT1（TCON.2）：选择外部中断请求1（$\overline{\text{INT1}}$）为边沿触发方式或电平触发方式的控制位，其作用和IT0类似。

（4）IE1（TCON.3）：外部中断1的中断申请标志位。其意义和IE0相似。

（5）TF0（TCON.5）：单片机片内定时/计数器T0溢出中断申请标志位。当启动T0计数后，定时/计数器T0从初始值开始加T1计数，当最高位产生溢出时，由硬件置“1”TF0，向CPU申请中断，CPU响应TF0中断时，会自动清“0”TF0。

（6）TF1（TCON.7）：单片机片内定时/计数器T1溢出中断申请标志位，功能和TF0类似。

当MCS-51系统复位后，TCON各位被清0。

2. 串行口控制寄存器SCON

SCON为串行口控制寄存器，SCON的低二位，锁存串行口的接收中断和发送中断标志，其格式如表5-2所示。

表 5-2　　　　SCON（地址为 98H）的格式

D7	D6	D5	D4	D3	D2	D1	D0
						TI	RI

（1）TI（SCON.1）：单片机串行口的发送中断标志，向串行口的数据缓冲器 SBUF 写入一个数据后，就启动了串口的发送。当串口发送完一帧信息时，硬件自动置位 TI 标志位。TI=1 表示串行口发送器正在向 CPU 申请中断，值得注意的是，CPU 响应发送器中断请求，转向执行中断服务程序时，并不清“0”TI，TI 必须由用户的中断服务程序清“0”。

（2）RI（SCON.0）：单片机串行口接收中断标志，当串口接收完一帧信息时，硬件自动置位 RI 标志位。RI 为 1 表示串行口接收器正在向 CPU 申请中断，同样 RI 必须由用户的中断服务程序清“0”。

一般情况，以上 5 个中断源的中断请求标志是由中断机构硬件电路自动置位的，但也可以人为的通过指令（SETB　BIT），对以上两个控制寄存器的中断标志位置位，即“软件代请中断”，这是单片机中断系统的一大特点。

5.2.3　中断请求控制

1. 中断允许寄存器 IE

MCS-51 单片机对中断的开放或屏蔽，是由片内的中断允许寄存器 IE 控制的。

IE 的格式如表 5-3 所示。

表 5-3　　　　IE（地址为 0A8H）的格式

D7	D6	D5	D4	D3	D2	D1	D0
EA	-	-	ES	ET1	EX1	ET0	EX0

IE 寄存器各位功能如下。

（1）EA（IE.7）：CPU 的中断开放/禁止总控制位。

EA=0 时，禁止所有中断；EA=1 时，开放中断，但每个中断还受各自的控制位控制。

（2）ES（IE.4）允许或禁止串行口中断。

ES=0 时，禁止中断；ES=1 时，允许中断。

（3）ET1（IE.3）：允许或禁止定时/计数器 T1 溢出中断。

ET1=0 时，禁止中断；ET1=1 时，允许中断。

（4）EX1（IE.2）：允许或禁止外部中断 1（$\overline{\text{INT1}}$）中断。

EX1=0 时，禁止中断；EX1=1 时，允许中断。

（5）ET0（IE.1）：允许或禁止定时器/计数器 T0 溢出中断。

ET0=0 时，禁止中断，ET0=1 时允许中断。

（6）EX0（IE.0）：允许或禁止外部中断 0（$\overline{\text{INT0}}$）中断。

EX0=0 时，禁止中断；EX0=1 时，允许中断。

当 MCS-51 系统复位后，IE 各位均被清 0，所有中断被禁止。

2. 中断优先级寄存器 IP

MCS-51 单片机设有两级优先级，高优先级中断和低优先级中断。中断源的中断优先级分别由中断控制寄存器 IP 的各位来设定。IP 的格式如表 5-4 所示。

表 5-4 IP（地址为 0B8H）的格式

D7	D6	D5	D4	D3	D2	D1	D0
-	-	-	PS	PT1	PX1	PT0	PX0

IP 寄存器各位功能如下。

（1）PS（IP.4）：串行口中断优先级控制位。

PS=1，为高优先级中断；PS=0，为低优先级中断。

（2）PT1（IP.3）：定时/计数器 T1 中断优先级控制位。

PT1=1，为高优先级中断；PT1=0，为低优先级中断。

（3）PX1（IP.2）：外部中断 1 中断优先级控制位。

PX1=1，为高优先级中断；PX1=0，为低优先级中断。

（4）PT0（IP.1）：定时器/计数器 T0 中断优先级控制位。

PT0=1，为高优先级中断；PT0=0，为低优先级中断。

（5）PX0（IP.0）：外部中断 0 中断优先级控制位。

PX0=1，为高优先级中断；PX0=0，为低优先级中断。

中断申请源的中断优先级的高低，由中断优先级控制寄存器 IP 的各位控制，IP 的各位由用户用指令来设定。当系统复位后，IP 低 5 位全部清 0，所有中断源均设定为低优先级中断。当有多个中断需要处理时，中断响应的优先级规则如下。

（1）若 CPU 正在对某一个中断服务。则级别低的或同级中断申请不能打断正在进行的服务。而级别高的中断申请则能中止正在进行的服务，使 CPU 转去更高级的中断服务，待服务处理完毕后，CPU 再返回原中断服务程序继续执行。

（2）若多个中断源同时申请中断，则级别高的优先级先服务。

（3）若同时收到几个同一优先级别（0 或 1）的中断请求时，中断服务取决于系统内部辅助优先顺序。在每个优先级内，存在着一个辅助优先级，其优先顺序如表 5-5 所示。

表 5-5 51 单片机内部各中断源中断优先级顺序

	中 断 源	中 断 级 别
IE0	外部中断 0	最高级别
TF0	定时/计数器 T0 溢出中断	↓
IE1	外部中断 1	
TF1	定时器/计数器 T1 溢出中断	
RI，TI	串行口中断	最低优先级

综上所述，可对中断系统的规定概括为以下两条基本规则。

① 低优先级（0）中断系统的服务可以被高优先级（1）中断系统中断，反之不能。

② 当多个中断源同时发出申请时，级别高的优先级先服务（先按高低优先级区分，再按

辅助优先级区分）。

5.2.4 中断处理过程

中断处理过程大致可分为 3 步：中断响应、中断服务、中断返回。

1．CPU 响应中断的条件及过程

（1）响应条件

MCS-51 单片机在每个机器周期的 S5P2 期间顺序采样各中断请求标志位，如有置位，且下列 3 种情况都不存在，那么，在下一周期的 S1 期间响应中断。否则，采样的结果被取消，CPU 不能立即响应中断。CPU 不响应中断的 3 种情况如下。

① CPU 正在处理同级或高优先级的中断。

② 现行的机器周期不是所执行指令的最后一个机器周期。

③ 正在执行的指令是 RETI 或访问 IE、IP 的指令。CPU 在执行 RETI 或访问 IE、IP 的指令后，至少需要再执行一条其他指令后才会响应中断请求。

（2）中断响应过程

CPU 响应中断后，由硬件执行下列操作序列。

① 根据中断请求源的优先级高低，使相应的优先级状态触发器置 1。

② 保留断点，即把程序计数器 PC 的内容推入堆栈保存。

③ 清相应的中断请求标志位 IE0、IE1、TF0、TF1。

④ 把被响应的中断服务程序的入口地址送入 PC，从而转入相应的中断服务程序。

各中断源所对应的中断服务程序的入口地址如表 5-6 所示。

表 5-6　　51 单片机内部各中断源入口地址表

中断源	入口地址
外部中断 0	0003H
定时/计数器 T0	000BH
外部中断 1	0013H
定时/计数器 T1	001BH
串行口中断	0023H

从上述地址开始执行中断服务程序，中断服务程序的最后一条指令必须是中断返回指令 RETI。CPU 执行该指令时从堆栈中弹出断点地址到 PC，从而返回到主程序断点处。另外，它还通知中断系统已完成中断处理，清除优先级状态触发器，并使部分中断源标志（除 TI、RI）清零。

保护现场及恢复现场的工作必须由用户设计的中断服务程序处理。

2．中断请求的撤除

CPU 响应中断的同时，该中断请求标志应被清除，否则将会引起另一次中断。中断标志的清除分为 3 种情况。

（1）对于定时器溢出的中断标志 TF0（或 TF1）及负跳变触发的外部中断标志 IE0（或

IE1），中断响应后，中断标志由硬件自动清除。

（2）对于电平触发的外部中断请求，中断请求标志不由CPU控制（由中断输入引脚的电平决定），在中断结束前必须由中断源撤销中断请求信号。

图5-4给出一种可行的撤销外部电平中断请求的解决方案。

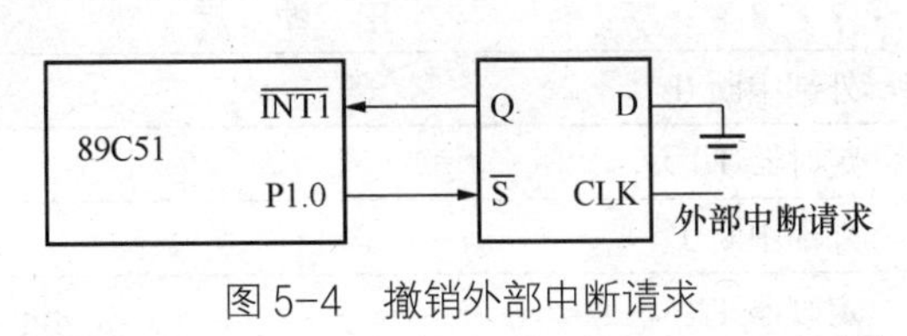

图5-4 撤销外部中断请求

外部中断请求信号不直接加在$\overline{\text{INT1}}$引脚上，而是加在D触发器的CLK时钟端。由于D端接地，当外部中断请求的正脉冲信号出现在CLK端时，D触发器置0使$\overline{\text{INT1}}$有效，向CPU发出中断请求。CPU响应中断后，利用一个I/O口线作为应答线，图5-4中的P1.0接D触发器的$\overline{\text{S}}$端，在中断服务程序中应通过P1.0送出负脉冲信号，将Q端置为高电平来撤销外部中断请求信号。

（3）串行口中断标志TI和RI在中断响应后不能由硬件自动清除，这就需要在中断服务程序中，由软件清除中断请求标志。

3. 中断的响应时间

由上述可知，CPU不是在任何情况下都对中断请求予以响应的。此外，不同的情况对中断响应的时间也是不同的。下面以外部中断为例，说明中断响应的时间。

外部中断$\overline{\text{INT0}}$和$\overline{\text{INT1}}$的电平在每一个机器周期都被采样，并锁存在IE0和IE1中，这个置位的IE0和IE1的状态到下一个机器周期才被查询，如果中断被激活，并且满足响应条件，CPU接着执行一条硬件子程序调用指令，以转到相应的服务程序入口，该调用指令本身需要两个机器周期。这样，从产生外部中断请求到开始执行中断服务程序的第一条指令之间最少需要3个完整的机器周期。

如果中断请求遇到了上面中断响应条件所列3种情况之一，使CPU不能立即响应中断时，则中断响应的时间将更长。如果CPU正在处理同级或高级中断，额外的等待时间取决于中断服务程序的处理时间。

如果正在处理的指令为RETI或访问IE、IP的指令，额外的等待时间不会多于5个机器周期（执行这些指令最多需一个机器周期，再执行一条指令最多为4个机器周期（乘法指令和除法指令是最长的指令，需4个机器周期））。

由此看来，外部中断响应时间总是3～8个机器周期（不包括等待中断服务程序处理情况在内）。

5.3 中断的C51编程

C51为中断服务程序的编写提供了方便的方法。C51的中断服务程序是一种特殊的函数，它的说明形式如下。

```
void 函数名（void） interrupt n using m
{ 函数体语句 }
```

这里的interrupt和using是为编写C51中断服务程序而引入的关键字，interrupt表示该函数是一个中断服务函数，interrupt后面的整数n表示该中断服务函数对应哪一个中断源。

每个中断源都有系统指定的中断编号，如表 5-7 所示。

表 5-7　　各中断源及其编号

中　断　源	中 断 编 号
外部中断 0	0
定时器 T0	1
外部中断 1	2
定时器 T1	3
串行口中断	4
定时器 T2	5

using 指定该中断服务程序要使用的工作寄存器组号，m 的取值为 0～3 的整数。若不使用关键字 using，则编译系统会将当前工作寄存器组的 8 个寄存器压入堆栈。

此外还要注意一点，程序中任何函数都不能调用中断服务程序，它是由系统自动调用的。

下面给出一个 Proteus 软件中使用外部中断源的实例来帮助读者加深理解。

【例 5-1】 使用单片机检测开关状态。

在单片机的 $\overline{\text{INT0}}$ 引脚接一开关，P1.0 引脚接一发光二极管。每次开关闭合时，发光二极管的亮灭状态转换一次。

Proteus 仿真电路图如图 5-5 所示。

每次按下开关时，会在单片机的 $\overline{\text{INT0}}$ 引脚上产生一个负脉冲，如果将单片机的外部中断 0 的触发方式设为脉冲触发，则单片机检测到这个负脉冲后会调用外部中断 0 服务程序。

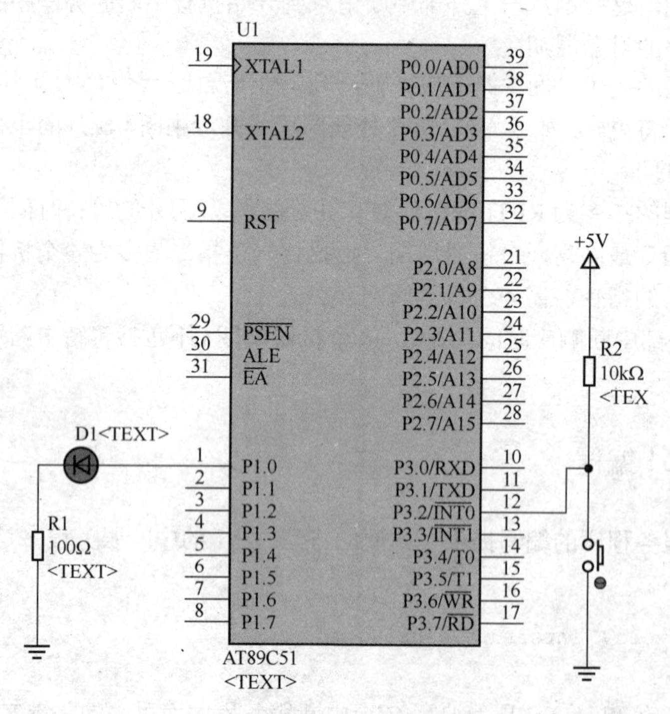

图 5-5　单片机检测开关状态

程序如下。

```
#include <reg51.h>     //寄存器声明头文件
sbit p1_0=P1^0;        //二极管控制引脚位定义
void  INT0_srv(void) interrupt 0 using 1    //外部中断0处理程序
{
    p1_0=!p1_0;        //翻转二极管
}

void main()
{
    p1_0=0;
    IT0=1;      //外部中断0为脉冲触发方式
    EA=1;       //开总中断
    EX0=1;      //开外部中断0
    while(1);
}
```

Proteus 中的仿真运行结果显示，每当用户按下开关时，二极管出现一次亮灭状态的切换。如果将上边程序中的 IT0=1 语句修改为 IT0=0，则当用户按下开关时，二极管出现连续的亮灭状态的切换（请读者考虑一下为什么会这样？）。

5.4 外部中断的扩充

MCS-51 系列单片机只有两个外部中断源输入端，当外部中断源多于两个时，就必须进行扩展，下面介绍两种简单的扩展方法。

1. 利用查询法扩展外部中断源

在外部中断源比较多时，可以在 51 单片机的一个外部中断请求端（如$\overline{\text{INT0}}$），利用“线与”方式连接多个中断，无论哪个中断源发出中断请求（低电平有效），都会触发$\overline{\text{INT0}}$中断，这些中断源同时分别接到单片机输入端口的各个引脚，然后在$\overline{\text{INT0}}$的中断服务程序中采用查询法顺序检索引起中断的中断源。当对应的中断源被服务后，该中断源应撤销其中断请求（将电平恢复为高电平）。注意，软件的查询顺序决定了扩展的多个中断的优先级顺序。

下面给出 Proteus 软件仿真原理图和程序。

本实例为了简化原理图以说明中断扩展的原理，在原理图中使用按钮来代替外设模拟外部中断源。本实例扩展了 4 个外部中断，当有某个扩展的外部中断源有中断请求时（图 5-6 中对应的按钮按下），在中断服务程序中，会将其对应的发光二极管点亮。

程序如下。

```
#include <reg51.h>

sbit int0=P2^0;     //扩展中断1位定义
sbit int1=P2^1;     //扩展中断2位定义
sbit int2=P2^2;     //扩展中断3位定义
sbit int3=P2^3;     //扩展中断4位定义
sbit led0=P1^0;     //发光二极管1位定义
```

```
sbit led1=P1^1;      //发光二极管 2 位定义
sbit led2=P1^2;      //发光二极管 3 位定义
sbit led3=P1^3;      //发光二极管 4 位定义
```

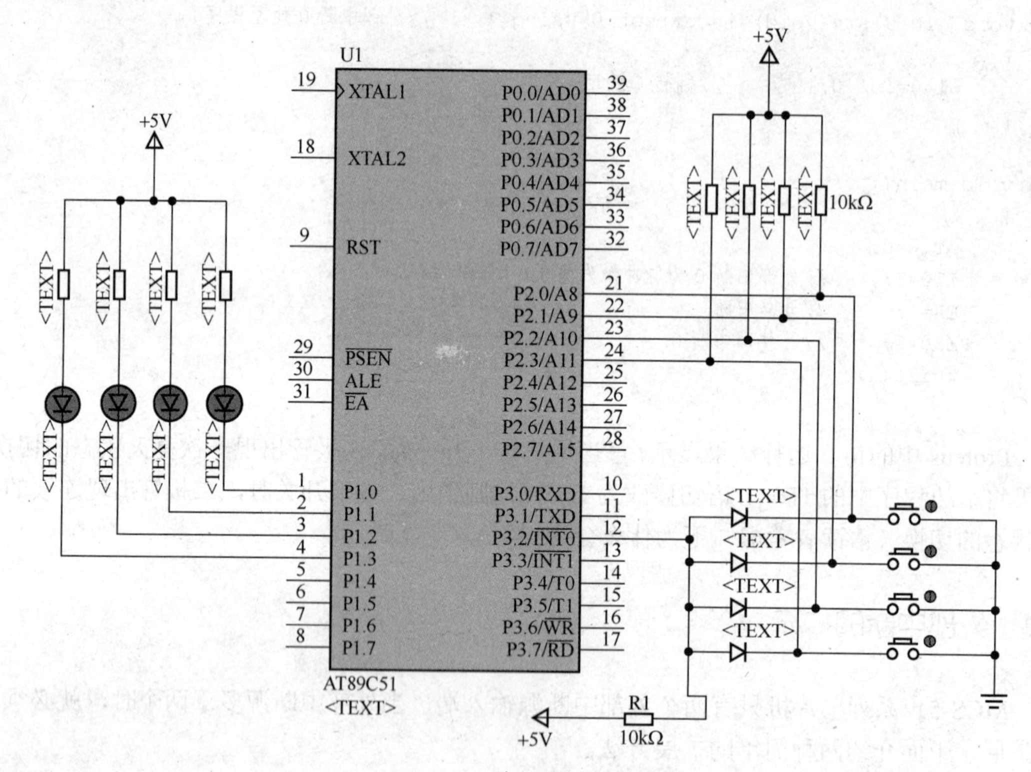

图 5-6　外部中断扩展

```
void INT0_srv(void) interrupt 0 using 1
{
    P1=0xff;                        //熄灭所有发光二极管;
    if(int0==0)     led0=0 ;       //扩展中断 1 处理
    if(int1==0)     led1=0;        //扩展中断 2 处理
    if(int2==0)     led2=0;        //扩展中断 3 处理
    if(int3==0)     led3=0;        //扩展中断 4 处理
}

void main()
{
    IT0=1;
    EA=1;      //开总中断
    EX0=1;     //开外部中断 0
    while(1);
}
```

2．利用定时器扩展外部中断源

这种方法是利用定时/计数器的外部事件计数输入端作为边沿触发器的外部中断输入端。单片机的定时/计数器是一个加一计数器，每当计数输入端有一个“1—0”的负跳变时，计数器加一，当加一计数器溢出时，就向 CPU 发出中断，利用这个特性来扩展中断的方法是：首先把定时/计数器设置成计数方式，并预置满值，把外部中断源输入到 P3 口第 4 引脚或第 5 引脚（计数器输入端），这样就可以利用定时/计数器作为单片机外部中断了。注意这种方法的中断服务的入口地址应在 000BH 或 001BH。为了使每出现一个从高到低的脉冲都产生一个中断，可以把定时/计数器设置为自动重装载方式，令重装值为 FFH。程序如下。

```
#include <reg51.h>
void timer0_int(void) interrupt 1    //定时/计数器 T0 中断处理程序
{
    ...
}

void timer1_int(void) interrupt 3    //定时/计数器 T1 中断处理程序
{
    ...
}
void main()
{
    ...
    TMOD=0x66;      //两个定时/计数器都设置为 8 位模式
    TH1=0xFF;       //设定重装载值
    TH0=0xFF;
    TL1=0xFF;
    TH1=0xFF;
    TCON=0x50;      //开始计数
    IE=0x9F;        //中断使能
    ...
}
```

习题及思考题

1．什么是中断、中断源、中断优先级和中断嵌套？

2．MCS-51 有哪些中断源？各有什么特点？它们的中断向量地址分别是多少？

3．MCS-51 中断的中断响应条件是什么？

4．MCS-51 的中断响应过程是怎样的？

5．有一外部中断源，接入 $\overline{INT0}$ 端，当其有中断请求时，要求 CPU 把一个从内部 RAM 30H 单元开始的 50 个字节的数据块传送到外部 RAM 从 1000H 开始的连续存储区。请编写对应的程序。

6．8051 单片机只有两个外部中断源，若要扩展成 8 个外部中断源，请画出实现这种扩展的硬件线路图，并说明如何确定各中断源的优先级。

第6章 串行通信

6.1 串行通信的基础知识

6.1.1 串行通信的基本原理

1. 并行通信与串行通信

通常把计算机和外界的数据传送称为通信。通信的基本方式分为并行通信和串行通信。

（1）并行通信

并行通信是指数据传输数据时，一个数据的各位通过一组线同时发送，并排传输，又同时被接收。例如，8 位数据需要 8 位数据线。其特点是传输速度快，通信控制简单，但只适合近距离通信，通常并行数据传输的距离小于 30cm。当距离较远时，位数又多时，导致通信线路复杂且成本高。

（2）串行通信

串行通信是指在数据传输时，被传输的数据所有各位不是同时发送，而是按照一定顺序，一位接着一位在信道中被发送和接收。串行通信特点是通信线路简单，低成本。缺点是传送速度慢，通信控制复杂。

计算机与外界的数据传送大多是串行的，其传送距离可以从几米到几千公里。

图 6-1 所示是两种通信方式的示意图，假设并行传送 8 位所需时间为 T，那么串行传送的时间为至少为 $8T$。

2. 单工方式、半双工方式、全双工方式

按照信号传输的方向和同时性，一般把传送方式分为单工方式、半双工方式和全双工方式 3 种。

（1）单工方式

信号在信道中只能沿一个方向传送，而不能沿相反方向传送的工作方式称为单工方式。

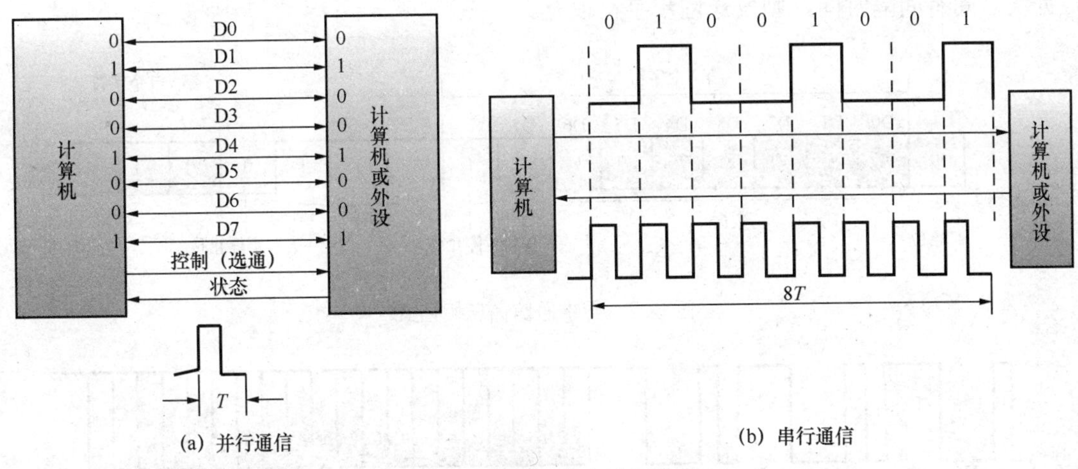

图 6-1　两种通信方式示意图

（2）半双工方式

通信的双方均具有发送和接收能力，信道也具有双向传输性能，但是，通信的任何一方都不能同时既发送信息又接收信息，即在某一时刻，只能沿某一个方向传送信息。这样的传送方式称为半双工方式。举个简单例子，一条窄窄的马路，同时只能有一辆车通过，当目前有两辆车对开，这种情况下就只能一辆先过，等到头儿后另一辆再开，这个例子就形象地说明了半双工的原理。早期的对讲机以及早期集线器等设备都是基于半双工的产品。随着技术不断进步，单工和半双工会逐渐退出历史舞台。

（3）全双工方式

若信号在通信双方之间沿两个方向同时传送，任何一方在同一时刻既能发送又能接收信息，这样的方式称为全双工方式。这好像我们平时打电话一样，说话的同时也能够听到对方的声音。

3．异步传输和同步传输

在数据通信中，要保证发送的信号在接收端能被正确地接收，必须采用同步技术。常用的同步技术有两种，一种是异步传输，一种是同步传输。

（1）异步传输

异步传输把要传输的每个数据封装成字符也叫帧，每帧由起始位、数据位、奇偶校验位和停止位 4 部分组成。起始位为 0，是识别数据开始的标志；其后接着的是数据位，可以是 5 位、6 位、7 位或 8 位，传送时低位在先、高位在后；再后面是 1 位奇偶校验位（可要也可以不要）；最后是停止位，它用信号 1 来表示一帧信息的结束，可以是 1 位、1 位半或 2 位。

传输时以字符为单位进行传输，在字符间允许有长短不一的间隙。这样发送和接收可以随时或间断，而不受时间的限制。图 6-2 所示为异步通信帧格式。

在单片机中使用的串行通信都是异步方式。

（2）同步传输

同步传输是以数据块为单位的传输方式，每个数据块开头要用同步字符来加以指示，使发送方与接收方取得同步，如图 6-3 所示。数据块的数据与数据之间没有空隙。如果发送的数据块之间有间隔时间，则发送同步字符填充。

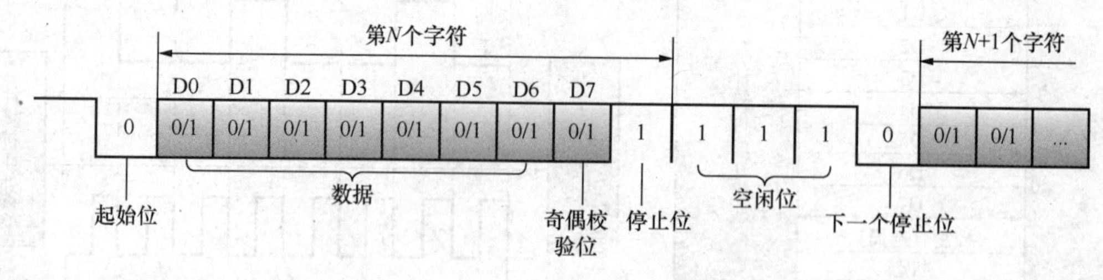

图 6-2　异步通信信息帧格式

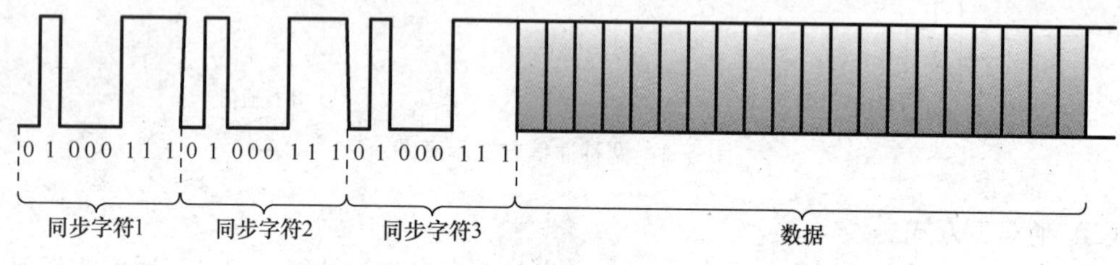

图 6-3　同步通信信息帧格式

4．波特率

串行通信时，发送方发送数据的速率必须和接收方接收的速率一致才能保证数据无误地传输。数据信号对载波的调制速率叫波特率，它用单位时间内载波调制状态改变次数来表示，单位为波特（Bd）。它与字符的传送速率（字符/秒）之间有以下关系。

假若数据传送速率为 120 字符/秒，而每一个字符为 10 个数据位，则传输速率为 120×10=1200bit/s，则波特率为 1200，每一位数据传送的时间为波特率的倒数：

$$T=1\div 1200=0.833\text{ms}$$

常用波特率取值有 600、1200、1800、2400、4800、7200、9600、19200 等。

6.1.2　串行通信协议和接口标准

在串行通信时，要求通信双方都采用一个标准协议（如同步方式、通信速率、数据块格式、信号电平等）和接口，使不同的设备可以方便地连接起来进行通信。常见的串行协议和接口标准如下。

（1）通用异步收发器（UART）——详细介绍见 6.2。

（2）RS232 接口、RS422 接口、RS485 接口。

（3）I^2C 总线——详细介绍见第 11 章。

（4）CAN 总线。

（5）SPI 总线——详细介绍见第 11 章。

（6）通用串行总线（USB）。

下面将介绍 RS232C 接口。

RS232C 接口是数据通信中最重要的、而且是完全遵循数据通信标准的一种接口。它的作用是定义 DTE 设备（终端、计算机、文字处理机和多路复用机等）和 DCE 设备（将数字信号转换成模拟信号的调制解调器）之间的接口。

RS232 串行接口一般应用在个人计算机及电信应用领域。RS232 属单端信号传送，存在共地噪声和不能抑制共模干扰等问题，因此一般用于 20m 以内的通信。

1. RS232C 的电气特性

RS232C 标准是在 TTL 电路之前研制的，它的电平不是+5V 和地，而是采用负逻辑，其逻辑电平如下。

（1）逻辑 0：+3～+15V。

（2）逻辑 1：−15～−3V。

2. RS232C 总线标准接口

RS232 常采用 DB25 和 DB9 型插头座。引脚排列如图 6-4 所示。

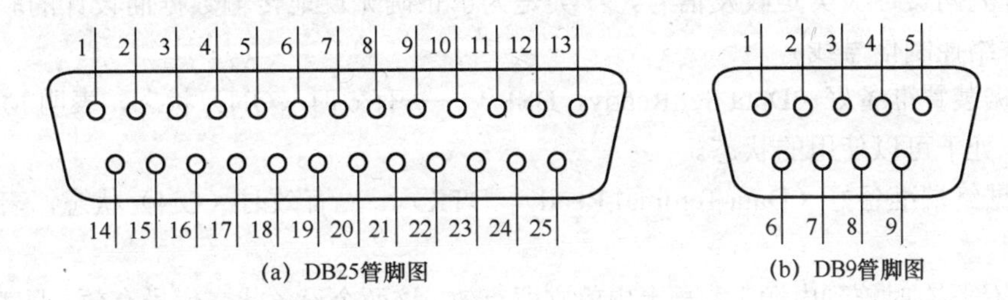

图 6-4　RS232C 总线引脚排列

25 芯的 DB25 引脚信号定义如表 6-1 所示。

表 6-1　**25 芯 RS232C 引脚说明**

引脚号	符号	功　能	引脚号	符号	功　能
1	GND	保护地	14	TXD（2）	发送数据（2）
2	TXD	发送数据	15	—	发送时钟
3	RXD	接收数据	16	RXD（2）	接收数据（2）
4	RTS	请求发送	17	—	接收时钟
5	CTS	允许发送	18	空	—
6	DSR	数据设备准备好	19	—	请求发送
7	S_{GND}	信号地	20	DTR	数据终端准备好
8	DCD	载波检测	21	空	—
9	空	空	22	RI	振铃指示
10	空	空	23	—	数据率选择
11	空	空	24	—	发送时钟
12	DCD	载波检测	25	空	—
13	—	允许发送（2）			

9 芯的 DB9 引脚信号定义如表 6-2 所示。

表 6-2　　9 芯引脚说明

引脚号	符号	功能
1	DCD	载波检测
2	RXD	接收数据
3	TXD	发送数据
4	DTR	数据终端准备好
5	S_{GND}	信号地
6	DSR	数据设备准备好
7	RTS	请求发送
8	CTS	允许发送
9	RI	振铃提示

信号分为两类，一类是收发信号，一类是为了正确无误地传输数据而设计的联络信号。

（1）联络控制信号线

① 数据装置准备好（Data Set Ready，DSR）——有效时（ON）状态，表明 Modem（调制解调器）处于可以使用的状态。

② 数据终端准备好（Data Teminal Ready，DTR）——有效时（ON）状态，表明数据终端可以使用。

这两个信号有时连到电源上，一上电就立即有效。这两个设备状态信号有效，只表示设备本身可用，并不说明通信链路可以开始进行通信了，能否开始进行通信要由下面的控制信号决定。

③ 请求发送（Request to Send，RTS）——用来表示 DTE 请求 DCE 发送数据，即当终端要发送数据时，使该信号有效（ON 状态），向 Modem 请求发送。它用来控制 Modem 是否要进入发送状态。

④ 允许发送（Clear to Send，CTS）——用来表示 DCE 准备好接收 DTE 发来的数据，是对请求发送信号 RTS 的响应信号。当 Modem 已准备好接收终端传来的数据，并向前发送时，使该信号有效，通知终端开始沿发送数据线 TXD 发送数据。

⑤ 这对RTS/CTS请求应答联络信号是用于半双工Modem系统中发送方式和接收方式之间的切换。在全双工系统中作发送方式和接收方式之间的切换。在全双工系统中，因配置双向通道，故不需要 RTS/CTS 联络信号，使其变高。

⑥ 接收线信号检出（Received Line Signal Detection，RLSD）——用来表示 DCE 已接通通信链路，告知 DTE 准备接收数据。当本地的 Modem 收到由通信链路另一端（远地）的 Modem 送来的载波信号时，使 RLSD 信号有效，通知终端准备接收，并且由 Modem 将接收下来的载波信号解调成数字量数据后，沿接收数据线 RXD 送到终端。此线也叫作数据载波检出（Data Carrier Dectection，DCD）线。

⑦ 振铃指示（Ring Indication，RI）——当 Modem 收到交换台送来的振铃呼叫信号时，使该信号有效（ON 状态），通知终端，已被呼叫。

（2）数据发送与接收线

① 发送数据（TXD）——通过 TXD 终端将串行数据发送到 Modem，（DTE→DCE）。

② 接收数据（RXD）——通过 RXD 线终端接收从 Modem 发来的串行数据，（DCE→

DTE）。

3．RS232 接口连线方式

RS232C 规定有 25 条连接线，但在一般的计算机串行通信中，仅 9 个信号经常使用。计算机与终端设备之间的连接方法如图 6-5 所示。

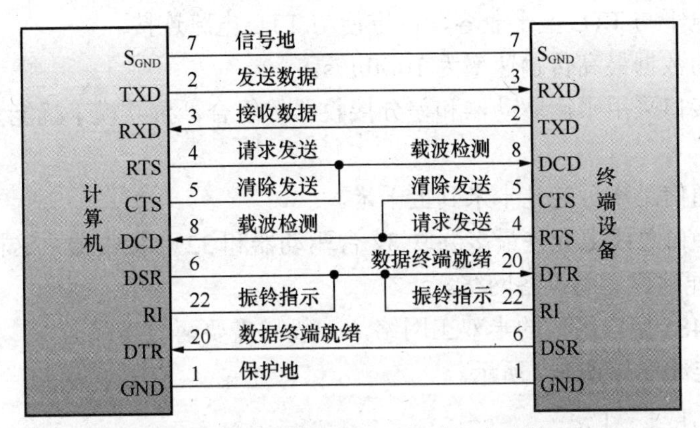

图 6-5 RS232C 直接与终端设备连接

最简单的 RS232C 连接方式，只需要交叉连接 2 条数据线以及信号地线即可，如图 6-6 所示。

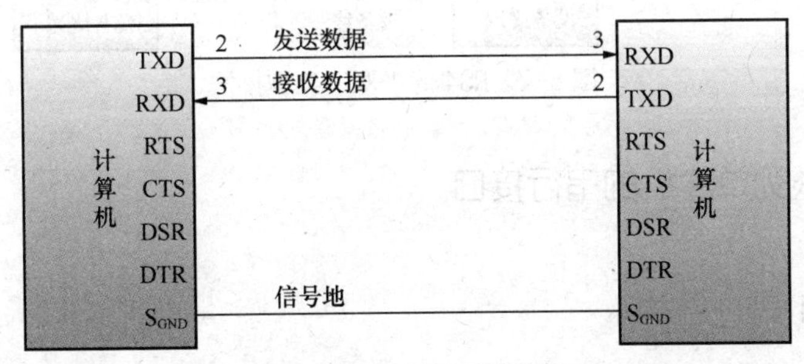

图 6-6 RS232C 三线连接

这种接法常用于一方为主动设备，而另一方为被动设备的通信中，如计算机与打印机之间的通信。这样被动的一方 RTS 与 DTR 常置 1，因而 CTS、DSR 也常置 1，使其常处于接收就绪状态，主动方可随时发送数据。

4．RS485 协议

由于 RS232C 接口标准出现比较早，难免有以下不足之处。

（1）接口的信号电平值较高，易损坏接口电路的芯片，又因为与 TTL 电平不兼容故需使用电平转换电路方能与 TTL 电路连接。

（2）传输速率较低，在异步传输时，波特率为 20kBd。

（3）接口使用一根信号线和一根信号返回线而构成共地的传输形式，这种共地传输容易产生共模干扰，所以抗噪声干扰性弱。

（4）传输距离有限，实际上只能用在 50m 左右。

（5）RS232 在接口总线上只允许接一个收发器，即单点对单点。

针对 RS232C 的不足，于是出现了一些新的接口标准，RS485 就是其中之一。它具有以下特点。

（1）RS485 的电气特性：逻辑“1”以两线间的电压差为+（2～6）V 表示；逻辑“0”以两线间的电压差为-（2～6）V 表示。接口信号电平比 RS232C 降低了，就不易损坏接口电路的芯片，且该电平与 TTL 电平兼容，可方便与 TTL 电路连接。

（2）RS485 的数据最高传输速率为 10Mbit/s。

（3）RS485 接口采用平衡驱动器和差分接收器的组合，抗共模干扰能力增强，即抗噪声干扰性好。

（4）RS485 通信距离可达几十米到上千米。

（5）RS485 接口总线上允许最多并联 32 台驱动器和 32 台接收器，这样用户可以用单一的 RS485 接口方便地建立起设备网络。

（6）因为 RS485 接口组成的半双工网络，一般只需要两根连线。

RS485 多机连线图如图 6-7 所示。

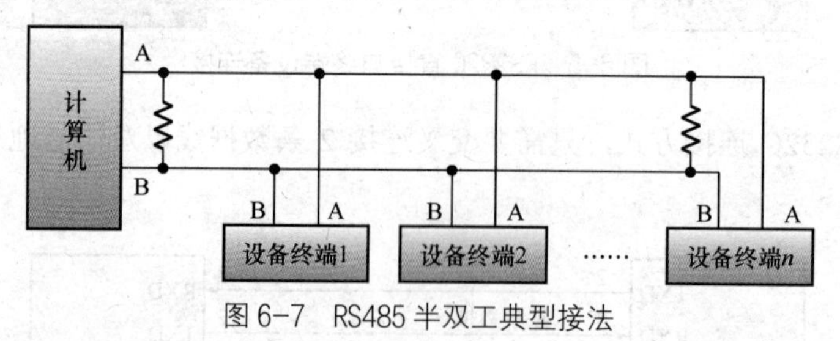

图 6-7　RS485 半双工典型接法

6.2　MCS-51 系列单片机的串行接口

6.2.1　8051 串口结构

AT89S51 单片机串行口的内部结构如图 6-8 所示。它有两个物理上独立的接收、发送缓冲器 SBUF（属于特殊功能寄存器），可同时发送、接收数据。发送缓冲器只能写入不能读出，接收缓冲器只能读出不能写入，两个缓冲器共用一个特殊功能寄存器字节地址（99H）。

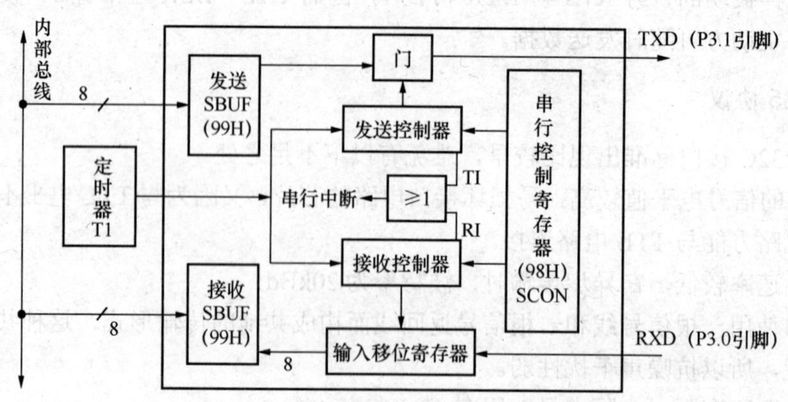

图 6-8　AT89S51 单片机串行口的内部结构

串行口的控制寄存器共有两个：特殊功能寄存器 SCON 和 PCON。下面介绍这两个特殊功能寄存器各位的功能。

1. 串行口控制寄存器 SCON

串行口控制寄存器 SCON，字节地址 98H，可位寻址，位地址为 98H～9FH。SCON 的格式如表 6-3 所示。

表 6-3　SCON 的格式

	D7	D6	D5	D4	D3	D2	D1	D0	
SCON	SM0	SM1	SM2	REN	TB8	RB8	TI	RI	98H
位地址	9FH	9EH	9DH	9CH	9BH	9AH	99H	98H	

下面介绍 SCON 中各位的功能。

（1）SM0、SM1：串行口 4 种工作方式选择位。

SM0、SM1 两位的编码所对应的 4 种工作方式如表 6-4 所示。

表 6-4　串行口的 4 种工作方式

SM0	SM1	方　式	功能说明
0	0	0	同步移位寄存器方式（用于扩展 I/O 口）
0	1	1	8 位异步收发，波特率可变（由定时器控制）
1	0	2	9 位异步收发，波特率为 $f_{osc}/64$ 或 $f_{osc}/32$
1	1	3	9 位异步收发，波特率可变（由定时器控制）

（2）SM2：多机通信控制位。

因为多机通信是在方式 2 和方式 3 下进行的，因此 SM2 位主要用于方式 2 或方式 3 中。当串行口以方式 2 或方式 3 接收时，如果 SM2=1，则只有当接收到的第 9 位数据（RB8）为 1 时，才使 RI 置 1，产生中断请求，并将接收到的前 8 位数据送入 SBUF；当接收到的第 9 位数据（RB8）为 0 时，则将接收到的前 8 位数据丢弃。而当 SM2=0 时，则不论第 9 位数据是 1 还是 0，都将前 8 位数据送入 SBUF 中，并使 RI 置 1，产生中断请求。

在方式 1 时，如果 SM2=1，则只有收到有效的停止位时才会激活 RI。

在方式 0 时，SM2 必须为 0。

（3）REN：允许串行接收位。

由软件置 1 或清 0。

REN=1，允许串行口接收数据。

REN=O，禁止串行口接收数据。

（4）TB8：发送的第 9 位数据。

在方式 2 和方式 3 时，TB8 是要发送的第 9 位数据，其值由软件置 1 或清 0。在双机串行通信时，TB8 一般作为奇偶校验位使用；在多机串行通信中用来表示主机发送的是地址帧还是数据帧，TB8=1 为地址帧，TB8=0 为数据帧。

（5）RB8：接收的第 9 位数据。

工作在方式 2 和方式 3 时，RB8 存放接收到的第 9 位数据。在方式 1，如果 SM2=0，RB8

是接收到的停止位。在方式 0，不使用 RB8。

（6）TI：发送中断标志位。

串行口工作在方式 0 时，串行发送的第 8 位数据结束时 TI 由硬件置 1，在其他工作方式中，串行口发送停止位的开始时置 TI 为 1。TI=1，表示一帧数据发送结束。TI 位的状态可供软件查询，也可申请中断。CPU 响应中断后，在中断服务程序中向 SBUF 写入要发送的下一帧数据。TI 必须由软件清 0。

（7）RI：接收中断标志位。

串行口工作在方式 0 时，接收完第 8 位数据时，RI 由硬件置 1。在其他工作方式中，串行接收到停止位时，该位置 1。RI=1，表示一帧数据接收完毕，并申请中断，要求 CPU 从接收 SBUF 取走数据。该位的状态也可供软件查询。RI 必须由软件清 0。

SCON 的所有位都可进行位操作清 0 或置 1。

2．特殊功能寄存器 PCON

特殊功能寄存器 PCON 字节地址为 87H，不能位寻址。PCON 的格式如表 6-5 所示。

表 6-5　PCON 的格式

	D7	D6	D5	D4	D3	D2	D1	D0	
PCON	SMOD	—	—	—	GF1	GF0	PD	IDL	87H

下面介绍 PCON 中各位功能。仅最高位 SMOD 与串口有关。

SMOD：波特率选择位。

当 SMOD = 1 时，要比 SMOD = 0 时的波特率加倍，所以也称 SMOD 位为波特率倍增位。

6.2.2　串行口的工作模式

1．串行口方式 0——同步移位寄存器方式

串行口的工作方式 0 为同步移位寄存器输入/输出方式。这种方式并不是用于两个 AT89S51 单片机之间的异步串行通信，而是用于串行口外接移位寄存器，以扩展并行 I/O 口。

方式 0 以 8 位数据为一帧，没有起始位和停止位，先发送或接收最低位。波特率是固定的，为 $f_{osc}/12$。方式 0 的帧格式如图 6-9 所示。

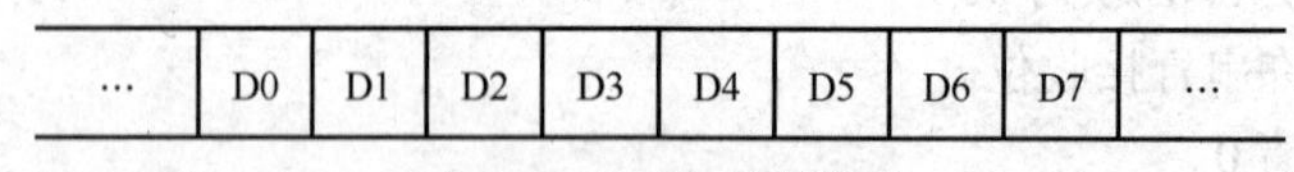

图 6-9　方式 0 的帧格式

（1）方式 0 发送

方式 0 发送过程是，当 CPU 执行一条将数据写入发送缓冲器 SBUF 的指令时，产生一个正脉冲，串行口开始把 SBUF 中的 8 位数据以 $f_{osc}/12$ 的固定波特率从 RXD 引脚串行输出，低位在先，TXD 引脚输出同步移位脉冲，发送完 8 位数据，中断标志位 TI 置 1。方式 0 发送时序如图 6-10 所示。

（2）方式 0 接收

方式 0 接收时，REN 为串行口允许接收控制位，REN=0，禁止接收；REN=1，允许接收。

当 CPU 向串行口的 SCON 寄存器写入控制字（设置为方式 0，并使 REN 位置 1，同时 RI=0）时，产生一个正脉冲，串行口开始接收数据。引脚 RXD 为数据输入端，TXD 为移位脉冲信号输出端，接收器以 $f_{osc}/12$ 的固定波特率采样 RXD 引脚的数据信息，当接收器接收完 8 位数据时，中断标志 RI 置 1，表示一帧数据接收完毕，可进行下一帧数据的接收，时序如图 6-11 所示。

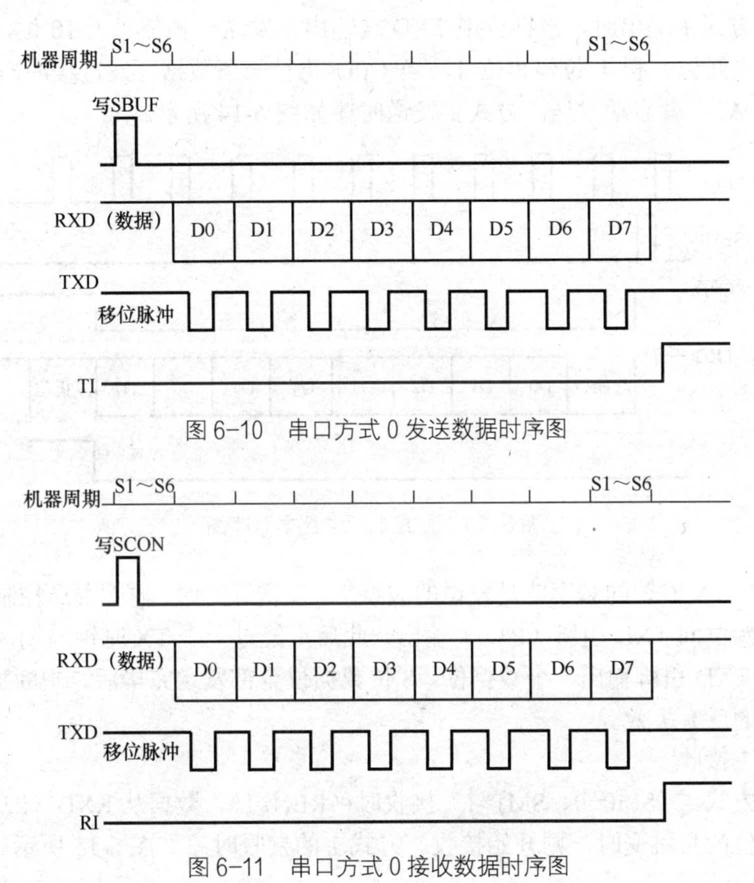

图 6-10 串口方式 0 发送数据时序图

图 6-11 串口方式 0 接收数据时序图

2. 串行口方式 1——8 位 UART

串行口的方式 1 为双机串行通信方式，如图 6-12 所示。

当 SM0、SM1 两位为 01 时，串行口设置为方式 1 的双机串行通信。TXD 脚和 RXD 脚分别用于发送和接收数据。

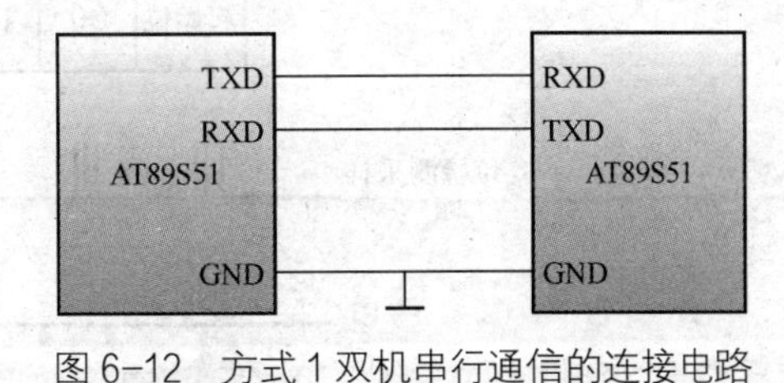

图 6-12 方式 1 双机串行通信的连接电路

方式 1 收发一帧的数据为 10 位，1 个起始位（0），8 个数据位，1 个停止位（1），先发送或接收最低位。方式 1 的帧格式如图 6-13 所示。

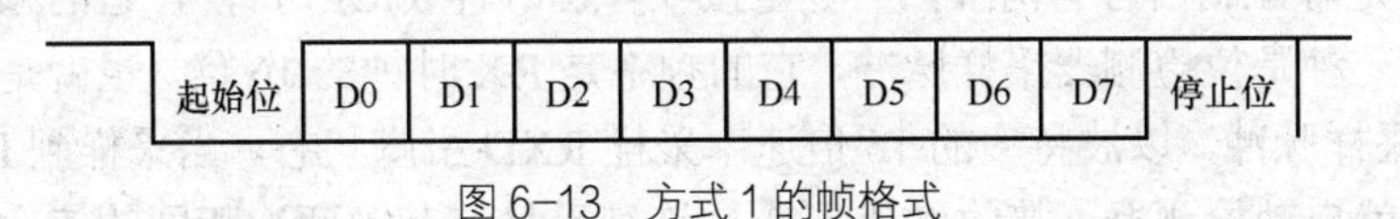

图 6-13 方式 1 的帧格式

方式1时，串行口为波特率可变的8位异步通信接口。方式1的波特率由下式确定：

$$波特率=\frac{2^{SMOD}}{32}\times 定时器1的溢出率$$

式中，SMOD为PCON寄存器最高位的值（0或1）。

（1）方式1发送

串行口以方式1输出时，数据位由TXD端输出，发送一帧信息为10位，1位起始位0，8位数据位（先低位）和1位停止位1，当CPU执行一条数据写发送缓冲器SBUF的指令（MOVSBUF，A），就启动发送。方式1发送时序如图6-14所示。

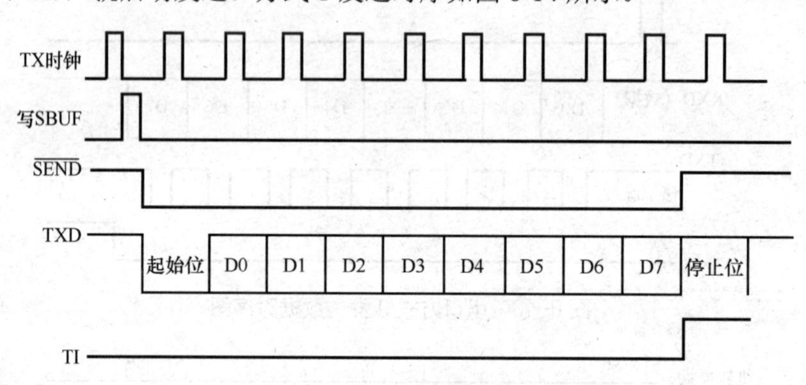

图6-14　方式1发送数据时序图

图6-14中，TX时钟的频率就是发送的波特率。发送开始时，内部发送控制信号$\overline{SEND}$变为有效，将起始位向TXD引脚（P3.0）输出，此后每经过一个TX时钟周期，便产生一个移位脉冲，并由TXD引脚输出一个数据位。8位数据位全部发送完毕后，中断标志位TI置1，然后$\overline{SEND}$（的反）失效。

（2）方式1接收

串行口以方式1（SM0=0、SM1=1）接收时（REN=1），数据从RXD（P3.1）引脚输入。当检测到起始位的负跳变时，则开始接收。方式1的接收时序如图6-15所示。

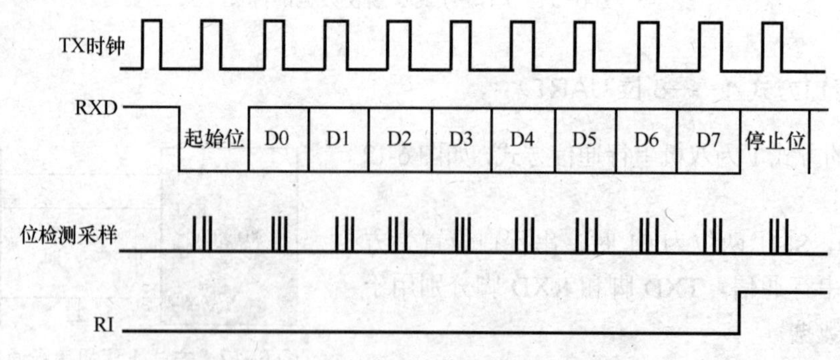

图6-15　方式1接收送数据时序图

接收时，定时控制信号有两种，一种是接收移位时钟（RX时钟），它的频率和传送的波特率相同；另一种是位检测器采样脉冲，它的频率是RX时钟的16倍。也就是在1位数据期间，有16个采样脉冲，以波特率的16倍速率采样RXD引脚状态。当采样到RXD端从1到0的负跳变时就启动检测器，接收的值是3次连续采样取其中两次相同的值，以确认是否是真正的起始位（负跳变）的开始，这样能较好地消除干扰引起的影响，以保证可靠无误地开始接收数据。

当确认起始位有效时，开始接收一帧信息。接收每一位数据时，也都进行 3 次连续采样，接收的值是 3 次采样中至少两次相同的值，以保证接收到的数据位的准确性。当一帧数据接收完毕后，必须同时满足以下两个条件，这次接收才真正有效。

① RI=0，即上一帧数据接收完成时，RI=1 发出的中断请求已被响应，SBUF 中的数据已被取走，说明“接收 SBUF”已空。

② SM2=0 或收到的停止位=1（方式 1 时，停止位已进入 RB8），则将接收到的数据装入 SBUF 和 RB8（装入的是停止位），且中断标志 RI 置 1。

若不同时满足这两个条件，收到的数据不能装入 SBUF，这意味着该帧数据将丢失。

3．串行口方式 2 和方式 3——9 位 UART

当 SM0=1、SM1=0 时，串行口选择方式 2；当 SM0=1、SM1=0 时，串行口选择方式 3。

①由 TXD（P3.1）引脚发送数据。

②由 RXD（P3.0）引脚接收数据。

③发送或接收一帧数据均为 11 位，1 位起始位 0，8 位数据位（先低位），1 位可编程位 1 或 0 和 1 位停止位。方式 2、方式 3 的帧格式如图 6-16 所示。

④方式 2 和 3 的不同在于它们波特率产生方式不同。方式 2 的波特率是固定的，为振荡周期频率的 1/32 或 1/64。方式 2 的波特率由下式确定：

$$\text{波特率} = \frac{2^{\text{SMOD}}}{64} \times f_{\text{osc}}$$

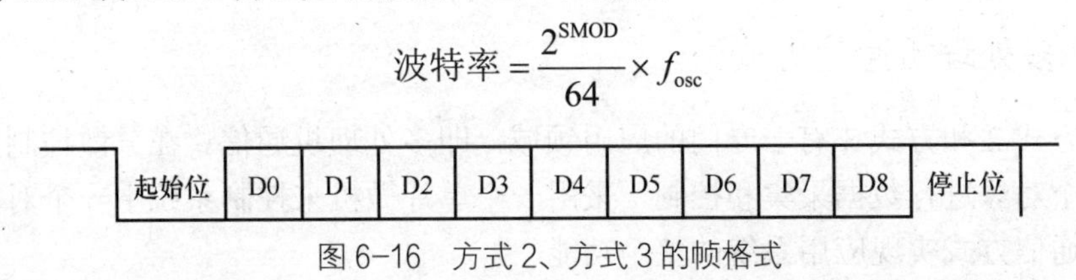

图 6-16　方式 2、方式 3 的帧格式

（1）方式 2、方式 3 发送

发送前，先根据通信协议由软件设置 TB8（如双机通信时的奇偶校验位或多机通信时的地址/数据的标志位），然后将要发送的数据写入 SBUF，即可启动发送过程。串行口能自动把 TB8 取出，并装入到第 9 位数据位的位置，再逐一发送出去。发送完毕，则使 TI 位置 1。

串行口方式 2 和方式 3 发送时序如图 6-17 所示。

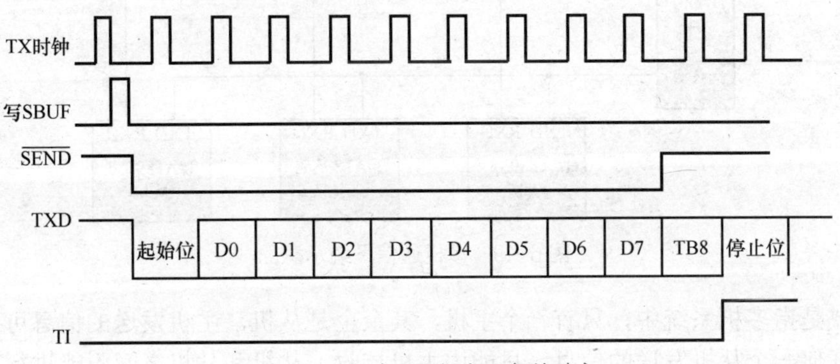

图 6-17　方式 2、方式 3 发送时序

（2）方式2、方式3接收

当REN=1且清除RI后，若在RXD（P3.0）引脚上检测逻辑采样到RXD引脚从1到0的负跳变，并判断起始位有效后，便开始接收一帧信息。在接收完第9位数据后，需满足以下两个条件，才能将接收到的数据送入SBUF（接收缓冲器）。

① RI=0，意味着接收缓冲器为空。

② SM2=0或接收到的第9位数据位RB8=1。

当满足上述两个条件时，接收到的数据送入SBUF（接收缓冲器），第9位数据送入RB8，且RI置1。若不满足这两个条件，接收的信息将被丢弃。

串行口方式2和方式3接收时序如图6-18所示。

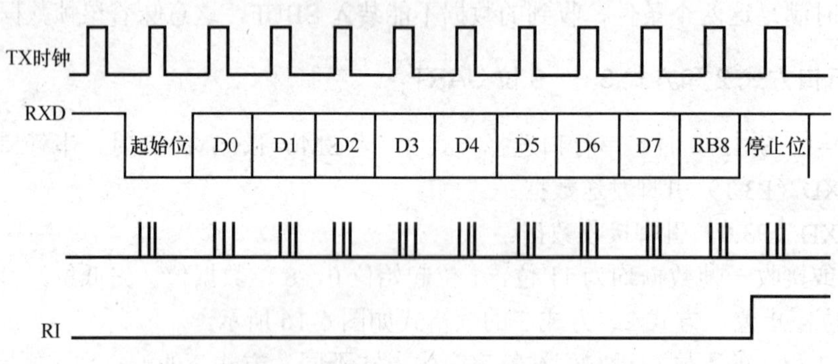

图6-18　方式2、方式3接收数据时序

6.2.3　多处理机通信方式

串行口方式2和方式3有一专门的应用领域，即多处理机通信。在分散控制系统中，往往需要对多个对象进行数据采集和控制，采用一个单片微机来控制系统中一个对象，然后采用多处理机通信方式实现应用系统的整个功能。

在串行口控制寄存器SCON中，设有多处理机通信位SM2（SCON.5）。

多个单片机可利用串行口进行多机通信，经常采用图6-19所示的主从式结构。系统中有1个主机（单片机或其他有串行接口的微机）和多个单片机组成的从机系统。主机的RXD与所有从机的TXD端相连，TXD与所有从机的RXD端相连。

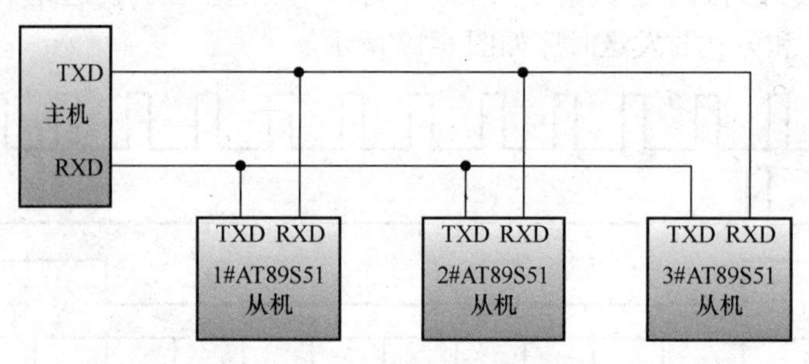

图6-19　多机通信系统示意图

主从式是指多机系统中，只有一个主机，其余全是从机。主机发送的信息可以被所有从机接收，任何一个从机发送的信息，只能由主机接收。从机和从机之间不能进行直接通信，只能经主机才能实现。

多机通信的工作原理如下。

要保证主机与所选择的从机通信，须保证串口有识别功能。SCON 中的 SM2 位就是为满足这一条件设置的多机通信控制位。其工作原理是在串行口以方式 2（或方式 3）接收时，若 SM2 = 1，则表示进行多机通信，可能有以下两种情况。

（1）从机接收到的主机发来的第 9 位数据 RB8=1 时，前 8 位数据才装入 SBUF，并置中断标志 RI = 1，向 CPU 发出中断请求。

在中断服务程序中，从机把接收到的 SBUF 中的数据存入数据缓冲区中。

（2）如果从机接收到的第 9 位数据 RB8=0 时，则不产生中断标志 RI=1，不引起中断，从机不接收主机发来的数据。

若 SM2 = 0，则接收的第 9 位数据不论是 0 还是 1，从机都将产生 RI = 1 中断标志，接收到的数据装入 SBUF 中。

应用这一特性，可实现 AT89S51 单片机的多机通信。多机通信的工作过程如下。

（1）各从机初始化程序允许从机的串行口中断，将串行口编程为方式 2 或方式 3 接收，即 9 位异步通信方式，且 SM2 和 REN 位置“1”，使从机处于多机通信且只接收地址帧的状态。

（2）在主机和某个从机通信之前，先将从机地址（即准备接收数据的从机）发送给各个从机，接着才传送数据（或命令），主机发出的地址帧信息的第 9 位为 1，数据（或命令）帧的第 9 位为 0。当主机向各从机发送地址帧时，各从机的串行口接收到的第 9 位信息 RB8 为 1，且由于各从机的 SM2=1，则 RI 置“1”，各从机响应中断，在中断服务子程序中，判断主机送来的地址是否和本机地址相符合，若为本机地址，则该从机 SM2 位清“0”，准备接收主机的数据或命令；若地址不相符，则保持 SM2 = 1。

（3）接着主机发送数据（或命令）帧，数据帧的第 9 位为 0。此时各从机接收到的 RB8 = 0。

只有与前面地址相符合的从机（即 SM2 位已清“0”的从机）才能激活中断标志位 RI，从而进入中断服务程序，接收主机发来的数据（或命令）。

与主机发来的地址不相符的从机，由于 SM2 保持为 1，又 RB8 = 0，因此不能激活中断标志 RI，就不能接收主机发来的数据帧。从而保证主机与从机间通信的正确性。此时主机与建立联系的从机已经设置为单机通信模式，即在整个通信中，通信的双方都要保持发送数据的第 9 位（即 TB8 位）为 0，防止其他的从机误接收数据。

（4）结束数据通信并为下一次的多机通信做好准备。在多机系统，每个从机都被赋予唯一的地址。例如，图 6-19 中 3 个从机的地址可设为 01H、02H、03H。

还要预留 1～2 个“广播地址”，它是所有从机共有的地址，例如，将“广播地址”设为 00H。当主机与从机的数据通信结束后，一定要将从机再设置为多机通信模式，以便进行下一次的多机通信。

这时要求与主机正在进 7 行数据传输的从机必须随时注意，一旦接收的数据第 9 位（RB8）为“1”，说明主机传送的不再是数据，而是地址，这个地址就有可能是“广播地址”。

当收到“广播地址”后，便将从机的通信模式再设置成多机模式，为下一次的多机通信做好准备。

6.3 串行口的应用

6.3.1 串口波特率发生器及波特率计算

标准的 51 系列单片机只与定时器 T1 有关（其中的如 89C52 还可用定时器 T2 产生），STC 的新型单片机还有独立波特率发生器，就不需要定时器参与了。

波特率计算：在了解了串行口相关的寄存器之后，我们可得出其通信波特率的一些结论如下。

（1）方式 0 和方式 2 的波特率是固定的。

在方式 0 中，波特率为时钟频率的 1/12，即 $f_{osc}/12$，固定不变。

在方式 2 中，波特率取决于 PCON 中的 SMOD（PCON.7）值，即波特率为：

$$波特率=\frac{2^{SMOD}}{64}\times f_{osc}$$

当 SMOD=0 时，波特率为 $f_{osc}/64$；当 SMOD=1 时，波特率为 $f_{osc}/32$。

（2）方式 1 和方式 3 的波特率可变，由定时器 T1 的溢出率决定：

$$波特率=\frac{2^{SMOD}}{32}\times 定时器\ T_1\ 的溢出率$$

定时器 T1 的溢出率与它的工作方式有关。

① 定时器 T1 工作于方式 0：此时定时器 T1 相当于一个 13 位的计数器。假定计数初值为 *count*，单片机的机器周期为 *T*，则定时时间为 $(2^{13}-count)\times T$。从而在 1s 内发生溢出的次数（即溢出率）可由如下公式计算。

$$溢出率=\frac{1}{(2^{13}-count)\times T}$$

② 定时器 T1 工作于方式 1：此时定时器 T1 相当于一个 16 位的计数器。

$$溢出率=\frac{1}{(2^{16}-count)\times T}$$

③ 当定时器 T1 工作于方式 2：此时定时器 T1 工作于一个 8 位自动重装的方式，用 TL1 计数，用 TH1 装初值。方式 2 无需在中断服务程序中置初值，没有由于中断引起的误差，通常我们设置波特率时让定时器工作在方式 2。

$$溢出率=\frac{1}{(256-count)\times T}$$

波特率的计算公式如下。

$$波特率=\frac{2^{SMOD}}{32}\times\frac{1}{(256-count)\times T}$$

在实际应用时，通常是先确定波特率，后根据波特率求 T1 定时初值，因此上式又可写为：

$$T1初值count=256-\frac{2^{SMOD}}{32}\times\frac{f_{osc}}{12\times 波特率}$$

实际使用时，经常根据已知波特率和时钟频率 f_{osc} 来计算 T1 的初值 *count*。为避免繁杂的初值计算，常用的波特率和初值 *count* 间的关系常列成表 6-6 的形式，以供查用。

表 6-6 用定时器 T1 产生的常用波特率

波特率	f_{osc}	SMOD 位	方式	初值
62.5kBd	12MHz	1	2	FFH
19.2kBd	11.059 2MHz	1	2	FDH
9.6kBd	11.059 2MHz	0	2	FDH
4.8kBd	11.059 2MHz	0	2	FAH
2.4kBd	11.059 2MHz	0	2	F4H
1.2kBd	11.059 2MHz	0	2	E8H

6.3.2 串并口转换

8051 单片机的串行口工作方式 0 是移位寄存器方式，通常可以在串行口外接一个移位寄存器，实现串/并转换，这种方式可以用于 I/O 的扩展。

【例 6-1】 在单片机的串行口外接一个串入并出 8 位移位寄存器 74LS164，实现串口到并口的转换。

数据从 RXD 端输出，移位脉冲从 TXD 端输出，波特率固定为单片机工作频率的 1/12。利用串行口外接移位寄存器实现串/并口转换，如图 6-20 所示。

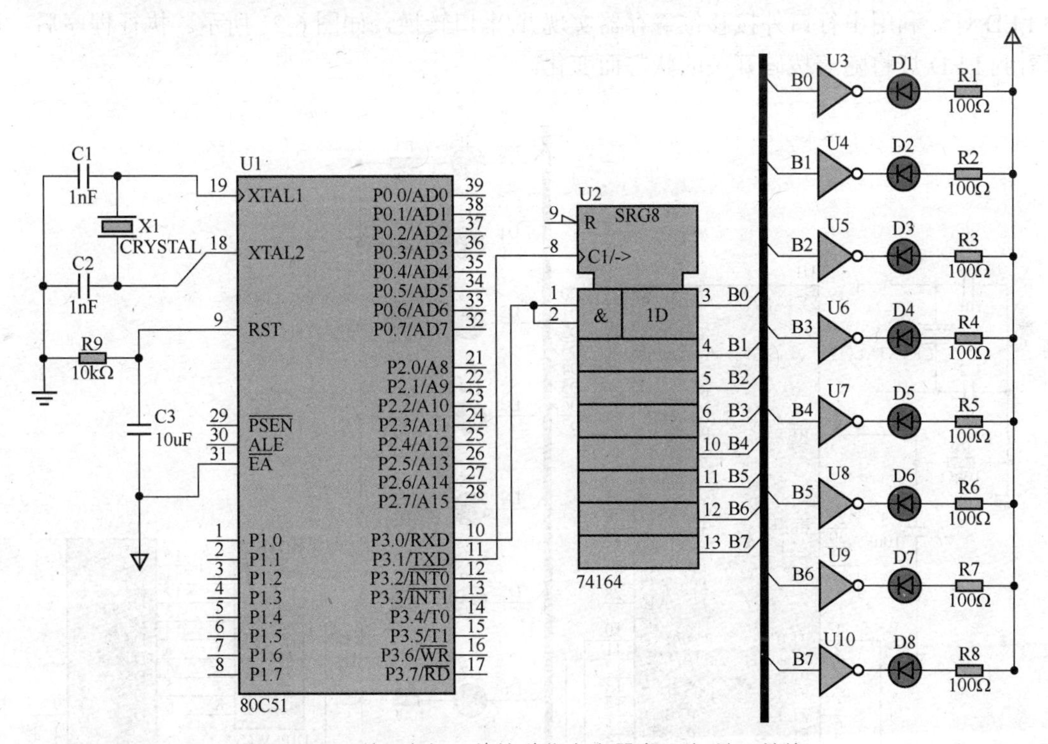

图 6-20 利用串行口外接移位寄存器实现串/并口转换

源程序如下。

```
#include <reg52.h>
unsigned char Dat[8]={0x01,0x02,0x04,0x08,0x10,0x20,0x40,0x80};
/*************延时函数************************/
void delay(){
```

```
    unsigned int i;
    for(i=0;i<30000;i++);
}

/****************主函数**********************/
void main(){
    unsigned char i;
    while(1){
        SCON=0x00;
        for(i=0;i<8;i++){
            SBUF=Dat[i]; //发送数据
            while(!TI);  //等待发送完毕
            TI=0;        //清 TI 标志位
            delay();
        }

    }
}
```

【例 6-2】 在单片机的串行口外接一个并入串出 8 位移位寄存器 74LS165，实现并口到串口的转换。

外部 8 位并行数据通过移位寄存器 74LS165 进入单片机的串行口，然后再送往 P0 口点亮 LED 灯。利用串行口外接移位寄存器实现并/串口转换，如图 6-21 所示。执行程序后，可以看到 LED 灯将随着拨码开关的状态而变化。

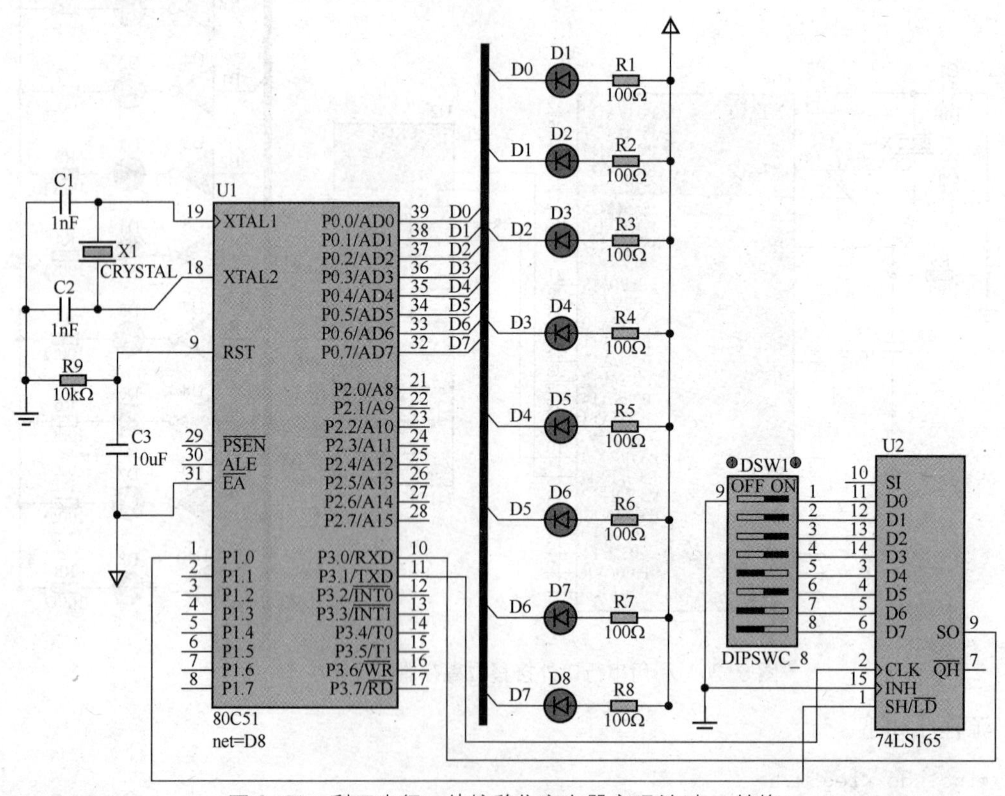

图 6-21 利用串行口外接移位寄存器实现并/串口转换

源程序如下。

```
#include <reg52.h>
 /************延时函数**********************/
sbit P1_0=P1^0;
void delay(){
     unsigned int i;
     for(i=0;i<30000;i++);
}

/***************主函数*********************/
void main(){
     while(1){
          P1_0=0;
          P1_0=1;
          SCON=0x10;  //设置串行口工作方式 1
          while(!RI); //检查接收标志位
          P0=SBUF;
          RI=0;
          delay();
     }
}
```

6.3.3　单片机之间的通信

【例 6-3】 两台 8051 单片机之间通过串口通信，晶振频率为 11.0592MHz，通信波特率为 9600，发送端连续发送 0～9 的数码管段码值，接收端将串口接收过来的数据显示在数码管。原理图如图 6-22 所示。

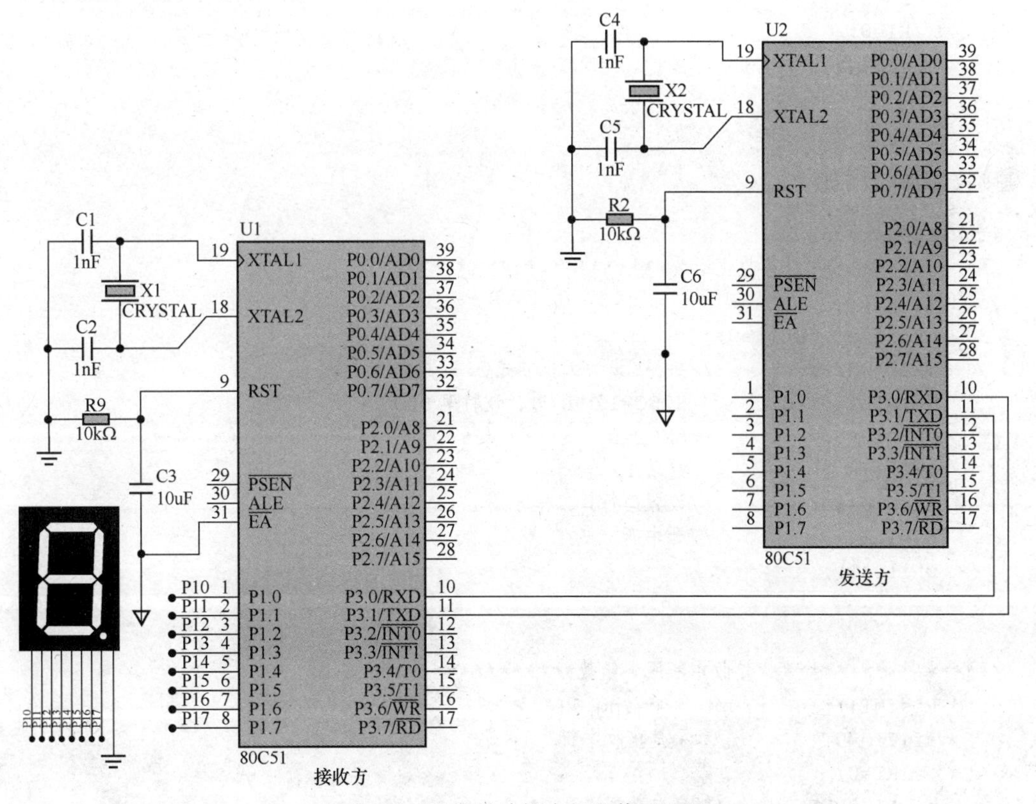

图 6-22　两台单片机串行通信原理图

晶振频率为 12MHz，选用 T1 作为波特率发生器，T1 工作于方式 2，要求波特率为 9600，计算 T1 的初值。

设 SMOD=0，根据公式计算 T1 的初值如下。

$$count=256-\frac{2^0}{32}\times\frac{11.0592\times10^6}{12\times9600}=253=FDH$$

发送方源程序如下

```
#include <reg52.h>
sbit P1_0=P1^0;
 /*************延时函数***********************/
void delay(){
     unsigned int i;
     for(i=0;i<30000;i++);
}

/****************主函数*********************/
void main(){
     while(1){
       P1_0=0;
       P1_0=1;
       SCON=0x10;  //设置串行口工作方式 1
       while(!RI); //检查接收标志位
       P0=SBUF;
       RI=0;
       delay();
    }
}
```

接收方源程序如下。

```
#include <reg52.h>
/****************接收主函数*********************/
void main(){
     unsigned int i=0;
     TMOD=0X20;          //将 T1 设为工作方式 2
     TH1=TL1=0xfd;       //FOSC=12MHz 时，波特率 9600
     PCON=0x0;           //SMOD=0
     TR1=1;              //启动 T1
     SCON=0x50;          //设置串行口工作方式 1，允许接收
     ES=1;EA=1;          //开中断
     while(1);
}

/******************接收中断服务函数***************/
void ResINT() interrupt 4 using 1{
     if(TI==0){       //如果是接收中断
        RI=0;
        P1=SBUF;     //将串口数据送到 P1 口
```

```
    }
    else TI=0;
}
```

为了保证通信数据的正确性，一般要加上校验位，下面举一个带校验码的串行通信例子。

【例 6-4】 两台 8051 单片机之间通过串口通信，晶振频率为 11.059 2MHz，通信波特率为 9600，发送端连续发送 0～9 的 LED 段码值，接收端将串口接收过来的数据显示在数码管，要求带校验位。原理图如图 6-22 所示。

本例题设计串口工作在方式 3，奇校验。如果接收方接收到错误信息，要求发送方重发数据。

发送方源程序如下。

```
unsigned char Dat[]={0x3f,0x06,0x5b,0x4f,0x66,0x6d,0x7d,0x07,0x7f,0x6f};

/****************主机发送主函数**********************/
void main(){
    unsigned int i=0;
    TMOD=0X20;          //将 T1 设为工作方式 2
    TH1=TL1=0xfd;       //fosc=11.0592MHz 时，波特率 9600
    PCON=0x0;           //SMOD=0
    TR1=1;              //启动 T1
    SCON=0xd0;          //设置串行口工作方式 1
    EA=1;ES=1;
    ACC=Dat[i];
    TB8=CY;
    SBUF=ACC;
    delay();
    while(1);
}
/****************发送中断服务函数*****************/
void Tras_Int() interrupt 4 using 1{
        unsigned char RevChar;
        unsigned char i;
        if(TI==0){
            RI=0;
            RevChar=SBUF;
            if(RevChar==0){
                if(i<9)
                    i++;
                else
                    i=0;
                ACC=Dat[i];
                CY=P;
                TB8=CY;
                SBUF=ACC;
                delay();
            }
            else{
```

```
                    ACC=Dat[i];
                    CY=P;
                    TB8=CY;
                    SBUF=ACC;
                }
            }
            else TI=0;
    }
```

接收方源代码如下。

```
#include <reg52.h>
/****************接收主函数**********************/
void main(){
     unsigned int i=0;
     TMOD=0X20;         //将 T1 设为工作方式 2
     TH1=TL1=0xfd;      //fosc=11.0592MHz 时，波特率 9600
     PCON=0x0;          //SMOD=0
     TR1=1;             //启动 T1
     SCON=0xd0;         //设置串行口工作方式 3，允许接收
     ES=1;EA=1;         //开中断
     while(1);
}

/*****************接收中断服务函数***************/
void Res_INT() interrupt 4 using 1{
     if(TI==0){                                  //如果是接收事件发生
          RI=0;
          ACC=SBUF;
          if((P==0&RB8==0)|(P=1&RB8==1)) { //如果奇偶校验正确
               P1=SBUF;                 //数码管显示数字
               SBUF=0x00;               //回送正确标志 00
          }
          else{
               SBUF=0xff;               //奇偶校验错误，回送错误标志 ff
               P1=0x79;                 //数码管显示“E”表示错误
          }
     }
     else TI=0;                         //发送中断标志清零
}
```

【例 6-5】 多机通信的例子，原理图如图 6-23 所示，按 Key1 键主机向从机 1 循环发送 0～9 的段码值，按 Key2 键主机向从机 2 循环发送 0～9 段码值。从机接收到的数据显示在数码管上。

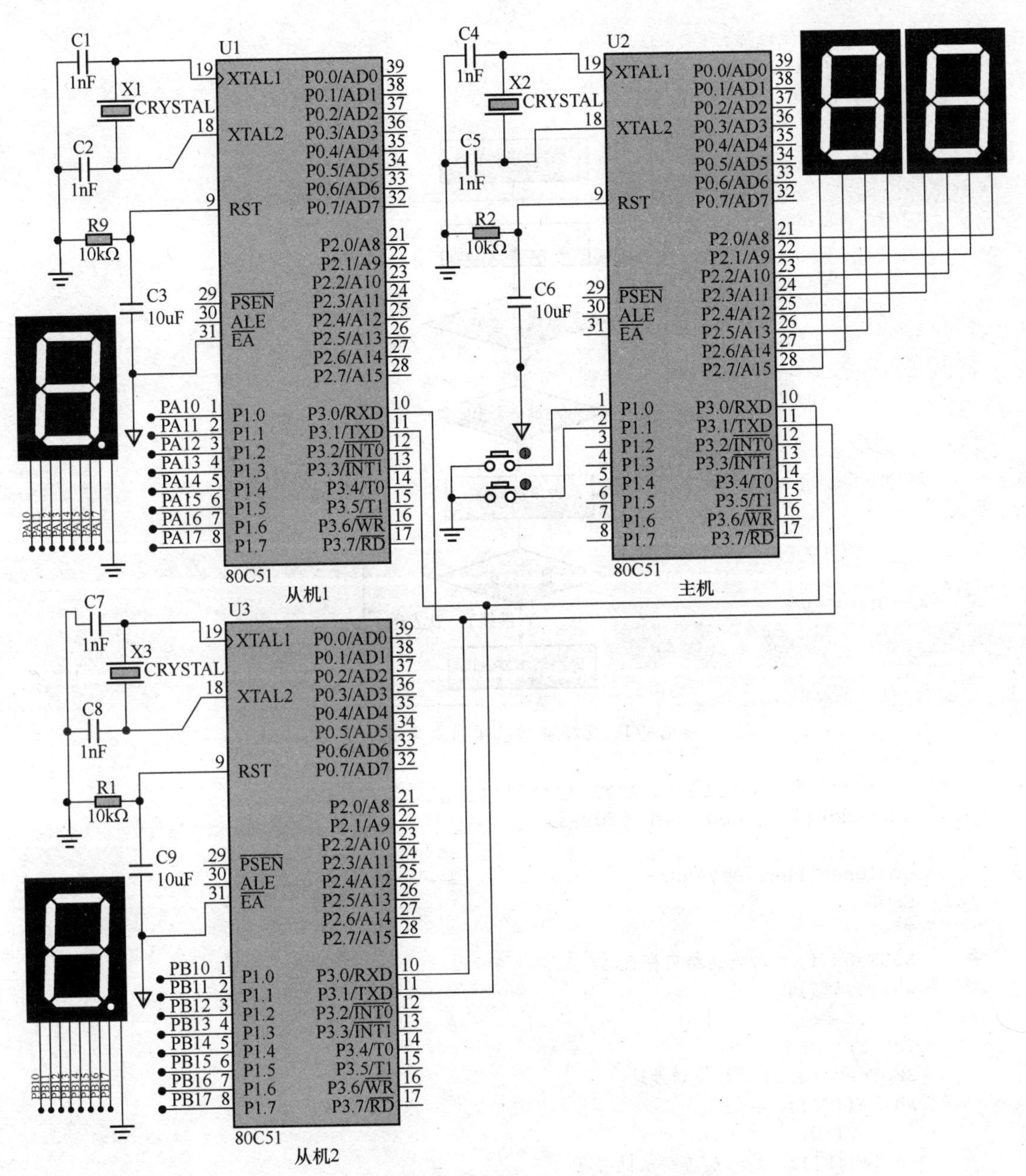

图 6-23 多机串行通信原理图

主机程序流程图如图 6-24 所示。

主机源程序如下。

```
#include <reg52.h>
unsigned char addr=0xff;
unsigned char index,finish=0;
sbit key1=P1^0;
sbit key2=P1^1;
unsigned char Dat[]={0x3f,0x06,0x5b,0x4f,0x66,0x6d,0x7d,0x07,0x7f,0x6f};
void delay(){
```

```
    unsigned int i;
    for(i=0;i<30000;i++);
}
```

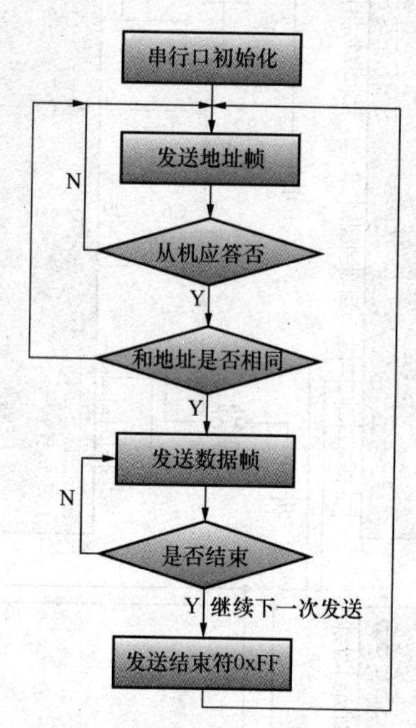

图 6-24　多机通信的主机程序流程图

```
/***************发送地址帧***************/
void SendAddr(unsigned char address)
{
    unsigned char RevAddr;
    ES=0;
    TI=0;
    SBUF=0xff;  //发送结束符 0xff
    while(!TI);
        TI=0;
    TB8=1;
    SBUF=address;  //发送地址
    while(!TI);
        TI=0;
    while(!RI);      //等待从机回应
        RI=0;
   RevAddr=SBUF;
   P2=RevAddr;
   if(RevAddr==address){  //如果返回的地址和发送的地址相同，说明找到对应的从机
        index=0;
        TB8=0;          //设置发送数据帧
        SBUF=Dat[index]; //发送数据
        delay();
   }
   ES=1;
}
```

```
/****************主机发送主函数*********************/
void main(){
    unsigned int i=0;
    TMOD=0X20;          //将T1设为工作方式2
    TH1=TL1=0xfd;       //fosc=11.0592MHz时，波特率9600
    PCON=0x0;           //SMOD=0
    TR1=1;              //启动T1
    SCON=0xd0;          //设置串行口工作方式1
    EA=1;ES=0;EX0=1;;
    while(1){
        if(key1==0) {SendAddr(1);} //假如Key1键按下，发送地址为1的地址帧
        if(key2==0){ SendAddr(2);} //假如Key2键按下，发送地址为1的地址帧
    }
 }

/****************发送中断服务函数*****************/
void Tras_Int() interrupt 4 using 1{
        unsigned char i;
        if(RI==0){
                TI=0;
                if(i<9)
                   i++;
                else
                   i=0;
                SBUF=Dat[i];
                delay();
         }
        else RI=0;
}
```

从机程序流程图如图6-25所示。

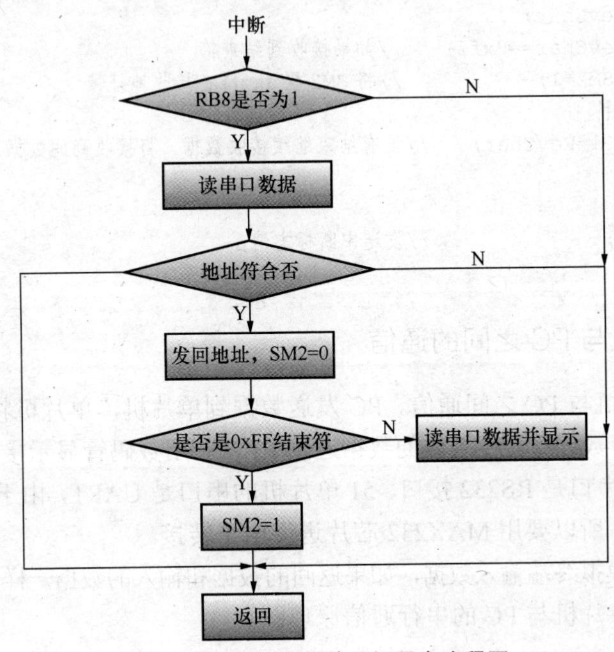

图6-25 多机通信的从机程序流程图

从机1源程序如下，从机2类似。

```
#include <reg52.h>
#include <intrins.h>
/***************主机发送主函数*********************/
void main(){
    unsigned int i=0;
    TMOD=0X20;      //将T1设为工作方式2
    TH1=TL1=0xfd;      //fosc=11.0592MHz时，波特率9600bit/s
    PCON=0x0;        //SMOD=0
    TR1=1;           //启动T1
    SCON=0xf0;       //设置串行口工作方式3 ,允许接收,SMOD=1
    ES=1;EA=1;       //开中断
    while(1);
}

/*****************接收中断服务函数***************/
void Res_INT() interrupt 4 using 1{
    unsigned char RevChar;
    if(TI==0){                  //如果是接收事件发生
        RI=0;
        if((RB8==1)) { //如果是地址帧
            RevChar=SBUF;
            if(RevChar!=0x1)return;    //判断是否和本机地址相同，不同返回
            P1=RevChar;                //接收数据
            SM2=0;  //如果相同将SM2设置为0，准备接收数据
            SBUF=0x1; //给主机发送本机地址（此从机地址是1）
            return;
        }
        RevChar=SBUF;
        P1=RevChar;
        if(RevChar==0xff)    //如果接收到结束符
            SM2=1;           //将SM2置1，准备接收地址帧
        else{
            P1=RevChar;    //没有结束继续接收数据，将接收到的数据送到P1口
        }
    }
    else TI=0;              //发送中断标志清零
}
```

6.3.4 单片机与PC之间的通信

【例6-6】 单片机与PC之间通信。PC发送数据到单片机，单片机将接收到数据返回给PC机。P1口接BCD数码管，将接收的数据送到P1口，用数码管显示接收的数据是否正确。

由于PC所带的串口是RS232接口，51单片机的串口是UART，由于RS232的逻辑电平与TTL电平不兼容，所以要用MAX232芯片进行电平转接。

实验仿真从PC模拟终端输入数据，如果返回的数据和输入的数据一样，就证明通信正确。图6-26所示为单片机与PC的串行通信原理图。

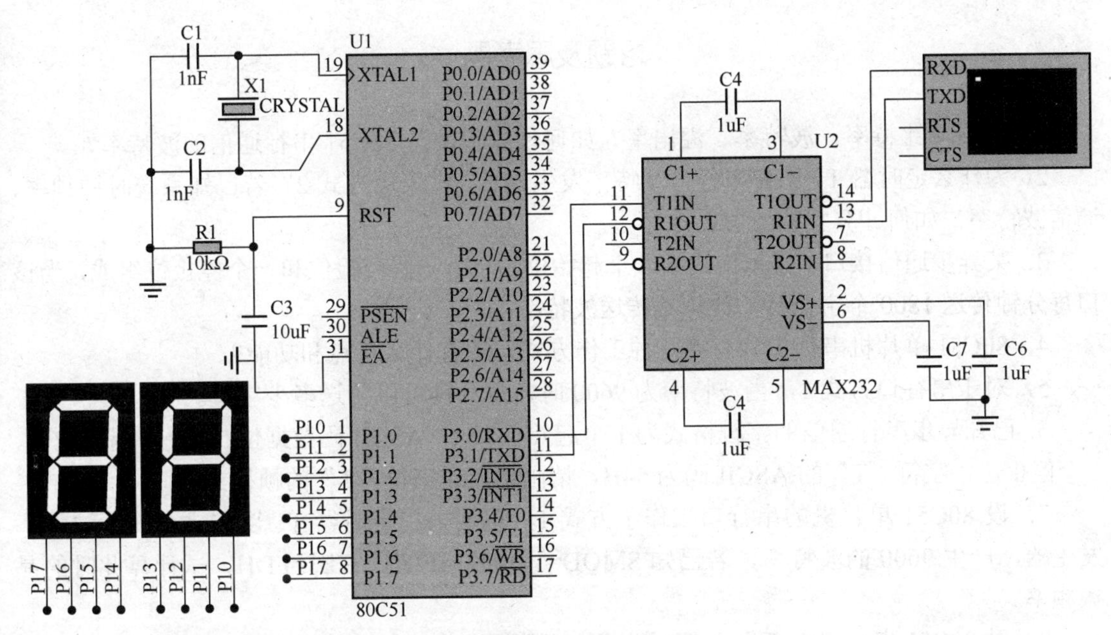

图6-26 单片机与PC的串行通信原理图

单片机源程序如下。

```
/****************主函数**********************/
void main(){
    unsigned int i=0;
    TMOD=0X20;          //将T1设为工作方式2
    TH1=TL1=0xfd;       //fosc=11.0592MHz时，波特率9600
    PCON=0x0;           //SMOD=0
    TR1=1;              //启动T1
    SCON=0x50;          //设置串行口工作方式1,允许接收
    ES=1;EA=1;          //开中断
    while(1);
}

/*****************接收中断服务函数***************/
void ResINT() interrupt 4 using 1{
    unsigned char RevChar;
//  EA=0;
    if(TI==0){
        RI=0;
        RevChar=SBUF;
        P1=RevChar;
        SBUF=RevChar;
    }
    else TI=0;
//  EA=1;
}
```

习题及思考题

1．什么叫比特率、波特率、溢出率？如何计算和设置80C51串行通信的波特率？

2．为什么定时器T1用作串行口波特率发生器时，常采用方式2？若已知系统时钟频率、通信波特率，如何计算其初始值？

3．某异步通信接口，其帧格式由一个起始位、一个奇偶校验位和一个停止位组成，当该口每分钟传送1800个字符时，计算其传送波特率。

4．80C51单片机串行口共有哪几种工作方式？各有什么特点和功能？

5．对于串行口方式1，当波特率为9600时，每分钟可以传送多少字节。

6．已知异步串行通信的字符格式为1个起始位、8个ASCII码数据位、一个奇偶校验位、1个停止位，字符“T”的ASCII码为54H，请画出传送字符“T”的帧格式。

7．设80C51单片机的串行口工作于方式1，现要求用定时器T1以方式2作为波特率发生器，产生9600的波特率，若已知SMOD=1，TH1=FDH，TL1=FDH，试计算此时的晶振频率。

8．以80C51串行口按工作方式2进行串行数据通信。假定波特率为1200，以中断的方式传送数据，请编写全双工通信程序。

9．以80C51串行口按工作方式2进行串行数据通信。假定波特率为1200，第9位数据位作为奇校验位，以中断的方式传送数据，请编写全双工通信程序。

10．试设计一个发送程序，将片内RAM 20H～2FH中的数据从串行口输出，要求将串行口定义为工作方式2，TB8作为奇偶校验位。

11．单片机80C51多机通信时主机向从机发送的信息分为哪两类？

12．简述80C51单片机多机通信的原理。

下　　篇

第7章 MCS-51单片机系统功能的扩展

51 单片机功能较强，在智能仪器仪表、家用电器、小型检测及控制系统中直接使用自身功能就可满足要求，所以使用极为方便。但对于一些较大的应用系统来说，它毕竟是一块集成电路芯片，其内部功能则略显不足，这时就需要在片外扩展一些外围功能芯片。

在 51 单片机外围，用户可根据需要扩展存储器芯片、I/O 接口芯片以及其他功能芯片。

7.1 系统扩展概述

1. 最小系统

最小系统是指用户可用的最小的单片机配置系统。对于片内带有程序存储器的单片机（如 80C51、87C51），只要在芯片上外接时钟电路和复位电路，就可以实现真正可用，这就是一个最小系统，如图 7-1（a）所示。对于片内不含程序存储器的单片机（如 80C31），除了在芯片上外接时钟电路和复位电路外，还需外部扩展程序存储器，这样才能构成一个最小系统，如图 7-1（b）所示。

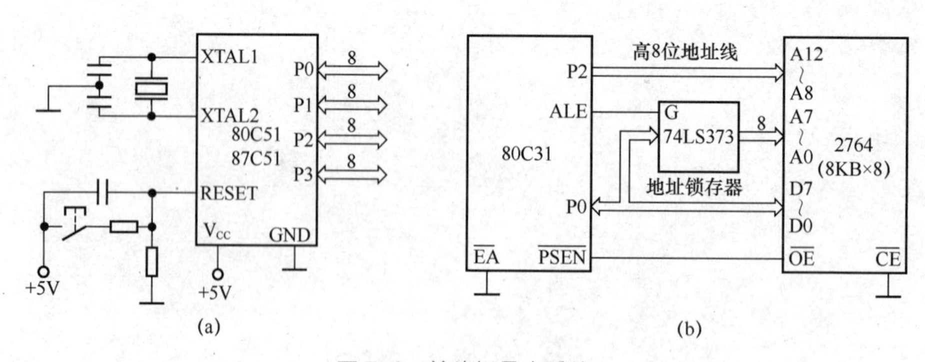

图 7-1 单片机最小系统

2. 单片机系统扩展的内容和方法

（1）按总线方式扩展——单片机的三总线结构。如图 7-2 所示。

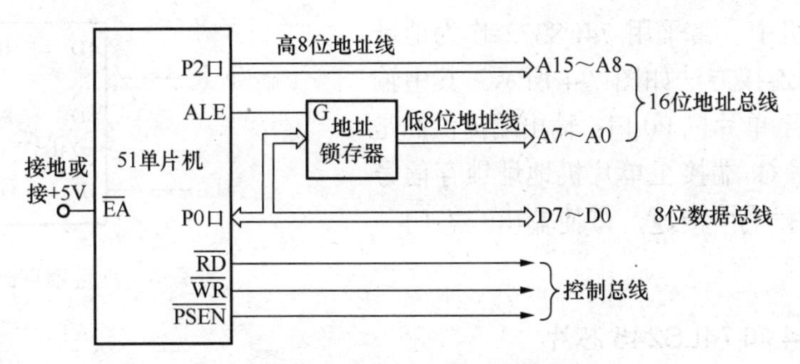

图 7-2 51 单片机的三总线结构

三总线结构能够方便地实现单片机与各种扩展芯片的连接。三总线引脚组成如下。

① 地址总线。由 P2 口提供高 8 位地址线，自身具有地址输出锁存功能；由 P0 口提供低 8 位地址线。由于 P0 口分时复用为地址/数据线，因而为保持地址信息在访问存储器期间一直有效，需要加入地址锁存器以锁存低 8 位地址信息，ALE 信号正脉冲的下降沿实现锁存。

② 数据总线。由 P0 口提供，此口为准双向、输入三态控制的 8 位数据输入/输出口。

③ 控制总线。$\overline{\text{PSEN}}$ 用于访问片外程序存储器；$\overline{\text{RD}}$、$\overline{\text{WR}}$ 信号用于片外数据存储器的读、写控制。

（2）系统扩展的内容与方法。

系统的扩展一般包括：外部程序存储器的扩展、外部数据存储器的扩展、输入/输出接口的扩展、管理功能器件的扩展（如定时器/计数器、键盘/显示器、中断优先级编码器等）。

一般来讲，所有与计算机连接的扩展芯片的外部引脚都可以归属为三总线结构。扩展连接的一般方法实际上是与三总线对接。要求能确保单片机和扩展芯片之间协调一致地工作，即要共同满足其工作时序。

7.2 常用的扩展器件简介

1. 8D 锁存器 74LS373

74LS373 是带输出三态门的 8 位存储器，其结构如图 7-3 所示。

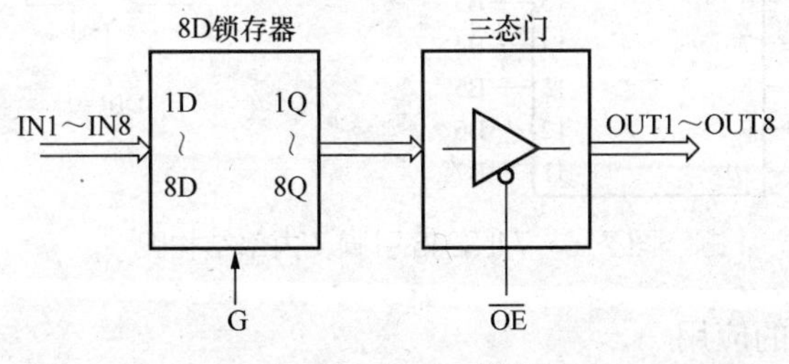

图 7-3 74LS373 结构图

其中，1D～8D 为 8 个输入端；1Q～8Q 为 8 个输出端；G 为数据锁存控制端，当 G 为“1”时，锁存器输出等同于输入端；当 G 由“1”变为“0”时，数据输入锁存器中。$\overline{\text{OE}}$ 端为允许输出端。

在 51 单片机中，常采用 74LS373 作为地址锁存器，常用的连接方法如图 7-4 所示。其中输入端 1D～8D 接至单片机 P0 口；输出端提供的是低 8 位地址线；G 端接至单片机地址锁存信号 ALE。输出允许端 $\overline{\text{OE}}$ 接地，可使输出三态门一直处于打开状态。

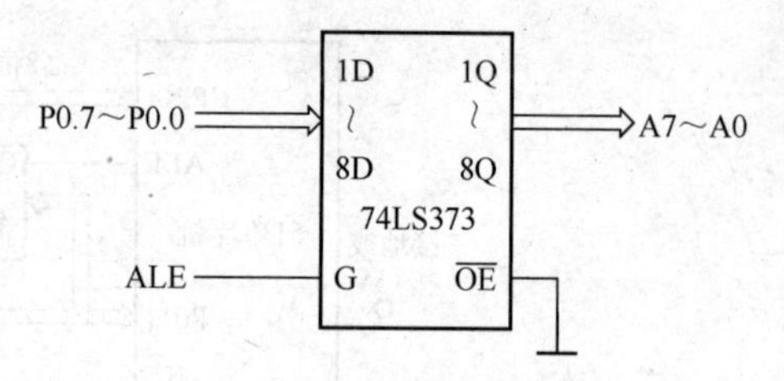

图 7-4　地址锁存器接线方式

2. 74LS244 和 74LS245 芯片

74LS244 和 74LS245 常用作总线驱动器，也可作三态数据缓冲器。

74LS244 为单向驱动器或数据缓冲器，其引脚及内部结构如图 7-5 所示，它由 8 个三态门构成，分为两组，分别由 $\overline{\text{1G}}$ 和 $\overline{\text{2G}}$ 控制。

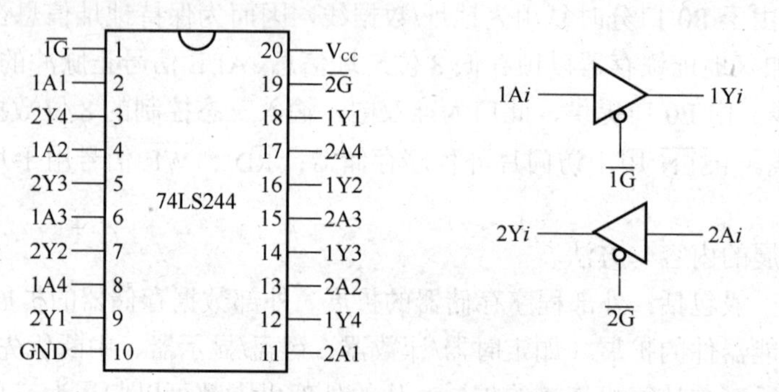

图 7-5　74LS244 引脚及内部结构图

74LS245 为双向驱动器，它由 16 个三态门构成，每个方向 8 个。控制端 $\overline{\text{G}}$ 低电平有效时，由 DIR 端控制数据的传输方向。DIR 为 1，数据从左向右传送；DIR 为 0，数据从右向左传送。74LS245 引脚及内部结构如图 7-6 所示。

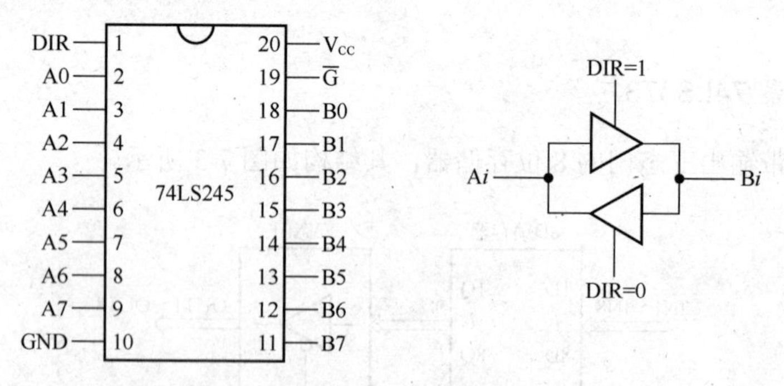

图 7-6　74LS245 引脚及内部结构图

（1）74LS244 芯片的应用

当 P2 口需增加驱动能力时，可使用单向驱动器 74LS244，其接线图如图 7-7 所示。控制端 $\overline{\text{1G}}$ 和 $\overline{\text{2G}}$ 均接地，使 8 个三态门均处于打开状态。其作用就是增加总线的驱动能力。

（2）74LS245 芯片的应用

当单片机 P0 口需要增加驱动能力时，可使用双向驱动器 74LS245，接线如图 7-8 所示。

当需要从片外读取数据时，应将 DIR 设为“0”；当 CPU 向片外写数据时，DIR 应设为“1”。

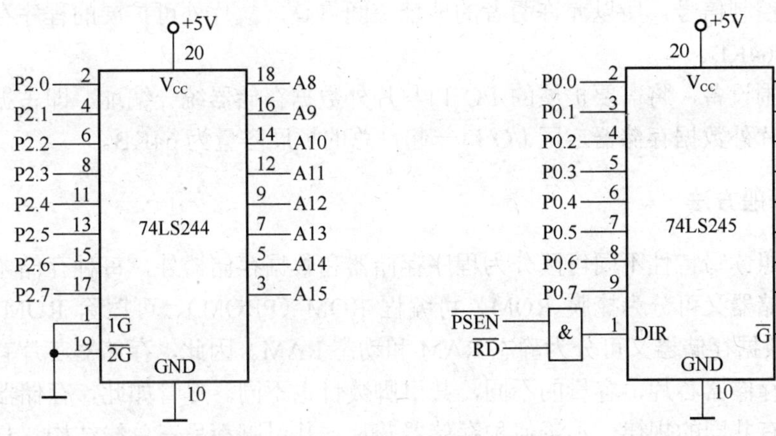

图 7-7　74LS244 用于地址总线的驱动　　　　图 7-8　74LS245 用于数据总线的驱动

3．3-8 译码器 74LS138

74LS138（3-8 译码器）是一种常用的地址译码器芯片，其引脚图如图 7-9 所示。G1、$\overline{G2A}$、$\overline{G2B}$ 为 3 个控制端，只有当 G1 为“1”、$\overline{G2A}$、$\overline{G2B}$ 均为“0”时，译码器才能译码输出。

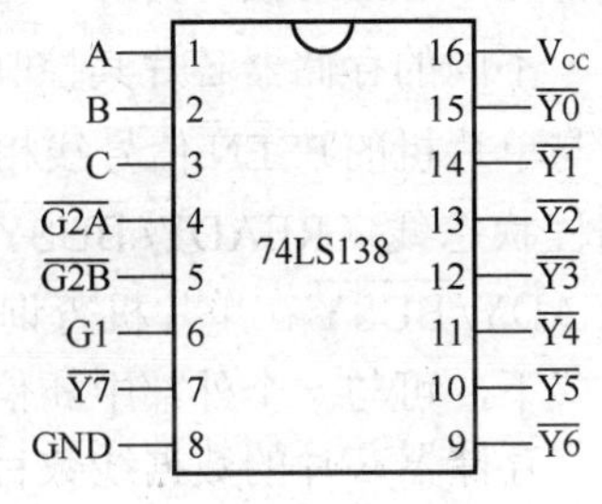

图 7-9　74LS138 引脚图

3-8 译码器 74LS138 的译码逻辑关系如表 7-1 所示。

表 7-1　　74LS138 芯片译码逻辑

C	B	A	译 码 输 出
0	0	0	$\overline{Y0}$
0	0	1	$\overline{Y1}$
0	1	0	$\overline{Y2}$
0	1	1	$\overline{Y3}$
1	0	0	$\overline{Y4}$
1	0	1	$\overline{Y5}$
1	1	0	$\overline{Y6}$
1	1	1	$\overline{Y7}$

7.3　存储器的扩展

7.3.1　存储器扩展概述

1．51 单片机的扩展能力

根据 MCS-51 单片机地址总线的条数（16 位），在片外可扩展的存储器最大容量为 64KB，地址范围为 0000H～FFFFH。因为 MCS-51 单片机对片外程序存储器和数据存储器的操作使用不同的指令和控制信号，所以允许两者的地址空间重叠，故片外可扩展的程序存储器与数据存储器分别为 64KB。

为了配置外围设备，将需要扩展的 I/O 口与片外数据存储器统一编址，即占据相同的地址空间。因此，片外数据存储器连同 I/O 口一起，总的扩展容量为 64KB。

2. 扩展的一般方法

存储器除按照读写特性不同可区分为程序存储器和数据存储器外，每种存储器还有不同的种类。程序存储器又可分为掩膜 ROM、可编程 ROM（PROM）、可擦除 ROM（EPROM 或 EEPROM）；数据存储器又可分为静态 RAM 和动态 RAM。因此，存储器芯片有多种。即使是同一种类的存储器芯片，容量的不同，其引脚数目也不同。尽管如此，存储器芯片与单片机扩展连接具有共同的规律。不论何种存储器芯片，其引脚都呈三总线结构，与单片机连接都是三总线对接。另外，电源线应接对应的电源线上。

不同的存储器芯片其控制线有所不同。对于程序存储器来说，具有读操作控制线（$\overline{\text{OE}}$），它与单片机的 $\overline{\text{PSEN}}$ 信号线相连。除此之外，对于 EPROM 芯片还有编程脉冲输入线（$\overline{\text{PRG}}$）、编程状态线（READY/$\overline{\text{BUSY}}$）。$\overline{\text{PRG}}$ 应与单片机在编程方式下的编程脉冲输出线相接；READY/$\overline{\text{BUSY}}$ 在单片机查询输入/输出方式下，可与一根 I/O 口线相接；在单片机中断工作方式下，可与一个外部中断信号输入线相接。

存储器芯片的数据线数目由芯片的字长决定。4 位字长的芯片数据线有 4 根；8 位字长的芯片数据线有 8 根；存储器芯片的数据线与单片机的数据总线（P0.0～P0.7）按由低位到高位的顺序顺次相接。

存储器芯片的地址线数目由芯片的容量决定。容量（Q）与地址线数目（N）满足下列关系式：

$$Q = 2^N$$

存储器芯片的地址线与单片机的地址总线（A0～A15）按由低位到高位的顺序顺次相接。一般来说，存储器芯片的地址线数目总是少于单片机地址总线的数目，如此相接后，单片机的高位地址线总有剩余。剩余地址线一般作为译码线，译码输出信号与存储器芯片的片选信号线相连。

存储器芯片有一根或几根片选信号线。存储器芯片被访问时，片选信号必须有效，即选中存储器芯片。片选信号线与单片机系统的译码输出相接后，就决定了存储器芯片在单片机内部的地址范围。因此，单片机的剩余高位地址线的译码及译码输出与存储器芯片的片选信号线的连接，是存储器扩展连接的关键问题。

3. 存储器扩展的译码方式

（1）部分译码方式

所谓部分译码就是存储器芯片的地址线与单片机系统的地址线顺次相接后，剩余的高位地址线仅使用一部分参加译码（并非全部参与译码）。参加译码的地址线对于选中某一存储器芯片有一个确定的状态，而不参加译码的地址线与芯片的选取基本无关。也就是说，对某一存储器芯片，只需参加译码的地址线处于特定状态，而不参加译码的地址线可以处于任意状态。因此，部分译码方式将会导致同一个存储单元具有多个不同的地址，造成存储器芯片地址空间的浪费。

部分译码方式的一种特例称为"线译码"。所谓线译码就是直接用一根口线与存储器芯片的片选端相连。线译码是最简单的一种译码方式，但会造成地址空间的严重浪费，当片外需要扩展的芯片数量较多时不宜采用。

在设计存储器扩展连接电路或者分析已有连接电路以确定存储器地址范围时，通常可采用地址译码关系图，如例 7-1 所示。

【例 7-1】 假设某一 2KB 存储器芯片译码扩展系统具有图 7-10 所示的译码地址线，试分析其地址范围。

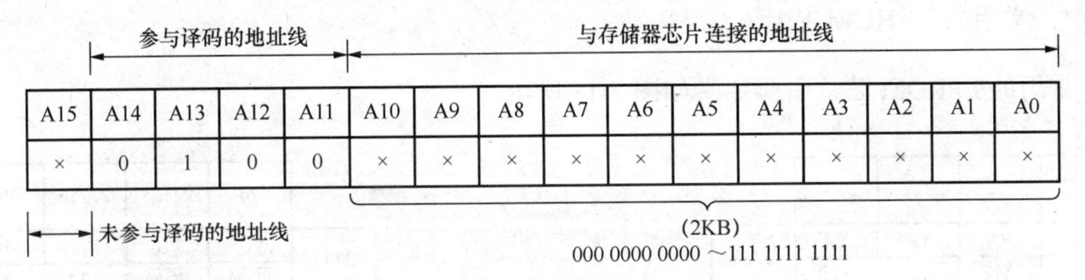

图 7-10　地址译码关系图示例

图 7-10 中与存储器芯片连接的低 11 位地址线的地址范围为全"0"～全"1"。参加译码的 4 根地址线的状态是唯一确定的。不参加译码的 A15 位地址线有两种状态都可以选中该存储器芯片。

当 A15=0 时，该存储器芯片占用的地址是：

0010 0000 0000 0000～0010 0111 1111 1111，即 2000H～2FFFH。

当 A15=1 时，该存储器芯片占用的地址是：

1010 0000 0000 0000～1010 0111 1111 1111，即 A000H～AFFFH。

可见，对芯片进行地址译码时，若有 N 条高位余出的地址线不参加译码，则会有 2^N 个重复定义的地址范围。这些重复定义的地址范围中真正能存储信息的只有一个，其余仅是占据了系统的地址空间，从而造成了地址空间的浪费。这是部分译码的缺点，但其优点是译码电路相对简单。

（2）全译码方式

所谓全译码就是存储器芯片的地址线与单片机系统的地址线从低到高顺次相接后，剩余的高位地址线全部参加译码。这种译码方式下存储器芯片的地址范围是唯一的，不会造成地址空间的浪费，但译码电路相对复杂。

这两种译码方法在单片机扩展系统中都有应用。在扩展存储器（包括 I/O 口）容量不大的情况下，选择部分译码，译码电路简单，可降低成本。

4．存储器扩展时所需芯片数目的确定

若所选存储器芯片的字长大于或等于单片机的字长，则只需扩展地址空间容量。所需芯片数目按下式确定：

$$芯片数目=\frac{系统扩展容量}{存储器芯片容量}$$

若所选存储器芯片的字长小于单片机的字长，则不仅需要扩展地址空间容量，还需进行字长扩展。所需芯片数目按下式确定：

$$芯片数目=\frac{系统扩展容量}{存储器芯片容量}\times\frac{系统字长}{存储器芯片字长}$$

7.3.2 程序存储器的扩展

1. 常用的 EPROM 芯片

常用的 EPROM 芯片引脚定义如图 7-11 所示。

引脚	27256	27128	2764	2732
1	V_{PP}	V_{PP}	V_{PP}	
2	A12	A12	A12	
3	A7	A7	A7	A7
4	A6	A6	A6	A6
5	A5	A5	A5	A5
6	A4	A4	A4	A4
7	A3	A3	A3	A3
8	A2	A2	A2	A2
9	A1	A1	A1	A1
10	A0	A0	A0	A0
11	O0	O0	O0	O0
12	O1	O1	O1	O1
13	O2	O2	O2	O2
14	GND	GND	GND	GND

2716	引脚	引脚	2716
A7	1	24	V_{CC}
A6	2	23	A8
A5	3	22	A9
A4	4	21	V_{PP}
A3	5	20	$\overline{OE}$
A2	6	19	A10
A1	7	18	$\overline{CE}$
A0	8	17	O7
O0	9	16	O6
O1	10	15	O5
O2	11	14	O4
GND	12	13	O3

2732	2764	27128	27256	引脚
	V_{CC}	V_{CC}	V_{CC}	28
	$\overline{PGM}$	$\overline{PGM}$	A14	27
V_{CC}	未用	A13	A13	26
A8	A8	A8	A8	25
A9	A9	A9	A9	24
A11	A11	A11	A11	23
$\overline{OE}/V_{PP}$	$\overline{OE}$	$\overline{OE}$	$\overline{OE}$	22
A10	A10	A10	A10	21
$\overline{CE}$	$\overline{CE}$	$\overline{CE}$	$\overline{CE}$	20
O7	O7	O7	O7	19
O6	O6	O6	O6	18
O5	O5	O5	O5	17
O4	O4	O4	O4	16
O3	O3	O3	O3	15

图 7-11 常用 EPROM 芯片引脚定义

2716 是单片机开发与应用中常用 EPROM 芯片中容量最小的，有 24 条引脚，包括 3 根电源线（V_{CC}、V_{PP}、GND）、11 根地址线（A0～A10）、8 根数据输出线（O0～O7）、片选端 $\overline{CE}$、输出允许端 $\overline{OE}$。V_{PP} 为编程电源端，正常工作时可接至+5V。

大容量的 EPROM 芯片有 2732、2764、27128 和 27256，它们的引脚功能与 2716 基本类似。下面将结合几个实例讲述不同译码方式下存储器的扩展。

2. 不用片外译码器的程序存储器扩展

【例 7-2】 试用 EPROM 2764 构成 8031 的最小系统。

2764 是 8K×8 位的程序存储器，芯片的地址线引脚线有 13 条，顺次和单片机的地址线 A0～A12 相接。由于不采用地址译码器，所以高 3 位地址线 A13、A14、A15 不接，故有 $2^3=8$ 个重复定义的 8KB 地址空间。因只用一片 2764，其片选信号 $\overline{CE}$ 可直接接地（始终有效）。输出允许端 $\overline{OE}$ 与单片机程序存储器读信号 $\overline{PSEN}$ 相连。其连接电路如图 7-12 所示。

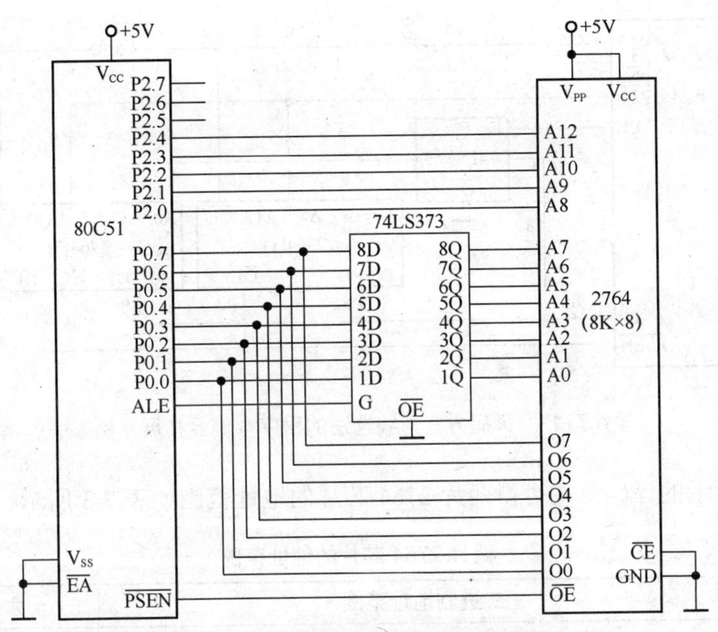

图 7-12 常用 EPROM 芯片引脚定义

根据译码原则，为2764重复定义的存储器地址范围如表7-2所示。

表 7-2 2764重复定义的存储器地址范围

二进制地址范围	十六进制地址范围
0000 0000 0000 0000 ～ 0001 1111 1111 1111	0000H ～ 1FFFH
0010 0000 0000 0000 ～ 0011 1111 1111 1111	2000H ～ 3FFFH
0100 0000 0000 0000 ～ 0101 1111 1111 1111	4000H ～ 5FFFH
0110 0000 0000 0000 ～ 0111 1111 1111 1111	6000H ～ 7FFFH
1000 0000 0000 0000 ～ 1001 1111 1111 1111	8000H ～ 9FFFH
1010 0000 0000 0000 ～ 1011 1111 1111 1111	A000H ～ BFFFH
1100 0000 0000 0000 ～ 1101 1111 1111 1111	C000H ～ DFFFH
1110 0000 0000 0000 ～ 1111 1111 1111 1111	E000H ～ FFFFH

由表7-2可知，如果不为2764设计译码电路，其$\overline{CE}$直接接地，则2764将占用全部的程序存储器空间。可见，这种方法将造成CPU存储空间的极大浪费。

3．采用线选法的多片程序存储器扩展

【例 7-3】 使用两片2764扩展16KB的程序存储器，译码方式采用线选法，扩展连接图如图7-13所示。以P2.7作为片选，当P2.7=0时，选中2764（1）；当P2.7=1时，选中2764（2）。因两根地址线（A13、A14）未用，故两个芯片各有重复定义的2^2=4个地址空间。

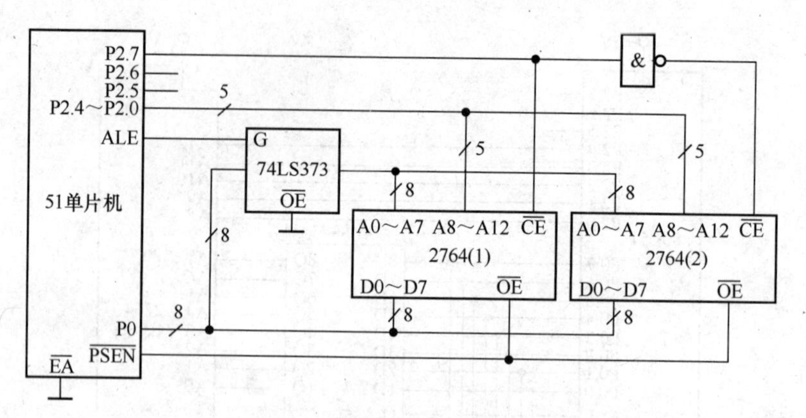

图 7-13　译码方式为线选法的程序存储器扩展示例

根据图中所示的译码方式可得两片 2764 芯片的地址范围如表 7-3 所示。

表 7-3　　两片 2764 芯片的地址范围

芯片编号	二进制地址范围	十六进制地址范围
2764（1）	0000 0000 0000 0000～0001 1111 1111 1111	0000H～1FFFH
	0010 0000 0000 0000～0011 1111 1111 1111	2000H～3FFFH
	0100 0000 0000 0000～0101 1111 1111 1111	4000H～5FFFH
	0110 0000 0000 0000～0111 1111 1111 1111	6000H～7FFFH
2764（2）	1000 0000 0000 0000～1001 1111 1111 1111	8000H～9FFFH
	1010 0000 0000 0000～1011 1111 1111 1111	A000H～BFFFH
	1100 0000 0000 0000～1101 1111 1111 1111	C000H～DFFFH
	1110 0000 0000 0000～1111 1111 1111 1111	E000H～FFFFH

【例 7-4】 由地址范围确定译码器的连接。

某单片机程序存储器扩展所需译码关系如图 7-14 所示，试设计扩展电路。

参与译码的地址线			与存储器芯片2764连接的地址线												
A15	A14	A13	A12	A11	A10	A9	A8	A7	A6	A5	A4	A3	A2	A1	A0
0	0	0	×	×	×	×	×	×	×	×	×	×	×	×	×
0	0	1	×	×	×	×	×	×	×	×	×	×	×	×	×

图 7-14　译码方式为线选法的程序存储器扩展示例

可选用 74LS138 作为译码器，其中输出端 $\overline{Y0}$ 接至第 1 片 2764 的片选端；$\overline{Y1}$ 接至第 2 片 2764 的片选端上。扩展连接图如图 7-15 所示。

由图 7-15 可知：2764（1）地址范围为：0000H～1FFFH，2764（2）地址范围为：2000H～3FFFH。

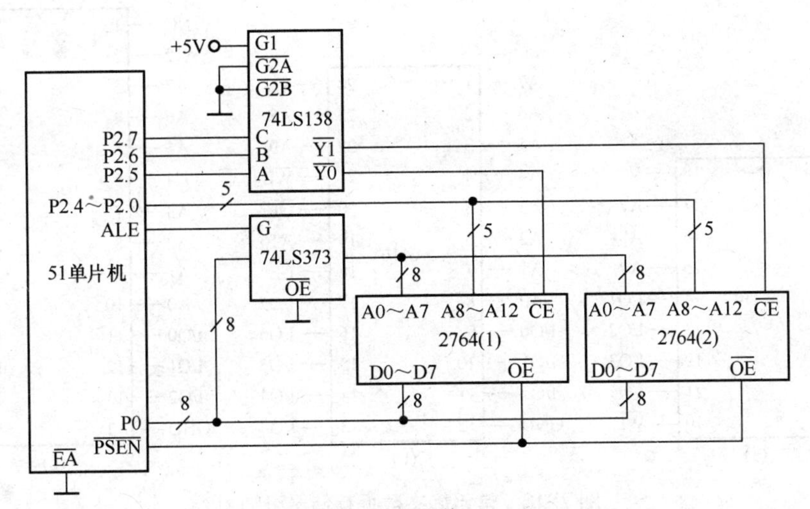

图 7-15 根据译码关系得到的扩展电路

【例 7-5】 将 ROM 中从 1000H 地址开始的存储器内容转存到外部 RAM 存储器中。

C 语言程序如下。

```
#include <reg52.h>
#include <absacc.h>
#define uchar unsigned char
uchar code date[32]={ 0xF0, 0xF8, 0x0C, 0xC4, 0x0C, 0xF8, 0xF0, 0x00, 0x03,
0x07, 0x0C, 0x08, 0x0C, 0x07, 0x03, 0x00, 0x00, 0x10, 0x18, 0xFC, 0xFC, 0x00, 0x00,
 0x00, 0x00, 0x08, 0x08, 0x0F, 0x0F, 0x08, 0x08, 0x00 };
void main( )
{     uchar i;
      for( i=0;i<32;i++ )
            XBYTE[i+0x1000]=CBYTE[i+0x1000];
      while(1);
}
```

7.3.3 数据存储器的扩展

1. 常用的数据存储器芯片

常用的静态数据存储器芯片有 2114（1K×4）、6116（2K×8）、6264（8K×8），引脚图如图 7-16 所示。数据存储器的 $\overline{OE}$ 、 $\overline{WE}$ 信号线分别为输出允许端和写允许控制端。

图 7-16 中的 2114 只有一个读/写控制端 $\overline{WE}$，当 $\overline{WE}$ =0 时，是写允许；当 $\overline{WE}$ =0 时，是输出允许。6264 有两个片选端 $\overline{CE1}$、 $\overline{CE2}$，两者均为低电平时才能选中该芯片。

动态 RAM 虽然集成度高、成本低、功耗小，但需要刷新电路，在单片机扩展中不如静态 RAM 方便，所以目前单片机数据存储器扩展时仍以静态 RAM 芯片为主。

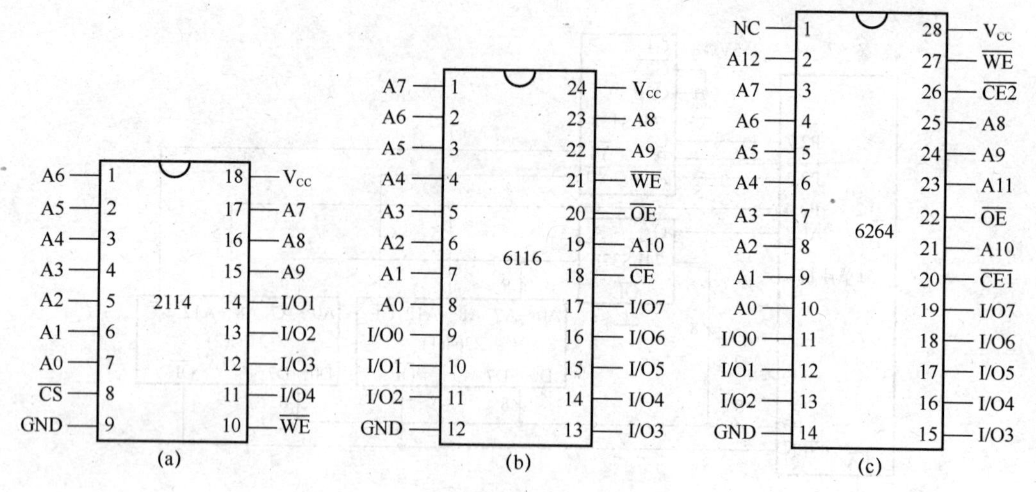

图 7-16　常用静态数据存储器引脚图

2. 数据存储器扩展举例

数据存储器与单片机进行扩展连接时，芯片的输出允许端 $\overline{OE}$ 应与单片机读信号端 $\overline{RD}$ 相连，写允许信号 $\overline{WE}$ 与单片机的写信号端 $\overline{WR}$ 相连，其他信号线的连接与程序存储器类似。

【例 7-6】 采用 2114 芯片在 8031 片外扩展 1KB 数据存储器。

分析：由于 2114 只有 4 位数据线，所以需要两片 2114 组成 8 位存储器。两个芯片的地址线完全相同，本例中采用直接接地的方法（常有效）。扩展连接图如图 7-17 所示。

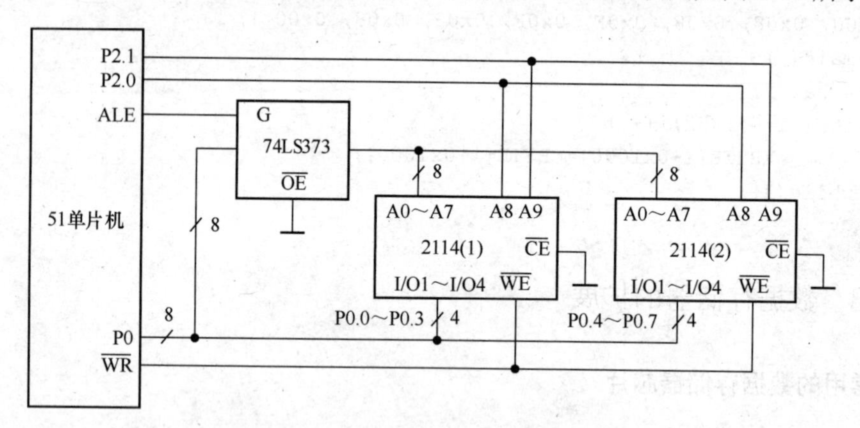

图 7-17　用 2114 扩展片外数据存储器

3. 兼有片外程序存储器和数据存储器的扩展举例

【例 7-7】 采用 2764 和 6264 芯片在 8031 片外分别扩展 24KB 程序存储器和数据存储器。扩展连接电路如图 7-18 所示。

从图 7-18 中可以看出，译码电路采用 74LS138，译码输出端分别为 $\overline{Y0}$、$\overline{Y1}$、$\overline{Y2}$，且各有一片 2764 和一片 6264 的片选端并接在同一译码输出线上。即有 2764 和 6264 芯片相同的地址单元将会同时选通，这不会发生地址冲突，因为两种芯片的控制信号是不一样的。读者可自行分析两种存储器及各芯片的地址范围。

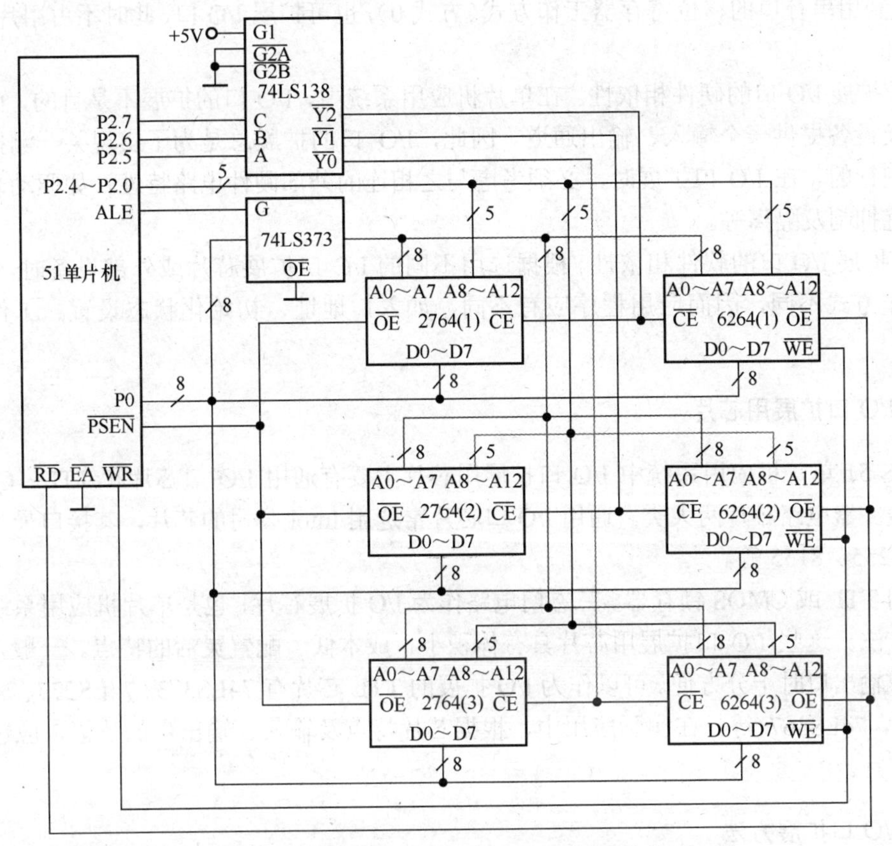

图7-18　兼有片外程序存储器和数据存储器的扩展电路

7.4　并行I/O口的扩展

51单片机共有4个并行I/O口，但这些I/O口并不能完全供用户使用。对于片内有ROM/EPROM的单片机（如80C51、87C51），不使用外部扩展时，才允许这4个I/O口作为用户I/O使用。但是大多数应用系统都需要外部扩展，所以51单片机能够提供给用户使用的I/O口只有P1口和P3口的部分口线。因此，在大部分的51单片机应用系统设计中，都不可避免地要进行I/O口的扩展。

7.4.1　I/O口扩展概述

1. MCS-51单片机I/O口扩展性能

单片机应用系统中的I/O口扩展方法与单片机的I/O口扩展性能有关。

（1）在MCS-51单片机应用系统中，扩展的I/O口采取与数据存储器相同的寻址方法。所有扩展的I/O口或通过扩展I/O口连接的外围设备均与片外数据存储器统一编址。任何一个扩展I/O口，根据地址线的选择方式不同，占用一个片外RAM地址，而与外部程序存储器无关。

（2）利用串行口的移位寄存器工作方式（方式 0），也可扩展 I/O 口，此时不占用片外 RAM 任何地址。

（3）扩展 I/O 口的硬件相依性。在单片机应用系统中，I/O 口的扩展不是目的，而是为外部通道及设备提供一个输入、输出通道。因此，I/O 口的扩展总是为了实现某一测控及管理功能而进行的。在 I/O 口扩展时，必须考虑与之相连的外部硬件电路特性，如驱动功率、电平、干扰抑制及隔离等。

（4）扩展 I/O 口的软件相依性。根据选用不同的 I/O 口扩展芯片或外部设备时，扩展 I/O 口的操作方式不同，因而应用程序应有不同，如入口地址、初始化状态设置、工作方式选择等。

2．I/O 口扩展用芯片

MCS-51 单片机应用系统中 I/O 口扩展用芯片主要有通用 I/O 口芯片和 TTL、CMOS 锁存器、缓冲器电路芯片两大类。通用 I/O 口芯片常选用 Intel 公司的芯片，其接口最为简捷可靠，如 8255、8155 等。

采用 TTL 或 CMOS 锁存器、三态门电路作为 I/O 扩展芯片，也是单片机应用系统中经常采用的方法。这些 I/O 口扩展用芯片具有体积小、成本低、配置灵活的特点。一般在扩展 8 位输入或输出口时十分方便。可以作为 I/O 扩展的 TTL 芯片有 74LS373、74LS277、74LS244、74LS273、74LS367 等。在实际应用中，根据芯片特点及输入、输出量的特征，应选择合适的扩展芯片。

3．I/O 口扩展方法

根据扩展并行 I/O 口时数据线的连接方式，I/O 口扩展可分为总线扩展方法、串行口扩展方法和 I/O 口扩展方法。

（1）总线扩展方法

扩展的并行 I/O 芯片，其并行数据输入线取自 MCS-51 单片机的 P0 口。这种扩展方法只分时占用 P0 口，并不影响 P0 口与其他扩展芯片的连接操作，不会造成单片机硬件的额外开销。因此，在 MCS-51 单片机应用系统的 I/O 扩展中广泛采用这种扩展方法。

（2）串行口扩展方法

这是 MCS-51 单片机串行口在方式 0 工作状态下所提供的 I/O 口扩展功能。串行口方式 0 为移位寄存器工作方式，因此接上串入并出的移位寄存器可以扩展并行输出口，而接上并入串出的移位寄存器则可扩展并行输入口。这种扩展方法只占用串行口，而且通过移位寄存器的级联方法可以扩展多数量的并行 I/O 口。对于不使用串行口的应用系统，可使用这种方法。但由于数据的输入输出采用串行移位的方法，传输速度较慢。

（3）通过单片机片内 I/O 口的扩展方法

这种扩展方法的特征是扩展芯片的输入输出数据线不通过 P0 口，而是通过其他片内 I/O 口。即扩展片外 I/O 口的同时也占用片内 I/O 口，所以使用较少，但在 MCS-51 单片机扩展 8243 时，为了模拟 8243 的操作时序，不得不使用这种方法。

7.4.2 8255A 可编程并行 I/O 口扩展

1. 8255A 可编程并行 I/O 口芯片引脚

8255A 可编程并行 I/O 口芯片引脚图如图 7-19 所示。

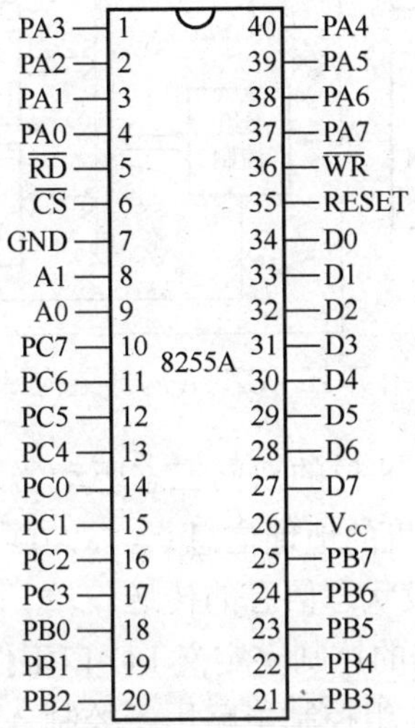

左侧引脚	编号	编号	右侧引脚
PA3	1	40	PA4
PA2	2	39	PA5
PA1	3	38	PA6
PA0	4	37	PA7
$\overline{RD}$	5	36	$\overline{WR}$
$\overline{CS}$	6	35	RESET
GND	7	34	D0
A1	8	33	D1
A0	9	32	D2
PC7	10	31	D3
PC6	11	30	D4
PC5	12	29	D5
PC4	13	28	D6
PC0	14	27	D7
PC1	15	26	V_{CC}
PC2	16	25	PB7
PC3	17	24	PB6
PB0	18	23	PB5
PB1	19	22	PB4
PB2	20	21	PB3

8255A

图 7-19 8255A 可编程并行 I/O 口引脚图

8255A 芯片引脚信号说明如表 7-4 所示。

表 7-4 8255A 芯片引脚说明

引脚信号	引脚编号	引脚名称与功能
V_{CC}	26	电源的+5V 端
GND	7	电源的 0V 端
RESET	35	复位信号输入端。清除内部各寄存器，置 A、B、C 口为输入口
$\overline{WR}$	36	写信号输入端。使 CPU 输出数据或控制字到 8255A
$\overline{RD}$	5	读信号输入端。使 8255A 送数据或状态信息到 CPU
$\overline{CS}$	6	片选端
A1、A0	8、9	接地址总线最低的 2 位，用于决定端口地址。例如，A1A0 为 00，是 A 口；A1A0 为 01，是 B 口；A1A0 为 10，是 C 口；A1A0 为 11，是控制字寄存器
D7～D0	27～34	双向数据总线
PA7～PA0	37～40 1～4	A 口的 8 位 I/O 引脚
PB7～PB0	25～18	B 口的 8 位 I/O 引脚
PC7～PC4 PC3～PC0	10～13 17～14	C 口的高 4 位 I/O 引脚 C 口的低 4 位 I/O 引脚

2. 8255A 内部结构图

8255A 内部结构图如图 7-20 所示。

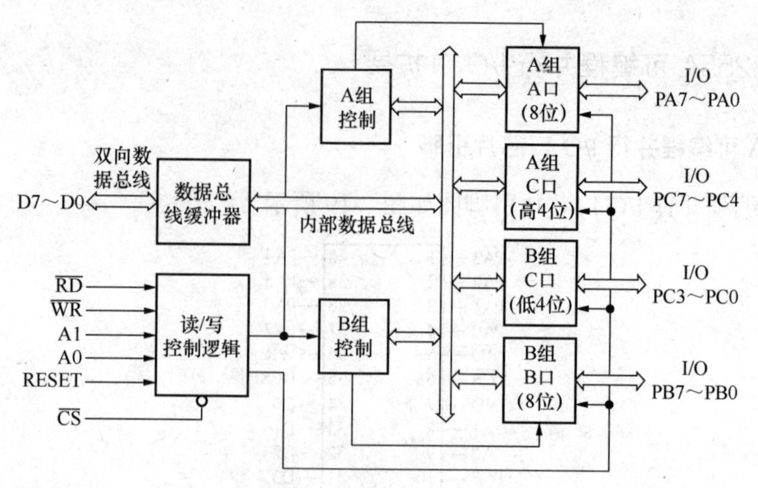

图 7-20　8255A 内部结构图

（1）数据总线缓冲器：是一个 8 位的双向三态驱动器，用于与单片机的数据总线相连。

（2）读/写控制逻辑：根据单片机的地址信息（A1、A0）与控制信息（$\overline{RD}$、$\overline{WR}$、RESET），控制片内数据、CPU 控制字、外设状态信息的传送。

（3）控制电路：根据 CPU 送来的控制字定义 I/O 口工作方式。对 C 口可按位实现“置位”或“复位”。控制电路分为两组：A 组控制电路用于控制 A 口及 C 口的高 4 位（PC7～PC4），B 组控制电路用于控制 B 口及 C 口的低 4 位（PC3～PC0）。

（4）3 个并行 I/O 端口：A 口可编程为 8 位输入，或 8 位输出，或双向传送；B 口可编程为 8 位输入，或 8 位输出，但不能双向传送；C 口分为两个 4 位口，用于输入或输出，也可用作 A 口、B 口的状态控制信号。

3．8255A 的端口操作状态

（1）8255A 读/写控制逻辑操作选择

8255A 读/写控制逻辑操作选择说明如表 7-5 所示。

表 7-5　　8255A 读/写控制逻辑操作选择说明

操　作	A1	A0	$\overline{RD}$	$\overline{WR}$	$\overline{CS}$	说明
输入操作（读）	0	0	0	1	0	A 口 → 数据总线
	0	1	0	1	0	B 口 → 数据总线
	1	0	0	1	0	C 口 → 数据总线
输出操作（写）	0	0	1	0	0	数据总线 → A 口
	0	1	1	0	0	数据总线 → B 口
	1	0	1	0	0	数据总线 → C 口
	1	1	1	0	0	数据总线 → 控制字
禁止操作	×	×	×	×	1	数据总线为三态
	1	1	0	1	0	非法状态
	×	×	1	1	0	数据总线为三态

（2）8255A 的 3 种工作方式

① 方式 0：基本输入/输出方式

这种工作方式不需要任何选通信号。A 口、B 口及 C 口的两个 4 位口中任何一个端口都可以由程序设定为输入或输出。作为输出口时，输出数据被锁存；作为输入口时，输入数据不锁存。

② 方式 1：选通输入/输出方式

在这种工作方式下，A、B、C 3 个口分为两组。A 组包括 A 口和 C 口的高 4 位，A 口可由编程设定为输入口或输出口，C 口的高 4 位则用来作为 A 口输入/输出操作的控制和同步信号；B 组包括 B 口和 C 口的低 4 位，B 口可由编程设定为输入口或输出口，C 口的低 4 位则用来作为 B 口输入/输出操作的控制和同步信号。A 口和 B 口的输入数据或输出数据都被锁存，如图 7-21 所示。

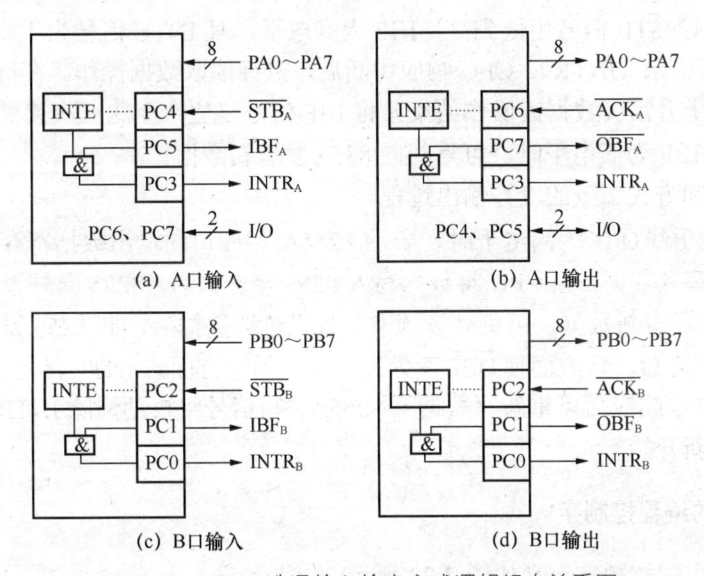

图 7-21 8255A 选通输入输出方式逻辑组态关系图

③ 方式 2：双向传送方式

在这种方式下，A 口可用于双向传送，C 口的 PC3～PC7 用来作为输入/输出的控制同步信号，如图 7-22 所示。

需要注意的是：只有 A 口允许用作双向传送，这时 B 口和 PC2～PC0 可编程为方式 0 或方式 1 下工作。

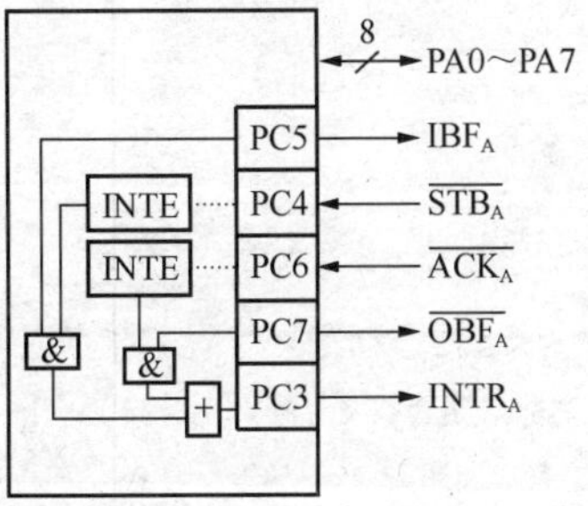

图 7-22 8255A 双向传送方式逻辑组态关系图

（3）方式 1 和方式 2 下的各状态控制信号

$\overline{OBF}$：输出缓冲器满信号。当其为低电平时，8255A 告知外部设备有数据可供读取（输出）。它由 $\overline{WR}$ 信号的上升沿设置为有效低电平，而由外设来的 $\overline{ACK}$ 信号恢复为高电平。

IBF：输入缓冲器满信号。当其为高电平时，8255A 通知外设的数据已输入完毕，可供 CPU 读取。它由 $\overline{STB}$ 设置为有效高电平，由 $\overline{RD}$ 的上升沿使其复位。

$\overline{ACK}$：外设应答信号。当其为低电平时，表明外设已将数据自 8255A 取走。

$\overline{STB}$：外设来的选通信号。当其为低电平时，将外设数据输入 8255A。

INTR：中断请求信号。中断允许时，输入缓冲器满或输出缓冲器空时将发出中断请求信号。在输入时由 $\overline{RD}$ 的下降沿清除；在输出时，由 $\overline{WR}$ 的下降沿清除。

INTE：中断允许信号。$INTE_A$ 或 $INTE_B$ 可通过对 C 口相应位“置位”或“复位”来实现。置位为中断允许；复位为中断禁止。

（4）方式 1 和方式 2 下的应答输入过程

当 8255A 输出线 IBF 为低电平时，表示 8255A 相应口的数据寄存器为空，此时允许外设向输入口写数据。当外设将新数据写入 8255A 时，向 8255 发 $\overline{STB}$ 信号（低电平有效），表示已将数据写入 8255。8255 接到后将 IBF 置为高电平，一方面通知外设数据已接收到，禁止外设再次写数据到 8255，另一方面可通知 CPU 读取数据。

当 8255 检测到 $\overline{STB}$ 信号由低到高，IBF 为高电平，且 INTE 信号为 1（允许中断）时，则向 CPU 发中断请求（INTR），CPU 响应中断后，执行读取数据操作。在清除 INTR 信号的同时，由读信号上升沿（数据读操作结束）将 IBF 信号复位，至此一次读操作过程结束。

外设接收到 IBF 为低电平时，可重新向 8255 发送新数据。

（5）方式 1 和方式 2 下的应答输出过程

当 8255A 输出线 $\overline{OBF}$ 为高电平时，表示 8255A 相应口的输出数据寄存器为空，此时允许 CPU 向 8255 写入数据。当 CPU 将数据写入 8255 相应口后，8255 向外设发 $\overline{OBF}$ 信号（低电平有效），表示已有新数据，可供外设读取。外设读取数据后，向 8255 发应答信号 $\overline{ACK}$，8255 接到 $\overline{ACK}$ 信号后，一方面使 $\overline{OBF}$ 变为高电平，另一方面若 INTE 满足，则向 CPU 发中断请求 INTR，CPU 响应后可重新写数据至 8255A，写信号将自动清除 INTR。这样一次新的数据输出过程重新开始。

4．8255A 的编程控制字

8255A 工作方式控制字定义如图 7-23 所示。

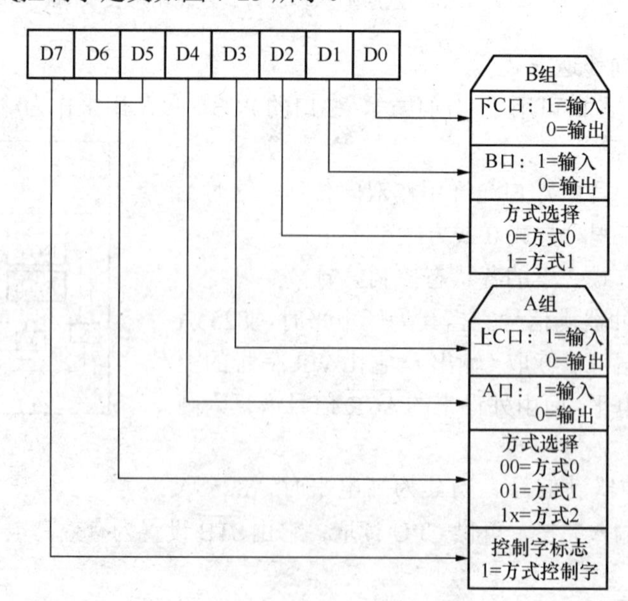

图 7-23　8255A 工作方式控制字

用户可对8255A的C口按位进行"置位/复位"操作，其控制字定义如图7-24所示。

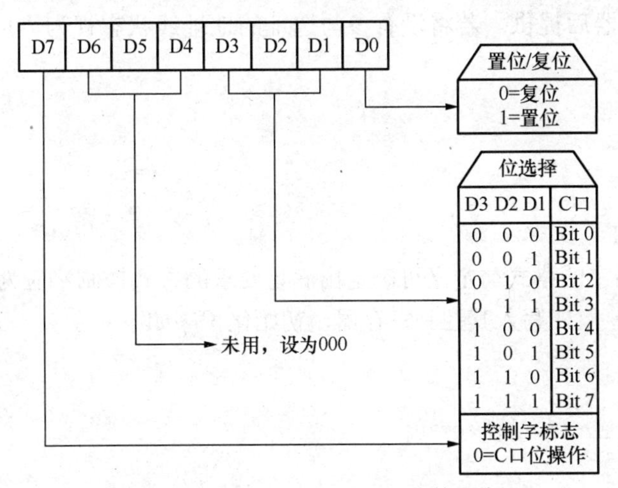

图7-24　8255A C口置位/复位控制字

5. 51单片机与8255A的接口方法

51单片机与8255A的接口方法非常简单，一般仍遵循总线式连接。因为8255A芯片内部无地址锁存功能，所以口地址选择线A1、A0应分别由51单片机P0.1和P0.0经地址锁存器后提供。$\overline{CS}$端可经译码电路获得。如果使用全译码电路，则电路较为复杂。所以常采用部分译码或线译码。这样，每个口地址可能会占用大量的地址空间，造成了地址空间的较大浪费。8255A的复位端与单片机的复位端相连，均接至单片机复位电路上。

【例7-8】 试对图7-25所示电路中的8255A进行编程设置，使其各口工作于方式0，A口作为输出，B口作为输出，C口高4位作为输出，C口的低4位作为输入。

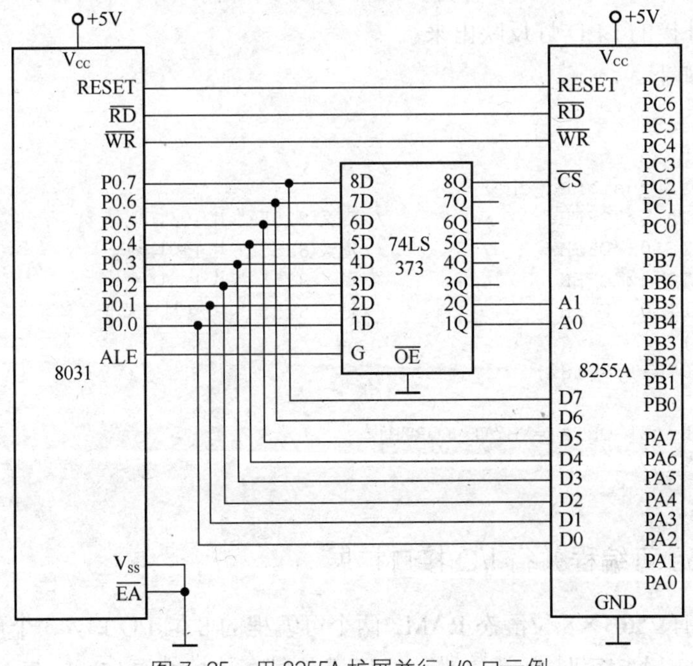

图7-25　用8255A扩展并行I/O口示例

分析：图 7-25 中的片选信号 $\overline{CS}$ 及口地址选择线 A1、A0 分别由 51 单片机的 P0.7、P0.1 和 P0.0 经地址锁存器后提供。若将没有参与选址的地址线状态视为“1”，则 8255A 相应口地址分别如下。

A 口：FF7CH

B 口：FF7DH

C 口：FF7EH

控制口：FF7FH

由方式选择控制字的格式与定义可确定出满足要求的方式控制字应为 81H（10000001B）。对 8255A 编写程序将 81H 写入其控制寄存器，初始化程序如下。

```
#include <reg51.h>
#include <absacc.h>
#define PORT_CTL XBYTE[0xFF7F]
int main(void)
{
        PORT_CTL=0x81;//设定 A、B 两组工作在方式 0，A 和 B 都是输出口
        PORT_A=0xC0; //写“0”字型到 8255A 的 A 端口，送数码管显示
        PORT_B=0xF9; //写“1”到 8255A 的 B 端口，送数码管显示
        while(1) ;
}
```

因为图 7-25 所示的扩展电路中未使用高位地址线，所以也可以使用 8 位端口地址。使用 8 位地址时，图 7-25 中 8255A 的 A、B、C 口及控制口地址分别为 7CH、7DH、7EH、7FH。

【例 7-9】在 8255 与 8051 单片机的接口电路中，8255 的片选信号 $\overline{CS}$ 连接到 8051 的 P2.7 端，端口地址选择信号 A1、A0 连接至 P2.1 和 P2.0。根据定义可知，8255 的 PA、PB、PC 口地址分别为 7CFFH、7DFFH、7EFFH、7FFFH。

要求：8255 的 PA 口按方式 0 输出，PB 口按方式 0 输入，并将 PB 口外接的 8 个开关的状态通过 PA 口外接的 LED 灯反映出来。

C 语言程序如下。

```
#include <reg52.h>
#include <absacc.h>
#define uchar unsigned char
#define PORTA 0x7CFFH                //定义 8255 芯片 PA 口地址
#define PORTB 0x7DFFH                //定义 8255 芯片 PB 口地址
#define PORTC 0x7EFFH                //定义 8255 芯片 PC 口地址
#define CTRPT 0x7FFFH                //定义 8255 芯片控制口地址
void main( )
{     XBYTE[CTRPT]=0x82;
      while(1)
      {     XBYTE[PORTA]=XBYTE[PORTB];
      }
}
```

7.4.3 8155 可编程并行 I/O 接口扩展

8155 芯片含有 256B×8 位静态 RAM，两个可编程的 8 位 I/O 口，一个可编程的 6 位 I/O 口，一个可编程的 14 位定时器/计数器。8155 芯片具有地址锁存功能，与 MCS-51 单片机接

口简单，是单片机应用系统中广泛使用的芯片。

1．8155的结构与引脚

8155的结构与引脚图如图7-26所示。

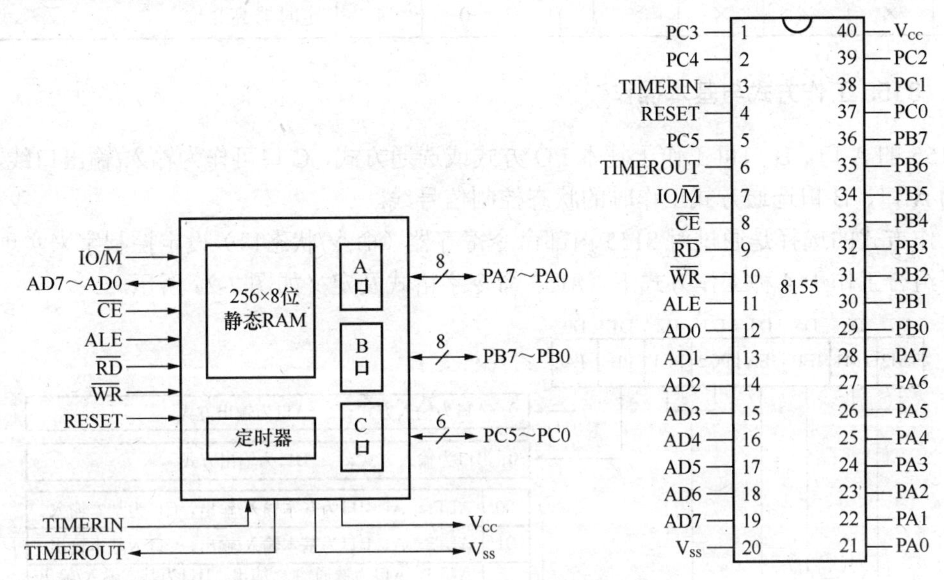

图7-26　用8155芯片内部结构及引脚图

AD0～AD7为地址/数据总线，单片机和8155之间的地址、数据、命令、状态等信息都是通过这个总线口传送的。

ALE为地址锁存信号，在ALE的下降沿将单片机P0口的低8位地址信息以及$\overline{CE}$、IO/$\overline{M}$的状态都锁存到8155的内部寄存器中。

IO/$\overline{M}$为I/O口和片内RAM的选择端。若IO/$\overline{M}$为0，则对8155片内的RAM进行读写，AD0～AD7上的地址用于选择片内RAM单元；若IO/$\overline{M}$为1，则对8155的I/O口进行操作，AD0～AD7上的地址用于选择I/O口地址。

$\overline{CE}$为片选信号线；$\overline{RD}$、$\overline{WR}$为读写控制线。

2．8155的RAM和I/O口编址

8155在单片机应用系统中是按外部数据存储器统一编址的，地址为16位，其高8位地址由片选线$\overline{CE}$提供，低8位地址为片内地址。当IO/$\overline{M}$=0时，对RAM进行读/写操作，RAM低8位地址为00H～FFH；当IO/$\overline{M}$=1时，对I/O口进行读/写操作，I/O口及定时器由AD0～AD2进行寻址。其编址如表7-6所示。

表7-6　8155的RAM和I/O口编址

AD7	AD6	AD5	AD4	AD3	AD2	AD1	AD0	端　口
×	×	×	×	×	0	0	0	命令状态寄存器（命令/状态口）
×	×	×	×	×	0	0	1	PA口
×	×	×	×	×	0	1	0	PB口

续表

AD7	AD6	AD5	AD4	AD3	AD2	AD1	AD0	端　口
×	×	×	×	×	0	1	1	PC 口
×	×	×	×	×	1	0	0	定时器低 8 位
×	×	×	×	×	1	0	1	定时器高 8 位

3．8155 工作方式与基本操作

8155 的 A 口、B 口可工作于基本 I/O 方式或选通方式，C 口可作为输入/输出口线，也可以作为 A 口、B 口选通方式工作时的状态控制信号线。

工作方式的选择是通过对 8155 内部命令寄存器（命令/状态口）设定控制字来实现的。3 个口可组合工作于 4 种工作方式下。8155 命令字格式及定义如图 7-27 所示。

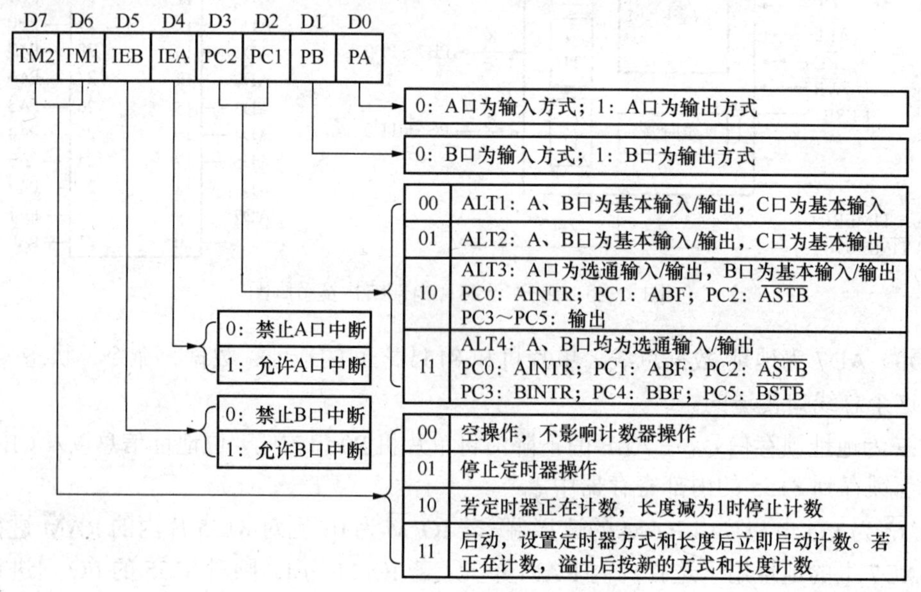

图 7-27　8155 接口芯片命令字格式

4．8155 选通工作方式

8155 在选通工作方式的状态控制信号逻辑组态如图 7-28 所示。

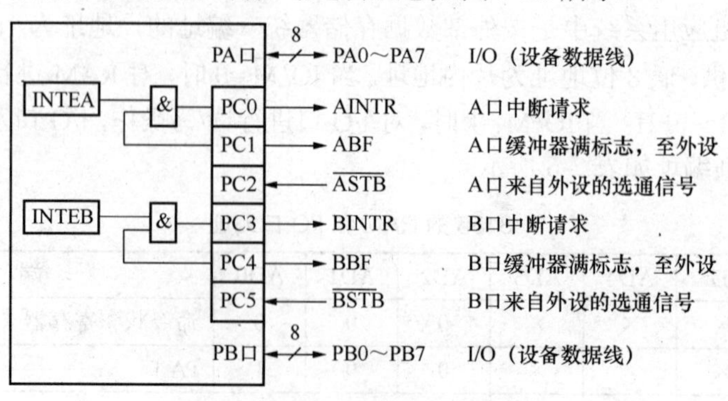

图 7-28　8155 选通方式控制逻辑

8155选通方式下各信号的含义如下。

（1）BF：缓冲器满信号。缓冲器有数据时，BF为高电平，否则为低电平。

（2）$\overline{STB}$：外设来的选通信号。当其为低电平时，将从外设输入数据。也可认为是外设的应答信号。

（3）INTR：中断请求信号。当8155的A口或B口缓冲器接收到外设来的数据或者外设从8155缓冲器取走数据时，INTR为高电平（命令寄存器相应中断允许位为1），向单片机申请中断，单片机对8155相应I/O口执行一次读/写操作后，INTR变为低电平。

5．8155接口I/O口状态查询

8155有一个状态寄存器，锁定I/O口和定时器的当前状态，供单片机程序查询用。状态寄存器和命令寄存器共享一个地址，它只能读出而不能写入。所以也可认为8155的00H口是命令/状态寄存器，对其执行写入操作时为命令寄存器，执行读出操作时是状态寄存器。

状态寄存器的格式如图7-29所示，它们表示了8155的各I/O口作为选通输入/输出时的状态以及定时器的工作状态。

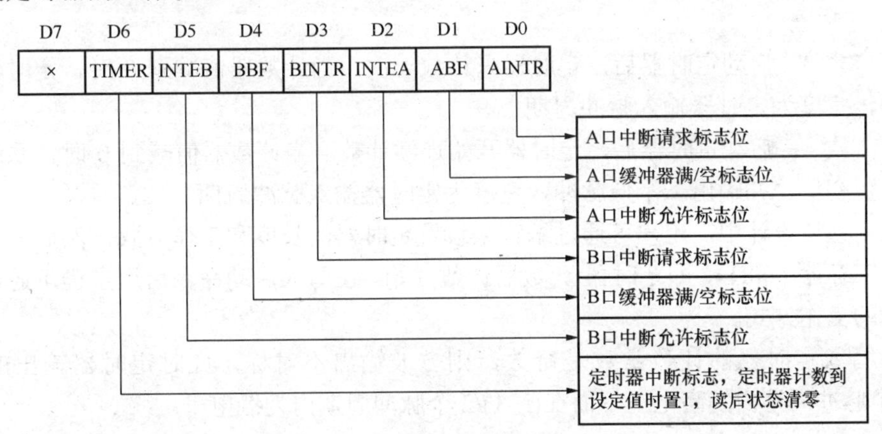

图7-29 8155状态寄存器格式

6．8155内部的定时器/计数器

8155片内有一个14位的减法计数器，可对输入脉冲进行减1计数。外部有两个定时器引脚：TIMERIN、TIMEROUT。TIMERIN端为外部计数脉冲输入端；TIMEROUT为定时器输出端，可按照设定输出各种脉冲波形。

定时器的高6位、低8位计数器和输出方式由8155内部端口04H、05H（寄存器）确定，如图7-30所示。

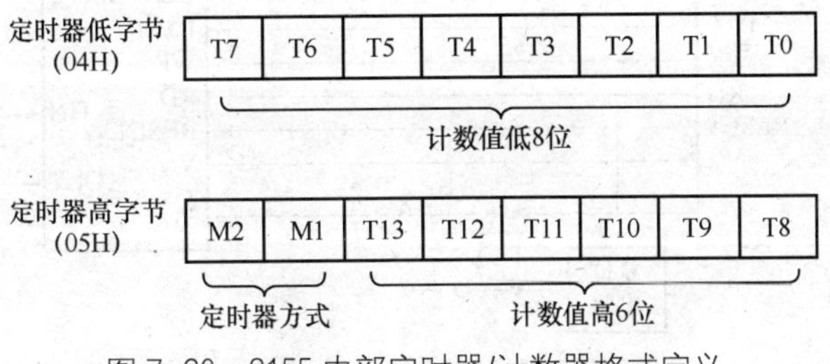

图7-30 8155内部定时器/计数器格式定义

8155定时器/计数器输出方式如表7-7所示。

表7-7　　8155定时器/计数器输出方式

定时器高字节		输出方式	定时器输出波形
D7	D6		
0	0	单个方波	
0	1	连续方波	
1	0	单个脉冲	
1	1	连续脉冲	

8155定时器/计数器4种工作方式如下。

（1）方式1：启动定时器后，定时器只计一次数。在给定的计数长度的前半部分，定时器输出为高电平，计数的后半部分输出为低电平，当计数器减到0时，输出为高电平。

（2）方式2：启动定时器后，定时器开始连续计数。当计数值减到0时，系统自动重新装入计数初值。在一个计数周期内，前半部分输出高电平，后半部分输出低电平，所以输出为矩形波。

（3）方式3：启动定时器后，定时器只计数一次。当计数器值减到0时，定时器输出一个低脉冲，宽度为定时器输入脉冲周期。

（4）方式4：启动定时器后，定时器开始连续计数。当计数器值减到0时，系统自动重新装入计数初值，并输出一个低脉冲，宽度为定时器输入脉冲周期。

在应用系统设计中，用户可通过编程来设置定时器的长度和工作方式，然后将启动命令写入命令寄存器（00H），即定时器/计数器计数开始。在写入启动命令后用户仍可通过程序改变计数器的工作方式。

如果写入定时器的计数常数是奇数，则方波输出不对称，此时定时器输出的方波在$(N+1)/2$个脉冲周期内为高电平，而在$(N-1)/2$个脉冲周期内为低电平。

7．8155与51单片机的扩展连接

图7-31所示为8155与51单片机的扩展连接。

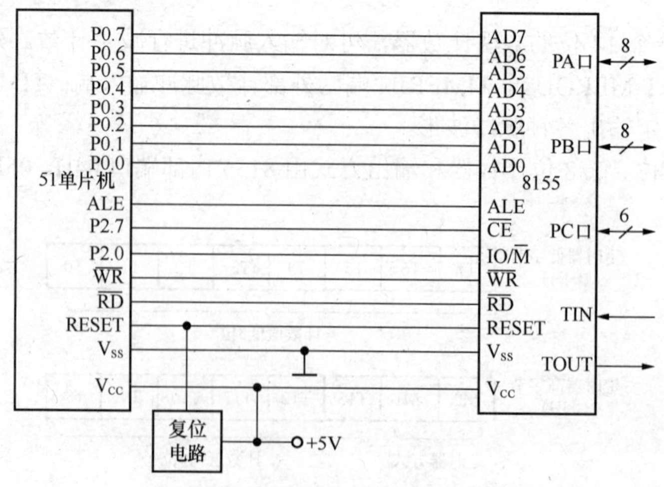

图7-31　8155与51单片机接口示例

由图7-31可知，8155芯片内部各器件所占的地址如下。

（1）RAM端口地址：7E00H～7EFFH

（2）I/O端口地址

```
命令/状态口:     7F00H
PA口:            7F01H
PB口:            7F02H
PC口:            7F03H
```

（3）定时器低字节：7F04H；定时器高字节：7F05H

【例7-10】 令8155用作I/O口和定时器工作方式，A口定义为基本输入方式，B口为基本输出方式，定时器为方波发生器，对输入脉冲进行24分频（8155中定时器最高计数频率为4MHz），则相应的程序如下。

C语言程序如下。

```
#include <reg52.h>
#include <absacc.h>
#define uchar unsigned char
#define CTRPT 0x7F00H          //命令状态口地址
#define CTL 0x7F04H            //指向定时器低字节地址
#define CTH 0x7F05H            //指向定时器高字节地址

void main( )
{    XBYTE[CTL]=0x18;          //计数器常数0018H=24
     XBYTE[CTH]=0x40;          //置定时器方式为连续方波输出（01000000B）
     XBYTE[CTRPT]=0X0C2;       //向命令/状态口送方式控制字，并启动定时器
     while(1);
}
```

7.4.4 用TTL芯片扩展简单I/O接口

在MCS-51单片机应用系统中，采用TTL或CMOS锁存器、三态门芯片，通过P0口可以扩展各种类型简单的输入/输出接口。P0口是系统的数据总线口，通过P0口扩展I/O口时，P0口只能分时使用，故输出时接口应具有锁存功能；输入时，视数据是常态还是暂态的不同，接口应能三态缓冲，或锁存选通。

不论是锁存器，还是三态门芯片，都只具有数据线和锁存允许及输出允许控制线，而无地址线和片选信号线。而扩展一个I/O口，相当于一个片外存储单元。CPU对I/O口的访问，要以确定的地址，用MOVX指令来进行。

1．用锁存器扩展输出口

用锁存器扩展输出接口，如图7-32所示。

74LS377是带有输出允许控制端的8D锁存器，有8个输入端（1D～8D），8个输出端（1Q～8Q），1个时钟控制端CLK，1个锁存允许端$\overline{E}$。当$\overline{E}$=0时，CLK的上升沿将D端输入的8位数据输入锁存器，并得以保持。在图7-32中CLK与$\overline{WR}$相连，作为写（输出）控制端；$\overline{E}$与单片机的地址选择线P2.7相连，作为寻址端。如此连接的输出口地址是P2.7=0的任何16位地址，如7FFFH可作为该口的地址。

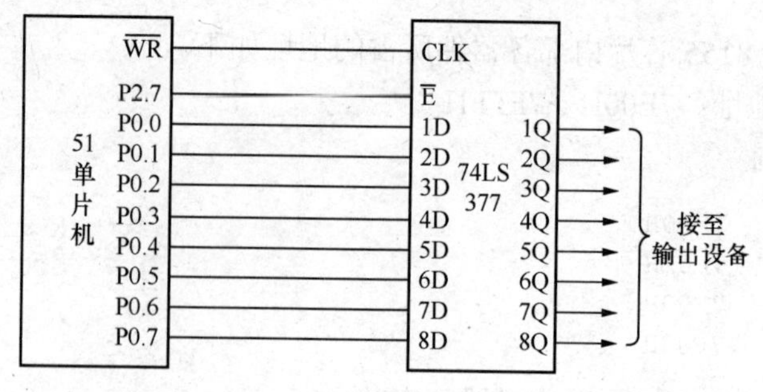

图 7-32　用锁存器扩展输出接口

2. 用锁存器扩展输入口

用锁存器扩展输入接口，如图 7-33 所示。

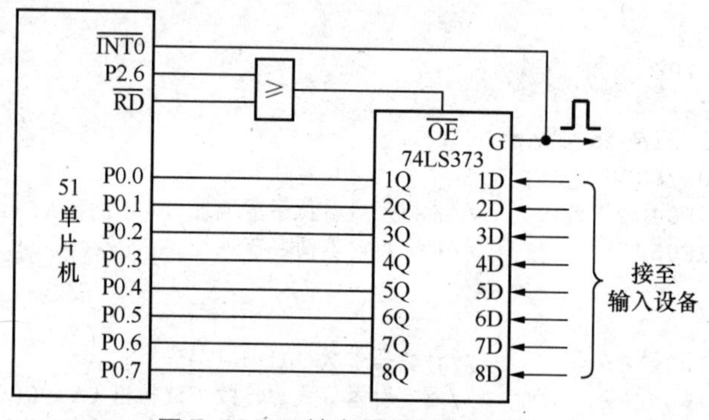

图 7-33　用锁存器扩展输入接口

图 7-33 中外设向 CPU 发送数据采用的是中断方式（也可采用查询方式），此时应有一个选通信号连到 74LS373 的锁存端上，在选通信号的下降沿将数据锁存，同时向单片机发出中断请求。

在中断服务程序中，从 P0 口读取锁存器中的数据。单片机的地址线 P2.6 和 $\overline{\text{RD}}$ 相“或”形成一个既有寻址作用又有读控制作用的信号线与 71LS373 的输出允许控制端相连。所以 74LS373 的口地址是 P2.6 为 0 的任意 16 位地址，如 BFFFH。

3. 用三态门扩展输入口

对慢速外设输出的数据，可视为常态数据。单片机扩展输入口时，可采用三态缓冲器芯片，如图 7-34 所示。

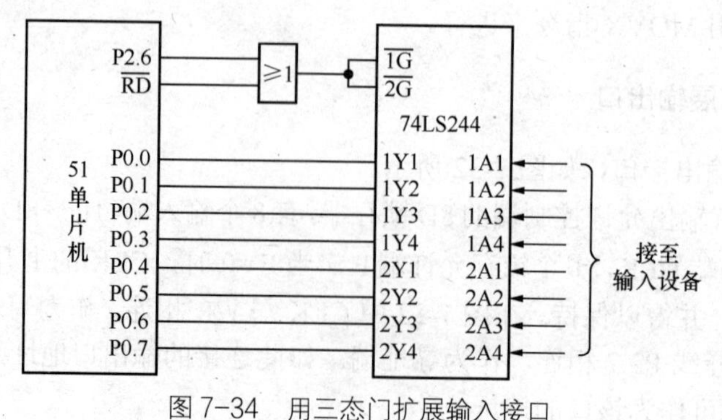

图 7-34　用三态门扩展输入接口

图 7-34 中，74LS244 作为 8 位输入口，可将$\overline{1G}$、$\overline{2G}$并接起来作为三态门控制端，用 P2.6 和 RD 相“或”形成一个既可寻址又能进行读控制的信号，与三态门控制端相连。可见，该电路中 74LS244 的口地址为 P2.6 为 0 的任意 16 位地址，如 BFFFH。

4．用 TTL 芯片扩展多个输入/输出口

前面的几种 I/O 扩展都是一个 8 位口的扩展，用一条地址线进行寻址，这样每个口都会有多个重叠的地址，造成地址空间的浪费。可以使用多片锁存器或三态门来扩展多个 I/O 口，使用地址译码器进行寻址。

图 7-35 所示是用两片 74LS377 和两片 74LS244 分别扩展两个输出口和两个输入口的示例。图 7-35 中采用 74LS138 译码器的输出作为各扩展口的寻址选通端和读/写控制线。

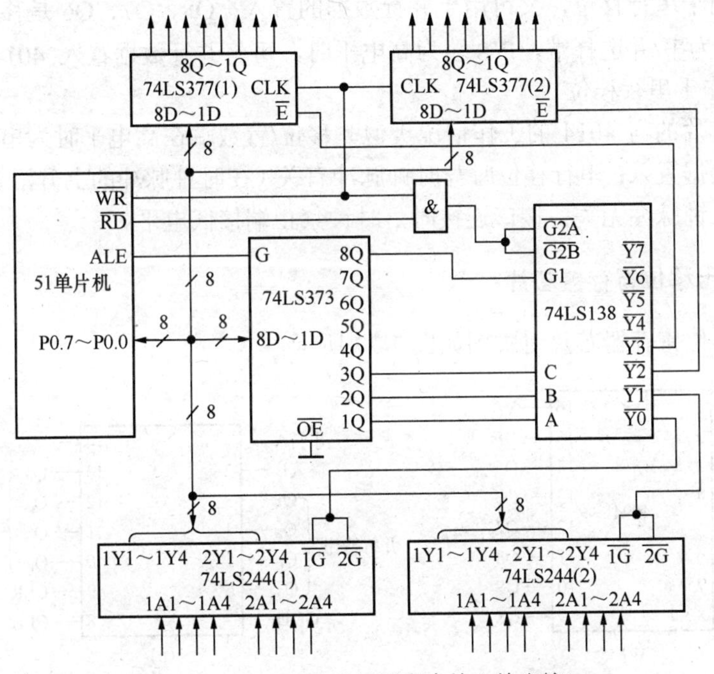

图 7-35　用 TTL 芯片扩展多个输入输出接口

7.5　用串行口扩展并行 I/O 口

MCS-51 单片机的串行口在方式 0（移位寄存器方式）下，使用移位寄存器芯片可以扩展一个或多个并行 I/O 口。扩展并行输入口时，可用并入串出移位寄存器芯片，如 CMOS 芯片 4014 和 74LS165 芯片；扩展并行输出口时，可用串入并出移位寄存器芯片，如 CMOS 芯片 4094 和 74LS164 芯片。

1．并入串出移位寄存器芯片

并入串出移位寄存器芯片引脚图如图 7-36 所示。

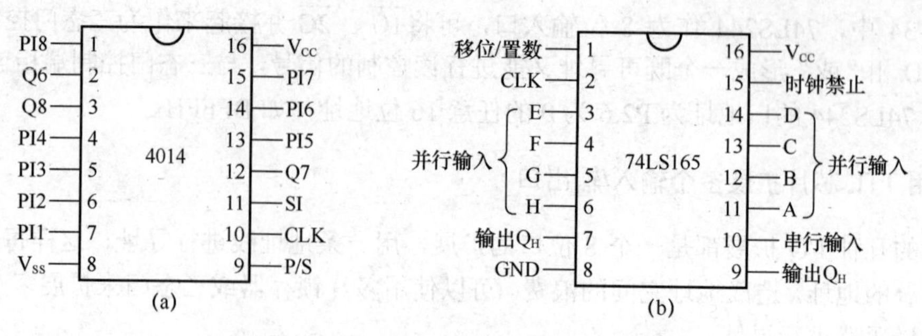

图 7-36　并入串出移位寄存器芯片引脚图

4014 的 PI1～PI8 是 8 位并行数据输入端；SI 为串行数据输入端；CLK 为时钟脉冲端，该脉冲端既可用于串行移位，又可用于并行数据的置入；Q8、Q7、Q6 是移位寄存器高 3 位输出端；P/$\overline{S}$ 端为串/并选择端，P/$\overline{S}$ 端为高电平时，可将并行数据置入 4014，P/$\overline{S}$ 端为低电平时，4014 工作于串行移位。

74LS165 芯片的与 4014 的工作情况类似。移位/置数端在高电平时为串行移位，而在低电平时为并行数据置入；串行移位时与时钟脉冲有关（在时钟脉冲的上升沿实现），但是并行数据置入时与时钟脉冲无关；接口连接时，时钟禁止端接低电平。

2．串入并出移位寄存器芯片

串入并出移位寄存器芯片引脚图如图 7-37 所示。

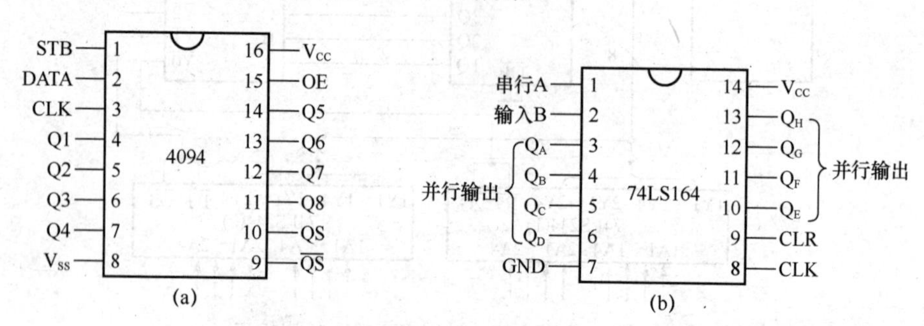

图 7-37　串入并出移位寄存器芯片引脚图

4094 芯片中的 Q1～Q8 是 8 位并行数据输出端；DATA 是串行数据输入端；CLK 为时钟脉冲端，该脉冲端既用于串行移位，又可用于数据的并行输出；QS、$\overline{QS}$、Q8 是移位寄存器最高位输出端；OE 是并行输出允许端；STB 是选通端，STB 为高电平时，4094 选通移位，STB 为低电平时，4094 可并行输出。

74LS164 与 4094 的使用类似。

3．用串行口扩展并行输入口

图 7-38 中两个 4014 芯片从外设并行接收数据，单片机通过串行口从 4014 的 Q8 端串行读入数据。串行口工作于方式 0 下，P3.1（TXD）提供同步移位脉冲，与 4014 的时钟端 CLK 相连，使 4014 并行输入的数据能够串行输入到单片机的串行数据接收端 P3.0（RXD）上。

4014（1）上每移出一位数据的同时，4014（2）会将一位数据自其Q8端移入到4014（1）的SI端上。这样，单片机串行口接收到的第1个8位数据为4014（1）上并行输入的数据，而接收到的第2个8位数据则为4014（2）上并行输入的数据。

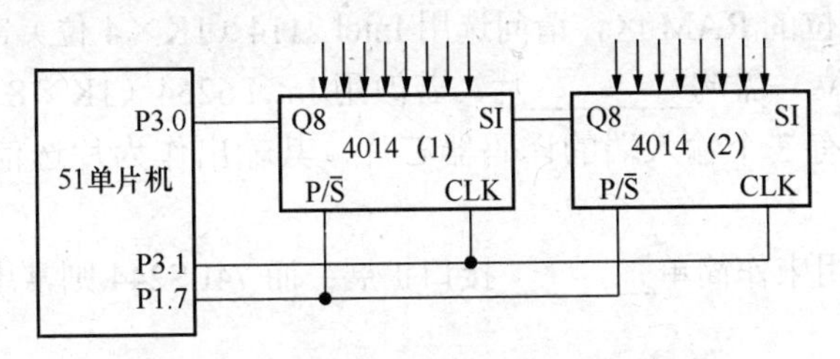

图7-38 用串行口扩展并行输入口示例

两片4014的P/$\overline{S}$端接单片机的P1.7口。当P/$\overline{S}$端为1时，并于并行置入数据；当P/$\overline{S}$端为0时，在SLK脉冲的作用下进行串行移位。

4．用串行口扩展并行输出口

按图7-39所示连接，当STB端为高电平时，单片机串行口发送数据到4094（1）中，第1个8位数据发送完毕后，紧接着发送第2个数据时，每发送一位，4094（1）中的一位数据自Q8就移向4094（2）。这样发送完两个8位数据后，第1个发送的数据就移入到4094（2）中，第2个发送的数据在4094（1）中。此时，只要置STB端为低电平，在一个时钟上升沿的作用下，可将两个8位数据从扩展口输出。

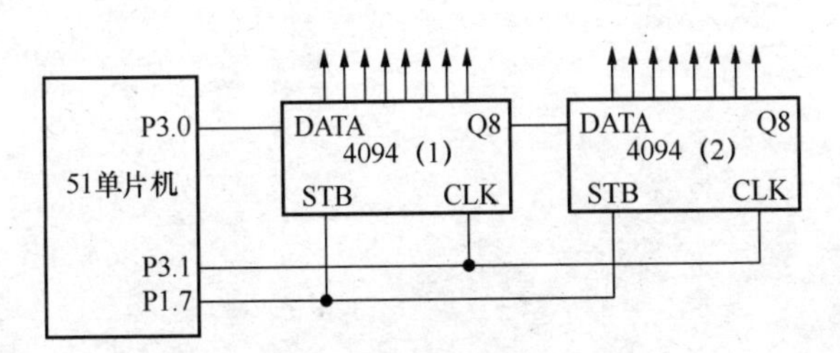

图7-39 用串行口扩展并行输出口示例

从上述两种扩展示例可以看出，在串行口用移位寄存器方式扩展并行I/O口时，除使用单片机一根I/O口线外，不再耗费其他任何资源。扩展的I/O口不占用片外数据存储器的地址，而且扩展连接十分简单。

但是，扩展口与外设的数据传送是并行的，而单片机与扩展口的数据传输是串行的，所以数据传输的速度比较慢。

习题与思考题

一、填空题

1．8051单片机扩展I/O口时占用片外________存储器的地址。

2．8051单片机$\overline{PSEN}$控制________存储器读操作。

3．8051 单片机访问片外存储器时利用________信号锁存来自________口的低 8 位地址信号。

4．12 根地址线可选________个存储单元，32KB 存储单元需要________根地址线。

5．欲增加 8K×8 位的 RAM 区，请问选用 Intel 2114（1K×4 位）需购________片；若改用 Intel 6116（2K×8 位）需购________片，若改用 Intel 6264（1K×8 位）需购________片。

6．74LS138 是具有 3 个输入端的译码器芯片，其输出作为片选信号时，最多可以选中________块芯片。

7．74LS373 通常用来作简单________接口扩展；而 74LS244 则常用来作简单________接口扩展。

8．片选方式通常有 3 种形式：________、________、________。

二、简答题

1．简述单片机并行扩展外部存储器时三总线连接的基本原则。

2．什么是全译码？什么是部分译码？什么是线选法？有什么特点？

3．画出利用线选法，用 3 片 2764A 扩展 24K×8 位 EPROM 的电路图。分析每个芯片的地址范围。

4．采用 2114 芯片在 8031 片外扩展 1 KB 数据存储器，并分析地址范围。

第8章 键盘接口技术

在单片机应用系统中，通常都要有人机对话功能。它包括人对应用系统的状态干预、数据的输入以及应用系统向人报告运行状态与运行结果等。

对于需要人工干预的单片机应用系统，键盘就成为人机联系的必要手段，此时须配置适当的键盘输入设备。键盘电路的设计应使CPU不仅能识别是否有按键按下，还要能识别是哪一个键按下，而且能把此键所代表的信息翻译成计算机所能接收的形式，如ASCII码或其他约定的编码。

计算机常用的键盘有全编码键盘和非编码键盘两种。全编码键盘能够由硬件逻辑自动提供与被按键对应的编码。此外，一般还具有去抖动和多键、窜键保护电路。这种键盘使用方便，但需要专门的硬件电路，价格较高，一般单片机应用系统较少采用。

非编码键盘分为独立式键盘和矩阵式键盘。硬件上此类键盘只提供通、断两种状态，其他工作（如去抖动、键值编码等）都需要靠软件完成。由于其经济实用，目前在单片机应用系统中多采用这种方法。本节着重介绍非编码键盘接口。

8.1 键盘接口技术

8.1.1 键盘工作原理

1. 键输入原理

键盘是一组按键的集合，键盘中的每个按键都是一个常开的开关电路，当所设置的功能键或数字键按下时，则处于闭合状态。对于一组键或一个键盘，需要通过接口电路与单片机相连，以便将键的开关状态通知单片机。单片机可以采用查询或中断方式检查有无键输入以及是哪一个键按下，并转入执行该键的功能程序，执行完再返回到原始状态。

2. 键输入接口与软件应解决的问题

（1）键开关状态的可靠输入

目前，无论是按键还是键盘，大部分都是利用机械触点的合、断作用。机械触点在闭合及断开瞬间由于弹性作用的影响，均存在抖动过程，从而使电压信号也出现抖动，如图 8-1 所示。抖动时间长短与开关的机械特性有关，一般为 5～10ms。

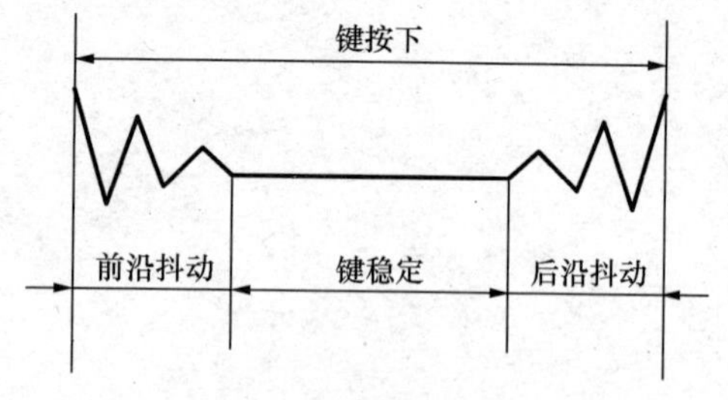

图 8-1　键闭合及断开时的电压波动

按键的闭合稳定时间，由操作人员的按键动作所确定，一般为十分之几到几秒的时间。为了保证 CPU 对键的一次闭合仅做一次键输入处理，就必须去除抖动的影响。

通常去抖动影响的方法有硬件和软件两种。在硬件上，采取在键输出端加 R-S 触发器或单稳态电路构成去抖动电路。在软件上采取的措施是：在检测到有键按下时，执行一个 10ms 左右的延时程序后，再判断该键电平是否仍保持闭合状态电平，若仍保持为闭合状态电平，则确认该键处于闭合状态，否则认为是干扰信号，从而去除了抖动影响。为简化电路，通常采用软件方法。

（2）对按键进行编码以给定键值或直接给出键号

任何一组按键或键盘都要通过 I/O 口线查询按键开关状态。根据不同的键盘结构，采用不同的编码方法。但无论有无编码以及采用什么编码，最后都要通过程序转换为与按键功能相对应的键值，以实现按键功能程序的调用，因此，一个完善的键盘控制程序应能完成下述任务。

① 监测有无键按下。

② 有键按下后，在无硬件去抖动电路时，应采用软件延时方法去除抖动影响。

③ 有可靠的逻辑处理办法，例如，按键长时间按下时如何处理、多个按键同时按下时如何处理等。

④ 输出确定的键号以满足按键功能程序的调用。

8.1.2　独立式键盘接口

独立式按键就是各按键相互独立、每个按键各接一根单片机输入口线，一根输入线上的按键是否按下不会影响其他输入线上的工作状态。因此，通过检测输入线的电平状态可以很容易判断哪个按键被按下了。独立式按键电路配置灵活，软件结构简单。但每个按键需占用一根输入口线，在按键数量较多时，输入口浪费大，电路结构显得很繁杂，故此种键盘适用于按键较少或操作速度要求较高的场合。

图 8-2 是直接与单片机的 I/O 连接的独立式按键接口的工作电路，通过读取 I/O 接口判断引脚的电平状态，即可识别出按下的按键。

上述独立式按键电路中，各按键开关均连接了上拉电阻，这是为了保证在按键断开时，各 I/O 接口有确定的高电平，当然，如果连接的输入口内部集成有上拉电阻，则外部电路中的上拉电阻可以省去。下面采用查询式方式进行编程，方法是：先逐位查询每条 I/O 接口线的输入状态，如某一条 I/O 接口线输入为低电平，则可确认该 I/O 接口线所对应的按键已按下，然后再转向该键的功能处理程序。

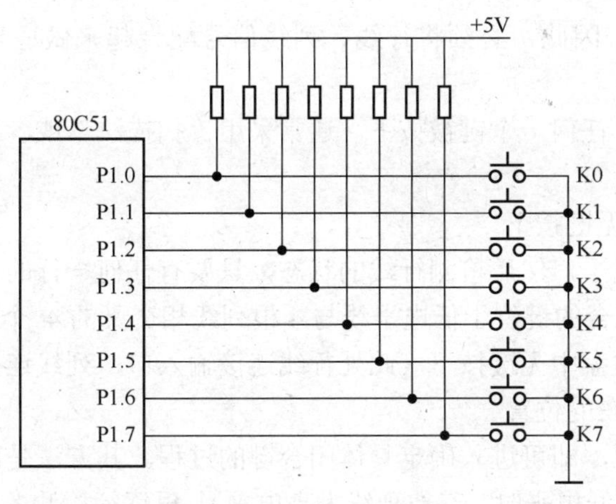

图 8-2　独立式按键

8.1.3　矩阵式键盘接口

1. 矩阵式键盘工作原理

什么是矩阵式键盘？当键盘中按键数量较多时，为了减少 I/O 口线的占用，通常将按键排列成矩阵形式，如图 8-3 所示。

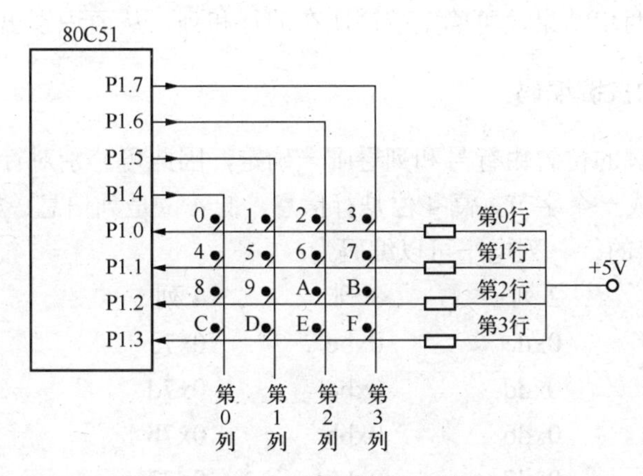

图 8-3　矩阵式键盘电路

在矩阵式键盘中，每条水平线和垂直线在交叉处不直接连通，而是通过一个按键加以连接。这样做有什么好处呢？很明显，图 8-2 中只使用了单片机的一个并行口，就可以连接 4×4=16 个按键，比独立式按键连接多出了一倍，而且线数越多，区别就越明显。例如，再多加一条线就可以构成 20 键的键盘，而直接用端口线则只能多出一个键（9 键）。由此可见，在需要的按键数量比较多时，采用矩阵法来连接键盘是非常合理的。

矩阵式键盘中，行、列线分别连接到按键开关的两端，行线通过上拉电阻接到+5V 上。当无键按下时，行线处于高电平状态；当有键按下时，行、列线将导通，此时，行线电平将由与此行线相连的列线电平决定。这一点是识别矩阵按键是否被按下的关键。然而，矩阵键盘中的行线、列线和多个键相连，各按键按下与否均影响该键所在行线和列线的电平，各按键间将相互影响，因此，必须将行线、列线信号配合起来做适当处理，才能确定闭合键的位置。

确定矩阵式键盘上任何一个键被按下，通常采用“扫描法”或者“线反转法”。

（1）扫描法

① 判断键盘中有无键按下

将全部列线置低电平，然后检测行线的状态，只要有任何一行的电平为低，则表示键盘中有键被按下，而且闭合的键位于低电平线与 4 根列线相交叉的 4 个按键之中；若所有行线均为高电平，则表示键盘中无键按下（此处行线连接输入口，列线连接输出口）。

② 判断闭合键所在的位置

在确认有键按下后，即可进入确定具体闭合键的过程。其方法是：依次将列线置为低电平（即在置某根列线为低电平时，其他列线为高电平），再逐行检测各行线的电平状态，若某行为低，则该行线与置为低电平的列线交叉处的按键就是闭合的按键。

（2）线反转法

线反转法要求单片机连接列线和行线的 I/O 口为双向口（可以用作输入也用作可以输出）。

① 第 1 步：将列线 P1.4～P1.7 作为输入线，行线 P1.3～P1.0 作为输出线，并将输出线输出全为低电平，读列线状态，则列线中电平为低的是按键所在的列。

② 第 2 步：将行线作为输入线，列线作为输出线，并将输出线输出为低电平，读行线状态，则行线中电平为低的是按键所在的行。

③ 综合第 1、2 两步结果，可确定按键所在的行和列，从而识别出所按下的键。

2．矩阵式键盘的按键编码

矩阵式键盘中按键的位置由行号和列号唯一确定，因此可分别对行号和列号进行二进制编码，然后将两值合成一个字节，高 4 位是行信息，低 4 位是列信息。如图 8-3 中的 16 个按键根据按键位置 P1 口的行、列电平可以编码为：

	1 列	2 列	3 列	4 列
第 1 行：	0xee	0xde	0xbe	0x7e
第 2 行：	0xed	0xdd	0xbd	0x7d
第 3 行：	0xeb	0xdb	0xbb	0x7b
第 4 行：	0xe7	0xd7	0xb7	0x77

也可以根据按键的排列顺序，用序号（0～F）作为按键的编码。如图 8-3 中键号是按从左到右、从上到下的顺序编排，按这种编排规律则键码的计算公式为：

闭合按键键值（0～F）= 行号×4＋列号

3．键盘的工作方式

键盘的工作方式有 3 种，即程序控制扫描、定时扫描和中断扫描方式。

（1）程序控制扫描方式

程序控制扫描方式是利用 CPU 完成其他工作后的空闲时间，调用键盘扫描子程序来响应键盘输入的要求。在执行键功能程序时，CPU 不再响应键输入要求，直到 CPU 重新扫描键盘为止。

键盘扫描程序一般应包括以下内容。

① 判别有无键按下。

② 键盘扫描取得闭合键的行、列值。

③ 用计算法或查表法得到键值。

④ 判断闭合键是否释放，如没释放则继续等待。

⑤ 将闭合键键号保存，同时转去执行该闭合键的功能。

（2）定时扫描方式

定时扫描方式就是每隔一段时间对键盘扫描一次，它利用单片机内部的定时器产生一定时间（如 10ms）的定时，当定时时间到就产生定时器溢出中断，CPU 响应中断后对键盘进行扫描，并在有键按下时识别出该键，再执行该键的功能程序。

（3）中断扫描方式

键盘工作在程序控制扫描方式时，当无键按下时，CPU 要不间断地扫描键盘，直到有键按下为止。如果 CPU 要处理的事情很多，这种工作方式将不能适应。定时扫描方式只要定时时间到，CPU 就去扫描键盘，工作效率有了进一步的提高。由此可见，这两种方式常使 CPU 处于空扫状态，而中断扫描方式下，当无键按下时，CPU 处理自己的工作，当有键按下时，产生中断请求，CPU 转去执行键盘扫描子程序，并识别键号。中断扫描方式可以提高 CPU 工作效率。图 8-4 所示为中断方式键盘接口电路。

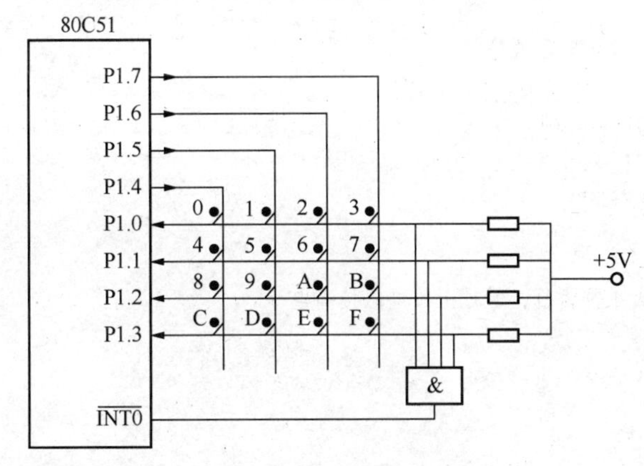

图 8-4　中断扫描方式

下面给出程序控制扫描方式的矩阵键盘按键处理程序。

本例中用 51 单片机的 P1 口如图 8-5 所示连接矩阵键盘，按键编码如下。

	1 列	2 列	3 列	4 列
第 1 行：	0xee	0xde	0xbe	0x7e
第 2 行：	0xed	0xdd	0xbd	0x7d
第 3 行：	0xeb	0xdb	0xbb	0x7b
第 4 行：	0xe7	0xd7	0xb7	0x77

当用户按下某个按键时，用单片机的 P2 口通过数码管显示 0～F 的 16 进制数字，数码管的知识还没有介绍，相关的代码较为简单，并不影响阅读理解。

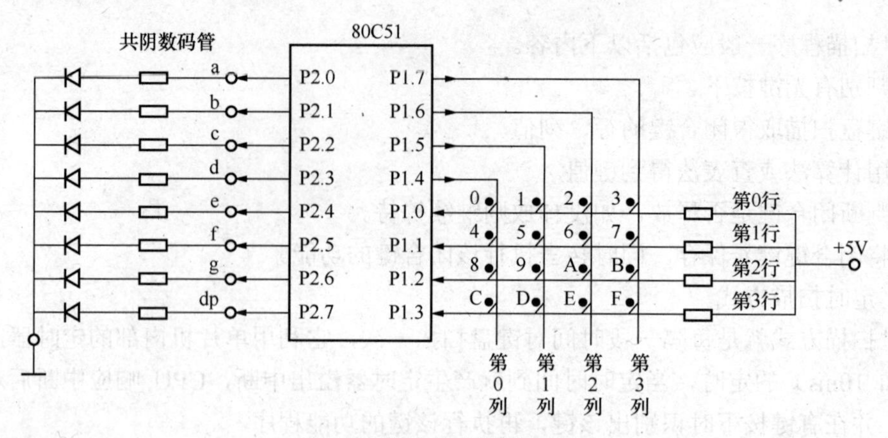

图 8-5 矩阵键盘例程电路图

```
#include<reg51.h>

void key_invert();    //线反转法子程序声明
void key_scan();      //扫描转法子程序声明

//数码管显示段码表
unsigned char seg_table[]={0x3f,0x06, 0x5b,0x4f,0x66,0x6d,0x7d,0x07,0x7f,0x6f,
                          0x77,0x7c,0x39,0x5e,0x79,0x71,0x00};

void delay()    //延时子程序
{
     unsigned int counter;
     counter=200;
     while(counter--);
}

//P1 高 4 位为列，低 4 位为行，通过上拉电阻接高电平
void main()
{
     while(1)
     {
      key_invert();    //线反转法
      key_scan();        //列扫描法
     }
}

void display(unsigned key)  //显示键值子程序
{
     switch(key)
     {
              case 0xee:P2=seg_table[0];break;        //显示 0
              case 0xde:P2=seg_table[1];break;        //显示 1
              case 0xbe:P2=seg_table[2];break;        //显示 2
              case 0x7e:P2=seg_table[3];break;        //显示 3

              case 0xed:P2=seg_table[4];break;        //显示 4
```

```
            case 0xdd:P2=seg_table[5];break;       //显示5
            case 0xbd:P2=seg_table[6];break;       //显示6
            case 0x7d:P2=seg_table[7];break;       //显示7

            case 0xeb:P2=seg_table[8];break;       //显示8
            case 0xdb:P2=seg_table[9];break;       //显示9
            case 0xbb:P2=seg_table[10];break;      //显示A
            case 0x7b:P2=seg_table[11];break;      //显示B

            case 0xe7:P2=seg_table[12];break;      //显示C
            case 0xd7:P2=seg_table[13];break;      //显示D
            case 0xb7:P2=seg_table[14];break;      //显示E
            case 0x77:P2=seg_table[15];break;      //显示F

            default :P2=0x00;break;
        }
}

//线反转法，适用于IO口为双向口
void key_invert()
{
    unsigned char key_row,key_col,key;
    P1=0xf0;                            //所有扫描行均置0
    key_col=P1;                         //读取列信息：列号在高4位，低4位为0
    if(key_col!=0xf0)
    {
        delay( );                       //消抖
        if(key_col==P1)
        {
            P1=0x0f;                    //所有扫描列均置0
            key_row=P1;                 //读取行信息：行号在低4位，高4位为0
            key=key_col|key_row;   //生成键码：高4位为列号，低4位为行号
            display(key); //此处添加用户的按键处理代码
        }
    }
}

//扫描法，适用于IO口为单向口，本例中行为输出口，列为输入口
void key_scan()
{
    unsigned char key_row,key_col,key,temp_key;
    P1=0x0f; //所有扫描列均置0
    temp_key=P1;//行号在低4位，高4位为0
    if(temp_key!=0x0f)
    {
        delay( );//消抖
        if(P1==temp_key)
        {
        //从第一列开始扫描，    P1=0xef
            key=0x00;
            for(key_col=0;key_col<4;key_col++)
```

```
                {
                    //依次输出扫描列至 P1 高 4 位：P1=0xef,0xdf,0xbf,0x7f
                    P1=0x0f|((~(1<<key_col))<<4);
                    if((key_row=P1&0x0f)!=0x0f)      //该行为低电平，读取行信息
                    {
                        //生成键码：高 4 位为列号，低 4 位为行号
                        key=((~(1<<key_col))<<4)&0xf0 | key_row;
                        break;
                    }
                }
                display(key);      //此处添加用户的按键处理代码
            }
        }
    }
```

8.2 键盘显示接口芯片 HD7279A

8.2.1 HD7279A 的特点及引脚

当应用中要驱动的数码管及按键数量比较多时，直接使用单片机的 I/O 引脚来连接会占用很多的 I/O 资源，同时相应的软件编程也较为麻烦（如软件中要考虑消抖、按键编码等细节）。而使用专用的键盘显示接口芯片可以轻松解决这些问题。

HD7279A 是一片具有串行接口的，可同时驱动 8 位共阴式数码管（或 64 只独立 LED）的智能显示驱动芯片，该芯片同时还可连接多达 64 键的键盘矩阵。

HD7279A 内部含有译码器，可直接接收 16 进制码，HD7279A 还同时具有 2 种译码方式，HD7279A 还具有多种控制指令，如消隐、闪烁、左移、右移、段寻址等。

特点如下。

（1）串行接口。

（2）各位独立控制译码/不译码及消隐和闪烁属性。

（3）（循环）左移/（循环）右移指令。

（4）具有段寻址指令，方便控制独立 LED。

（5）64 键键盘控制器，内含去抖动电路。

图 8-6 所示为 HD7279A 芯片引脚。

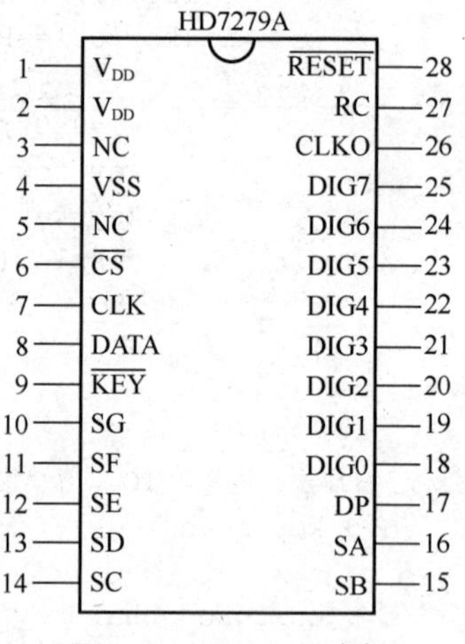

图 8-6 HD7279A 引脚

HD7279A 引脚说明如表 8-1 所示。

表 8-1 HD7279A 引脚说明

引　脚	名　称	说　明
1，2	V_{DD}	正电源
3，5	NC	无连接，必须悬空
4	V_{SS}	接地

续表

引　脚	名　称	说　明
6	$\overline{\text{CS}}$	片选输入端，此引脚为低电平时，可向芯片发送指令及读取键盘数据
7	CLK	同步时钟输入端，向芯片发送指令及读取键盘数据时，此引脚电平上升沿表示数据有效
8	DATA	串行数据输入/输出端，当芯片接收指令时，此引脚为输入端；当读取键盘数据时，此引脚在“读”指令最后一个时钟的下降沿变为输出端
9	$\overline{\text{KEY}}$	按键有效输出端，平时为高电平，当检测到有效按键时，此引脚变为低电平
10～16	SG～SA	段 g～段 a 驱动输出
17	DP	小数点驱动输出
18～25	DIG0～DIG7	数字 0～数字 7 驱动输出
26	CLK0	振荡输出端
27	RC	RC 振荡器连接端
28	$\overline{\text{RESET}}$	复位端

8.2.2　控制指令

HD7279A 采用串行方式与微处理器通信，串行数据从 DATA 引脚送入芯片，并由 CLK 端同步。当片选信号变为低电平后，DATA 引脚上的数据在 CLK 引脚的上升沿被写入 HD7279A 的缓冲寄存器。

HD7279A 的指令结构有 3 种类型：（1）不带数据的纯指令，指令的宽度为 8bit，即微处理器需发送 8 个 CLK 脉冲。（2）带有数据的指令，宽度为 16bit，即微处理器需发送 16 个 CLK 脉冲。（3）读取键盘数据指令，宽度为 16bit，前 8 个为微处理器发送到 HD7279A 的指令，后 8Bit 为 HD7279A 返回的键盘代码。执行此指令时，HD7279A 的 DATA 端在第 9 个 CLK 脉冲的上升沿变为输出状态，并在第 16 个脉冲的下降沿恢复为输入状态，等待接收下一个指令。

串行接口的时序如图 8-7、图 8-8、图 8-9 所示。

（1）纯指令

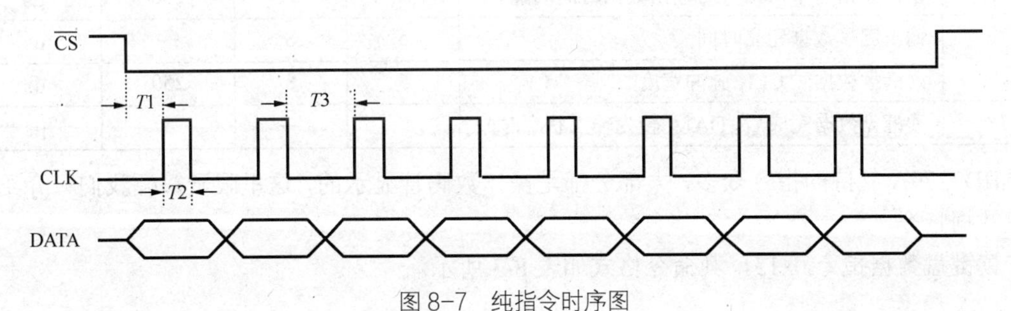

图 8-7　纯指令时序图

（2）带数据指令

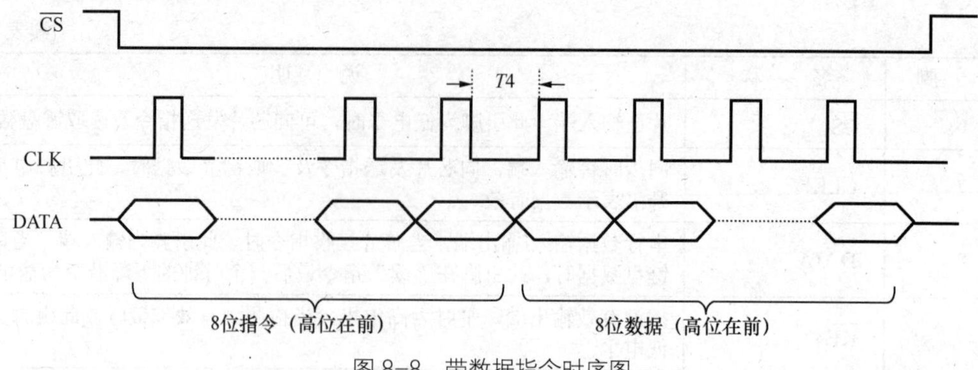

图 8-8　带数据指令时序图

（3）读键盘指令

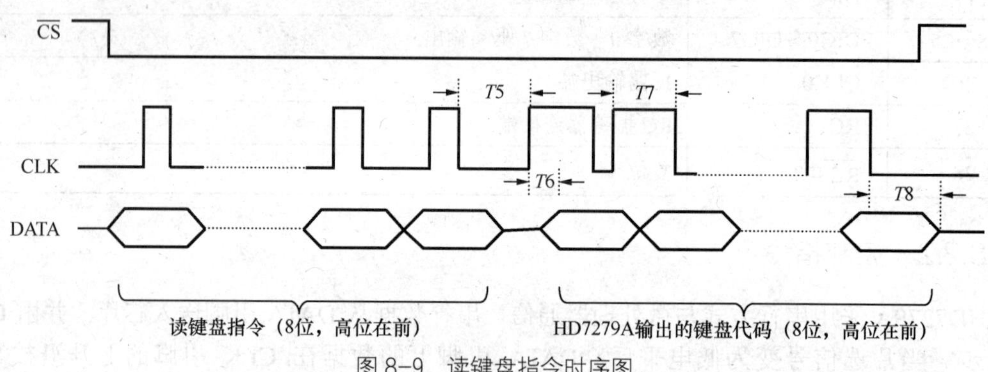

图 8-9　读键盘指令时序图

时序图中各时间参数的含义如表 8-2 所示。

表 8-2　时序图中时间参数含义

符号	参　数	最小	典型	最大	单位
*T*1	从 $\overline{\text{CS}}$ 下降沿至 CLK 脉冲时间	25	50	250	μs
*T*2	传送指令时 CLK 脉冲宽度	5	8	250	μs
*T*3	字节传送中 CLK 脉冲时间	5	8	250	μs
*T*4	指令与数据时间间隔	15	25	250	μs
*T*5	读键盘指令中，指令与输出数据时间间隔	15	25	250	μs
*T*6	输出键盘数据建立时间	5	8	—	μs
*T*7	读键盘数据时 CLK 脉冲宽度	5	8	250	μs
*T*8	读键盘数据完成后，DATA 转为输入状态时间	—	—	5	μs

HD7279A 支持的指令众多，大部分都是操作数码管显示的，这里限于篇幅我们只介绍读键盘数据指令。

读键盘数据指令 0x15，其命令格式如表 8-3 所示。

表 8-3　命令格式

D_7	D_6	D_5	D_4	D_3	D_2	D_1	D_0	D_7	D_6	D_5	D_4	D_3	D_2	D_1	D_0
0	0	0	1	0	1	0	1	d_7	d_6	d_5	d_4	d_3	d_2	d_1	d_0

该指令从 HD7279A 读出当前的按键代码。与其他指令不同，此命令的前一个字节 00010101B（0x15）为微控制器传送到 HD7279A 的指令，而后一个字节 d0～d7 则为 HD7279A 返回的按键代码，其范围是 0～3FH（无键按下时为 0xFF）。

此指令的前半段，HD7279A 的 DATA 引脚处于高阻输入状态，以接收来自微处理器的指令；在指令的后半段，DATA 引脚从输入状态转为输出状态，输出键盘代码的值。故微处理器连接到 DATA 引脚的 I/O 口应有一从输出态到输入态的转换过程。

当 HD7279A 检测到有效的按键时，$\overline{\text{KEY}}$ 引脚从高电平变为低电平，并一直保持到按键结束。在此期间，如果 HD7279A 接收到“读键盘数据指令”，则输出当前按键的键盘代码；如果在收到“读键盘指令”时没有有效按键，HD7279A 将输出 FFH（11111111B）。

8.2.3 HD7279A 与单片机的接口及程序设计

HD7279A 采用串行方式与微处理器通信，因此其与单片机之间的接口信号线非常少，只有 4 根：$\overline{\text{CS}}$、CLK、DATA 以及 $\overline{\text{KEY}}$。这些引脚通常直接连接到 51 单片机的并行 I/O 引脚上，由 51 单片机同过软件编程操作这些 I/O 引脚，来模拟 HD7279A 工作时需要的时序。

图 8-10 给出一个使用 HD7279A 来连接 4×4 矩阵键盘的例子。

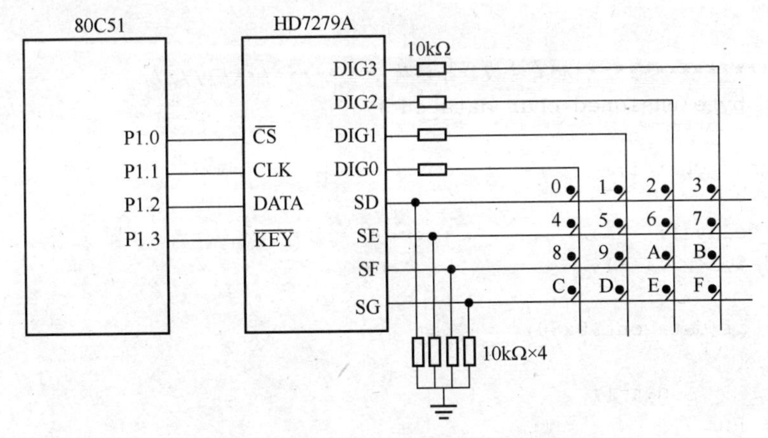

图 8-10 HD7279A 键盘连接电路图

程序代码如下。

```
#include<reg51.h>

sbit cs=P1^0;
sbit clk=P1^1;
sbit dat=P1^2;
sbit key=P1^3;

//HD7279A 指令
#define CMD_READ     0x15          //读键盘数据指令

unsigned char key_value;           //HD7279A 返回的键码

void send_byte(unsigned char);     //逐位命令发送函数
```

```
unsigned char receive_byte(void);    //逐位数据接收函数
void long_delay(void);       //长延时函数
void short_delay(void);     //短延时函数

/////////**************主函数****************//////////

void main ()
{
    while(1)
    {
     if(!key)                                   //有按键按下
     {
             send_byte(CMD_READ);               //单片机发送读键盘指令 0x15
             key_value=receive_byte();          //单片机读取 HD7279A 送出的按键键码
             cs=1;          //释放 HD7279A 片选信号
             while(!key);     //等待按键释放
             //此处根据获得的键码，可添加用户的按键处理程序
     }
    }
}


///////*****************命令发送子函数*************//////
void send_byte(unsigned char data_out)
{
    unsigned char i;
    cs=0;
    long_delay();
    for(i=0;i<=7;i++)
    {
        if(data_out&0x80)
        {
            dat=1;
        }
        else
        {
            dat=0;
        }
        clk=1;
        short_delay();
        clk=0;
        short_delay();
        data_out=data_out<<1;
    }
    dat=0;
}

/////***********************接收键盘数据子函数***********//////
unsigned char receive_byte(void)
{
    unsigned char i,data_in;
```

```
    dat=1;
    long_delay();
    for(i=0;i<=7;i++)
    {
        clk=1;
        short_delay();
        data_in=data_in<<1;
        if(dat)
        {
            data_in=data_in|0x01;
        }
        else
        {
            data_in=data_in|0x00;
        }
        clk=0;
        short_delay();
    }
    dat=0;
    return(data_in);
}

//////************************延时子函数*************///////

void long_delay(void)
{
    char i;
    for(i=0;i<=25;i++) ;
}

void short_delay(void)
{
    char j;
    for(j=0;j<=4;j++);
}
```

习题及思考题

1. 非编码键盘的工作原理是什么？为何要消除键抖动？为何要等待键释放？
2. 矩阵键盘按键识别的扫描法和线反转法的工作原理是什么？
3. 试设计一个用 HD7279A 连接 8×8 的 64 键键盘的接口电路，并编写键码识别程序。

第9章 显示器接口技术

在单片机应用系统中，LED 显示器和 LCD 显示器最为常见，它们具有成本低、配置灵活和与单片机接口方便等特点。本章将主要介绍 LED 和 LCD 的显示原理和与单片机的接口方法。

9.1 LED 显示器原理及应用

9.1.1 LED 显示器的结构与显示原理

1. LED 显示器结构

LED 显示器的结构如图 9-1 所示。

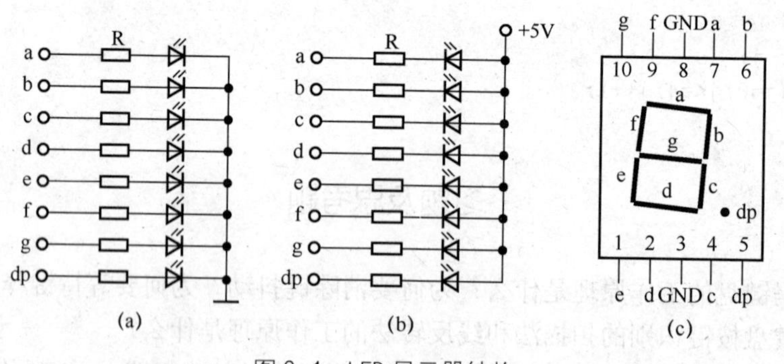

图 9-1 LED 显示器结构

LED 显示器是由发光二极管显示字段组成的显示器件，在单片机应用系统中常用的是七段 LED。这种显示器有共阴极和共阳极两种。共阴极 LED 显示器的发光二极管的阴极接地，如图 9-1（a）所示，当发光二极管的阳极为高电平时，发光二极管点亮；共阳极 LED 显示器的发光二极管的阳极接＋5V，如图 9-1（b）所示，当发光二极管的阴极为低电平时，发光二极管点亮。

2. 七段 LED 显示器的段选码

七段 LED 显示器的段选码如表 9-1 所示。

表 9-1　七段 LED 显示器的段选码

显示字符	共阴极	共阳极	显示字符	共阴极	共阳极
0	3FH	C0H	B	7CH	83H
1	06H	F9H	C	39H	C6H
2	5BH	A4H	D	5EH	A1H
3	4FH	B0H	E	79H	86H
4	66H	99H	F	71H	8EH
5	6DH	92H	P	73H	8CH
6	7DH	82H	U	3EH	C1H
7	07H	F8H	Γ	31H	CEH
8	7FH	80H	Y	6EH	91H
9	6FH	90H	8.	FFH	00H
A	77H	88H	“灭”	00H	FFH

3. LED 显示器的显示方式

在单片机应用系统中，可利用 LED 显示器方便灵活地构成所要求位数的显示器。

N 位的 LED 显示器有 N 根“位选线”和 8×N 根“段选线”。根据显示方式的不同，位选线和段选线的接线方式不同。位选线用于选择被显示的显示器，段选线用于显示需要显示的数字或字母。

（1）LED 静态显示方式

LED 在静态显示方式下，每一位显示数据的段选线与单片机的一个 8 位并行口连接，如图 9-2 所示。这样，显示器的每一位均可以独立显示，只要该位的段选线上能够保持相应的段选码不变，则该位就能持续显示相应的字符。由于每一位字符由一个 8 位输出口控制，故在同一时刻各位显示器可显示不同字符。

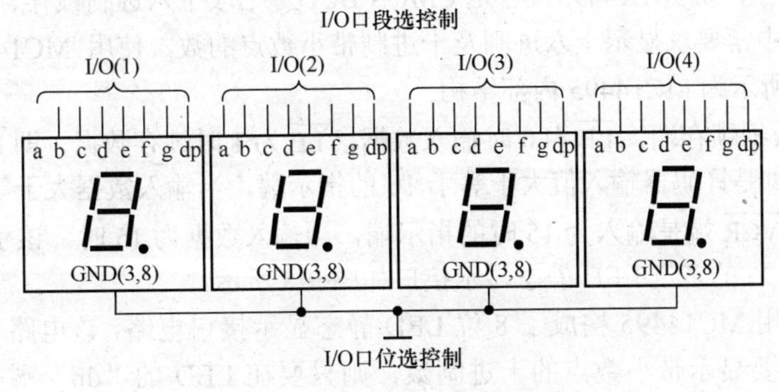

图 9-2　4 位 LED 的静态显示结构

若是 N 位静态显示器，则要求有 N×8 根 I/O 口线，占用较多的 I/O 口资源，故在显示位数较多时不常采用。

（2）LED 动态显示方式

LED 动态显示是将所有位的段选线并接在一个 I/O 口上，共阴极端或共阳极端分别由其他 I/O 口控制，如图 9-3 所示。

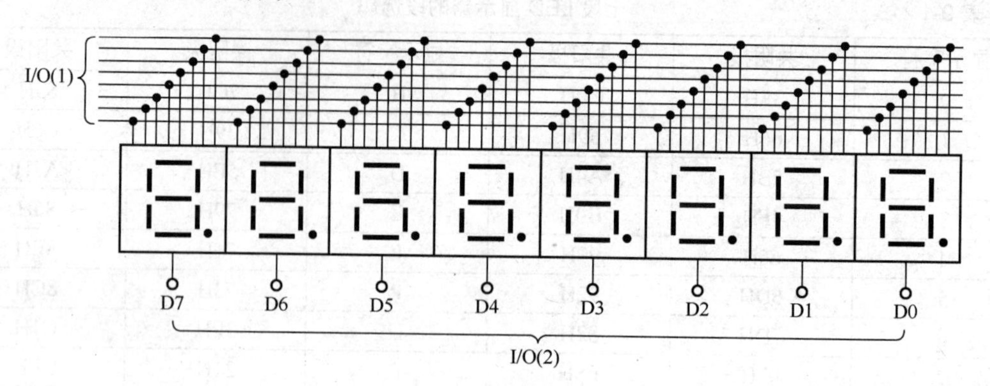

图 9-3　8 位 LED 的动态显示结构

由于每一位的段选线都连接在一个 I/O 口上，因此每送一个段选码，8 位显示器均能接收到该字符。如果直接进行显示，显然该显示器不能正常工作。解决此问题的方法是利用人的视觉滞留现象。在段选线 I/O 口上按位次分别送显示字符的段选码，在位选线控制口上也按相应次序分别选通相应的显示器，被选通的显示器将显示相应字符，并保持几毫秒的延时时间，未选通的显示器为熄灭状态，不显示字符。然后对各位进行循环显示，即为动态显示。

从单片机的工作过程来看，在任一瞬间只有一个显示器在显示字符，其他各位显示器均处于"正在熄灭状态"。但是由于人的视觉滞留，这种动态变化是察觉不到的。从效果上来看，各位显示器均能连续、稳定地显示不同的字符。

9.1.2　LED 显示器常见接口及驱动

1．硬件译码显示器接口

硬件译码是采用专门的转换器件芯片来实现字母、数字的二进制数值到段选码的转换。如 Motorola 公司生产的 MC14495，它是 CMOS BCD－七段十六进制锁存、译码驱动芯片。单片机应用系统中常要求显示十六进制及十进制带小数点的数，使用 MC14495 芯片是非常方便的。图 9-4 所示为 MC14495 内部结构。

引脚 $\overline{\text{LE}}$ 是数据锁存端，$\overline{\text{LE}}$ 为 0 时输入数据，$\overline{\text{LE}}$ 为 1 时锁存数据，即 $\overline{\text{LE}}$ 的上升沿实现锁存。"h+i" 引脚是译码器输入值大于等于 10 的指示端，当输入数据大于等于 10 时，该引脚输出高电平；$\overline{\text{VCR}}$ 端是输入为 15 时的指示端，当输入数据为 15 时，该引脚输出低电平。

使用 MC14495 的多位 LED 静态显示接口如图 9-5 所示。

图 9-5 中使用 MC14495 构成了 8 位 LED 静态显示接口电路，该电路可直接显示多位十六进制数。若要显示带小数点的十进制数，则只要在 LED 的"dp"端另加驱动控制即可。LED 显示块采用共阴极接法。由于 MC14495 有输出限流电阻，故 LED 不需外加限流电阻。

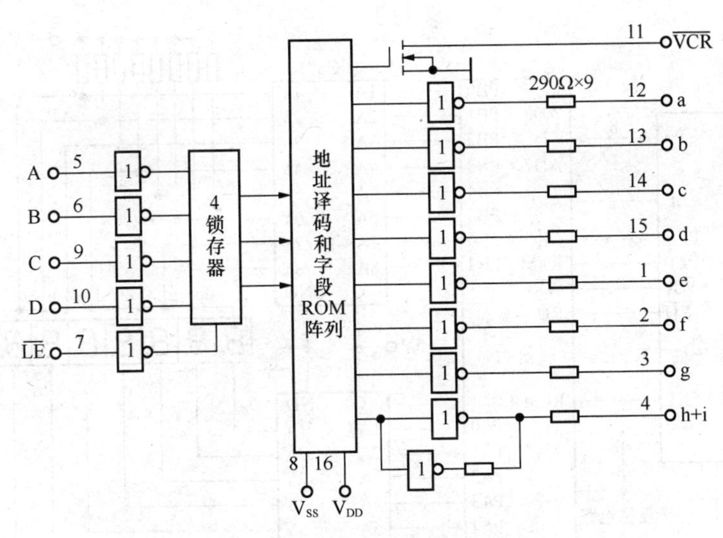

图 9-4　硬件译码显示器接口 MC14495 内部结构

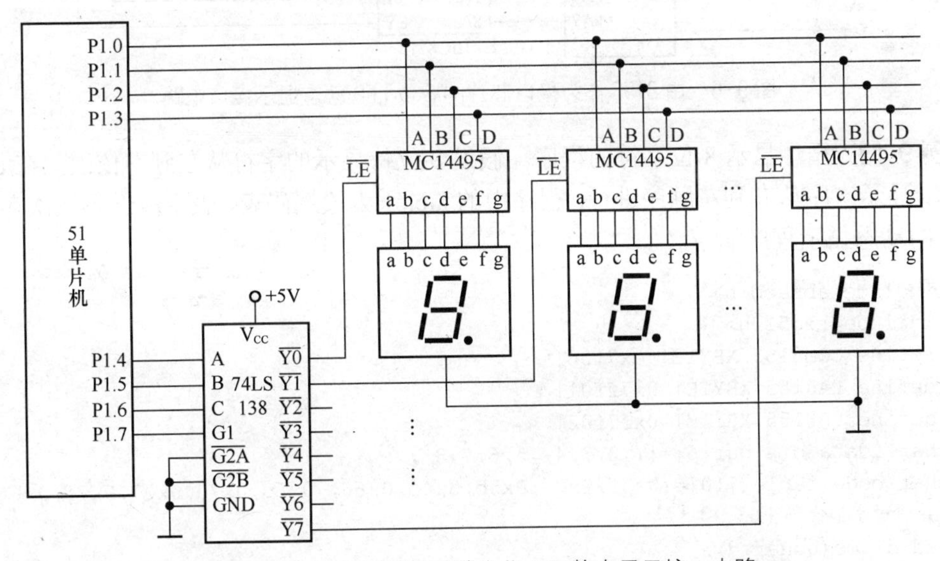

图 9-5　由 MC14495 驱动的多位 LED 静态显示接口电路

上述电路程序设计较为简单。当 P1.7 为 1 时，开显示，由 P1.4、P1.5、P1.6 控制各 MC14495 的 $\overline{LE}$ 端依次选中一位 LED，然后由 P1.0～P1.3 送入 BCD 码，再使 $\overline{LE}$ 变为高电平，锁存该位数据并译码、驱动显示。

2. 软件译码显示器接口

软件译码是把各字符的段选码组织在一个表中，要显示某个字符时，先查表得到其段选码，然后再送往显示器的段选线。

在单片机应用系统中，多采用软件译码的动态显示方法。图 9-6 是 51 单片机通过 8155 扩展 I/O 控制的 8 位 LED 动态显示接口。图 9-6 中的 PB 口输出段选码，PA 口输出位选码，位选码占用的输出口线取决于显示器的位数。BIC8718 为 8 位集成驱动芯片。

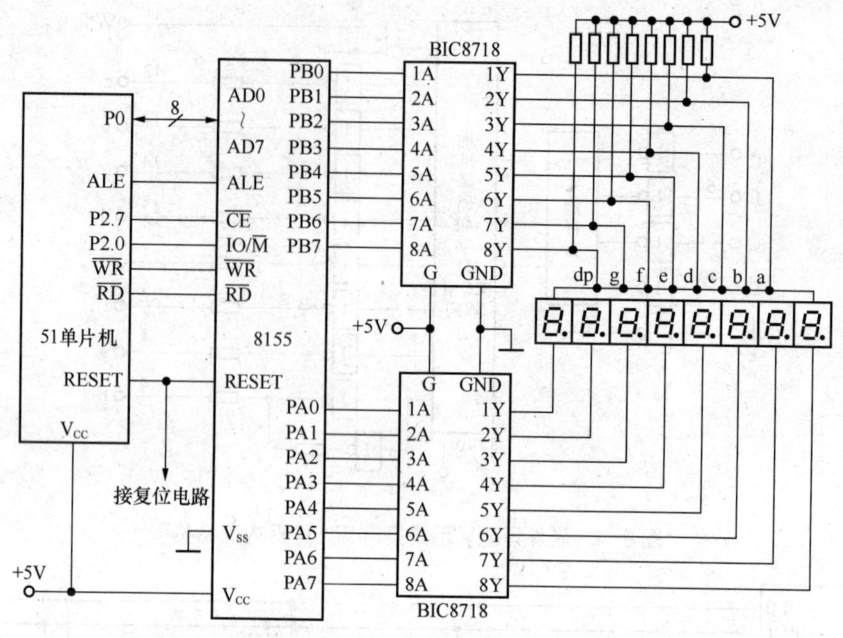

图 9-6　由 8155 作为接口芯片的 8 位 LED 动态显示接口电路

【例 9-1】 循环显示 8 位字符的程序。假设 8 位待显示的字符从左到右依次放在 dis_buf 数组中，显示次序从右到左顺序进行，程序中的 table1 为段选码表，表中段选码依次存 0～9。其相应的动态显示程序如下。

```
# include<absacc.h>
# include<reg51.h>
# define COM8155 XBYTE[ 0x7f00]
# define PA8155 XBYTE[ 0x7ff01]
# define PB8155 XBYTE[ 0xf7f02]
uchar idata dis_buf[6]={1,2,3,4,,5,6,7,8};
uchar code table1[10]={0x3f,0x06,0x5b,0x4f,0x66, 0x6d,0x7d,0x07,0x7f,0x6f};
/*共阴极字形代码（0~9）*/
void dl_ms(uchar d);
void display(uchar idata *p)
{
    uchar sel, i;
    COM8155=0x03;                    /*8155 初始化，送命令字*/
    sel=0x01;                        /*选出右边的 LED*/
    for (i=0;i<8;i++){
        PB8155=table[ *p];           /*送出段选码*/
        PA8155=sel;                  /*送出位选码*/
        dl_ms(1);
        p- -;                        /*缓冲区下移 1 位*/
        sel=sel<<1;                  /*显示在移 1 位*/
    }
}
void main(void)
{
```

```
    display(dis_buf+7);
}
```

3. 键盘、显示器组合接口电路

根据键盘和显示器的工作原理，可以将二者结合起来与单片机进行接口，这样既可以简化接口电路，节省 I/O 口线，同时又可使扫描程序交替工作，提高程序的执行效率。在键盘扫描程序中，为消除抖动需调用延时子程序，经组合接口后，可利用调用动态显示子程序来实现消抖延时，从而达到一举两得的效果。键盘、显示器组合接口电路如图 9-7 所示。

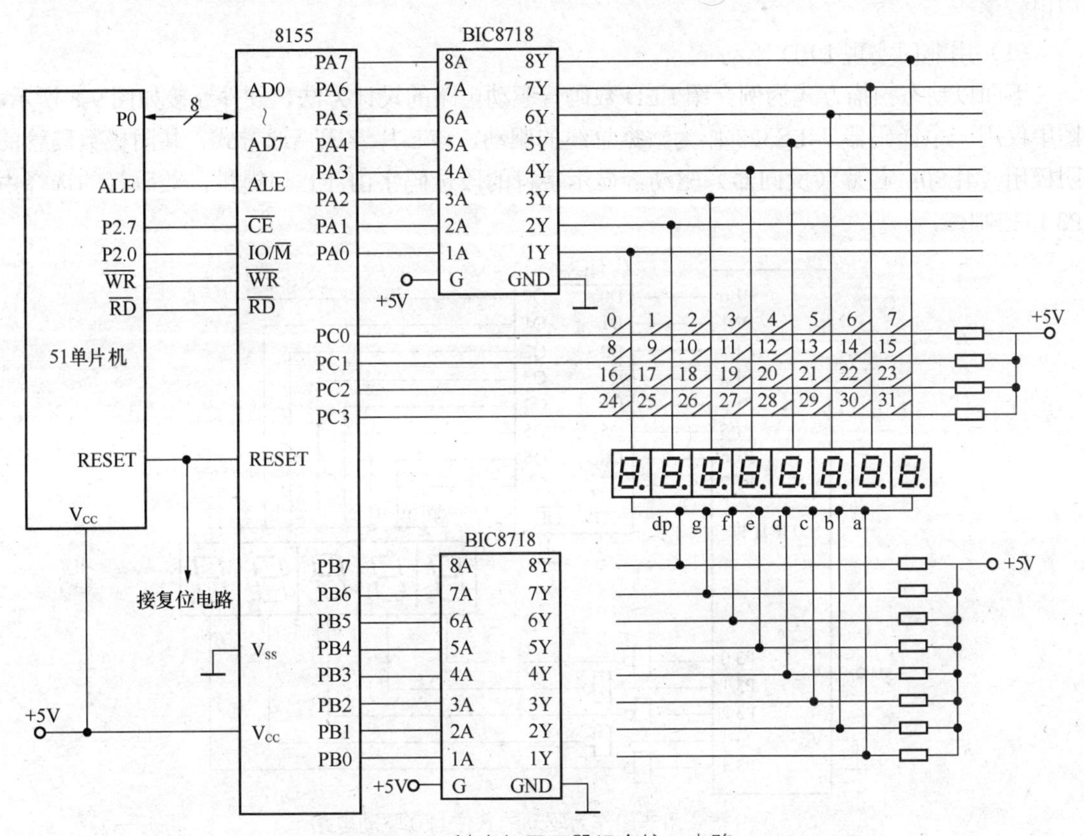

图 9-7 键盘与显示器组合接口电路

图 9-7 所示是一个采用 8155 并行扩展口构成的键盘、显示器组合接口电路。图中设置了 32 个键。如果多使用 PC 口线，可以增加按键，最多可达 8×8=64 个键。可根据需要进行设置。

LED 显示器采用共阴极。段选码由 8155 的 PB 口提供，位选码由 PA 口提供。键盘的列输入由 PA 口提供，与显示器的位选输入公用，行输入由 PC0～PC3 提供。显然，因为键盘与显示器共用了 PA 口，所以比单独接口节省了一个 I/O 口。

LED 采用动态显示、软件译码，键盘采用逐列扫描查询工作方式。由于键盘与显示做成一个接口电路，因此在软件中合并考虑键盘查询与动态显示，键盘消抖的延时子程序可用显示子程序替代。

4．LED 显示器的驱动电路设计

LED 显示器的驱动有静态锁存和动态扫描方式。静态锁存方式也称直流驱动，是指每个数码管都用一个译码器（如 4511 芯片）进行译码驱动，这种方式下的显示内容可保持，无需 CPU 进行动态刷新，可提高 CPU 效率，但是要求硬件资源多，接口复杂，而且功耗大，一般不采用。

动态扫描方式是所有数码管共同使用一个译码驱动器，使各位数码管逐个轮流受控显示，当扫描频率很高的时候，其显示效果也非常良好。这种方式功耗小，硬件资源要求少，所以应用较多。

（1）用非门实现 LED 驱动

下面以动态扫描方式为例介绍 LED 数码管驱动电路的设计方法，硬件连接如图 9-8 所示。图中仅用一个译码器 74LS373 作为数据总线的驱动，该芯片连成直通方式，共阴极数码管的阴极用 74LS04 芯片（反向器）驱动，显示字符的段选码字由 P1 口提供，数码管的选择由 P3 口控制。

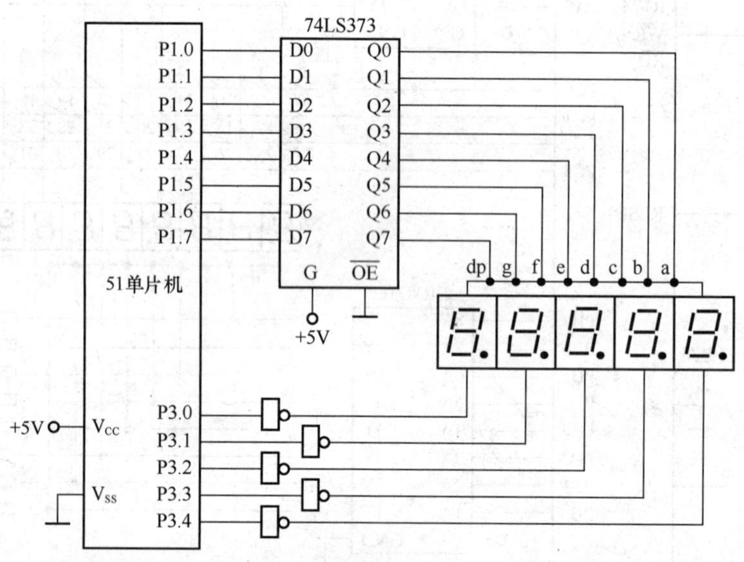

图 9-8　用非门作为驱动的 8 位 LED 驱动电路

在扫描显示中，每位显示器的点亮时间是极为短暂的（约 1ms），由于人的视觉暂留现象及发光二极管的余辉效应，尽管实际上各位显示器并非同时点亮，但只要扫描的速度足够快，给人的印象就是一组稳定的显示数据，不会有闪烁感。

动态显示参考程序如下：程序的功能是首先用 5 个 LED 显示器显示 1～5 这 5 个数字，然后显示全局整型变量 para 的值，在显示整数之前，要把该整数的各位的值算出来，然后按位顺序进行显示，从中可以领会求取整数的各位值的方法。

```
# include<reg51.h>
unsigned int para;                    /*定义全局变量*/
void main( )                          /*主程序*/
{
     unsigned char code zixing1[10]={0x3f,0x06,0x5b,0x4f,0x66,
```

```
                            0x6d,0x7d,0x07,0x7f,0x6f}; /*共阴极字形代码(0~9)*/
    unsigned char j,k,zixing2[5];  /* zixing2[5]用来存放para各位的字形代码*/
    unsigned int i;
    P3=0x01;                      /* P3赋初值,指向最左侧的数码管*/
    for(i=0;i<5000;i++)           /*外循环控制显示12345的时间*/
    {
        for(j=1;j<6;j++)
        {
            P1=zixing1[j];    /* LED显示12345*/
            P3<<=1;           /* P3口移位,指向下一个数码管*/
        }
        while(1)
        {
            zixing2[0]= zixing1[para/10000]; /*以下5行用来把para各位的字形*/
            zixing2[1]= zixing1[(para/1000)%10]; /*代码存入zixng2数组中*/
            zixing2[2]= zixing1[(para/100)%10];
            zixing2[3]= zixing1[(para/10)%10];
            zixing2[4]= zixing1[para%10];
            P3=0x01;                  /* P3赋初值,指向最左侧的数码管*/
            for(j=0;j<5;j++)
            {
                P1=zixing2[j];        /* LED显示para的值*/
                P3<<=1;
                for(k=0;k<20;k++);    /* 延时,控制扫描频率*/
            }
        }
    }
}
```

（2）用三极管实现 LED 驱动

图 9-9 所示 LED 显示器的驱动原理图中采用 74LS138 译码芯片和 PNP 型三极管来驱动显示，动态扫描显示驱动方式，数码管为共阳极接法。

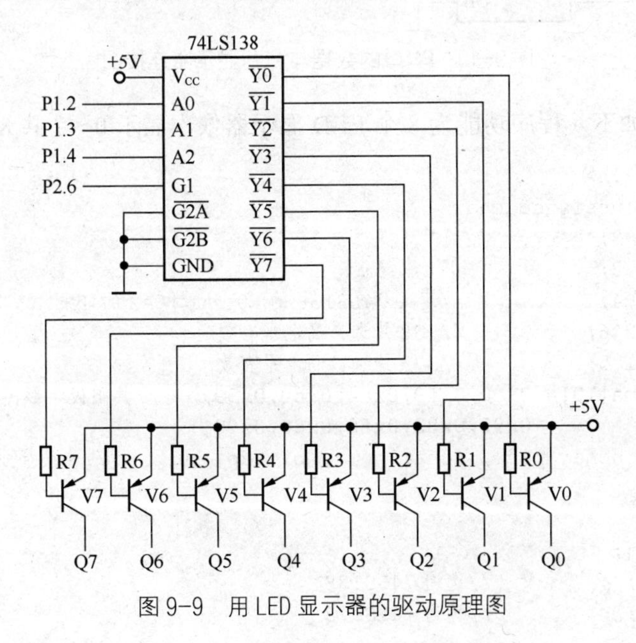

图 9-9　用 LED 显示器的驱动原理图

图9-9中，LED显示器的段选端未画出，而Q0～Q7为对应于8个LED显示器的控制端（公共端）。当74LS138某个译码端输出有效时（低电平），相应的三极管导通，LED显示器控制端有效，段选码所对应的数字或字母在该显示器上得以显示。

用动态扫描方式控制8位LED显示器的方法就是令74LS138的译码端输出依次有效，三极管V0～V7依次导通，单片机输出的段选码依次在各LED上显示，并不断循环。只要动态显示的扫描速度足够快，则LED显示器将处于“连续、持续”的点亮状态。

在图9-9中，译码器74LS138的$\overline{G2A}$、$\overline{G2B}$接地，G1端接P2.6口线，地址输入端由P1.4、P1.3和P1.2口线控制。因此P2.6口线为高电平可选通74LS138，此时P1.4、P1.3和P1.2口线的状态决定译码器的输出，也就决定了某个LED显示器将被点亮。所以，若需最左侧LED点亮，则需三极管V7导通，因此需要P1=0xbf（计算此值时要考虑P1口其他引脚的电平不应引起其他元件误动作），即可保证P1.4、P1.3和P1.2口线为“1”，最左侧第一个LED显示器被点亮。

根据以上方法可计算出P1口的数据与LED显示器的一一对应关系，具体参考以下程序中的display函数。段选码的输出可通过锁存器74LS373实现，其片选线接至单片机的P1.5口，如图9-10所示。因此，P1.5口线输出高电平则选通74LS373锁存器。

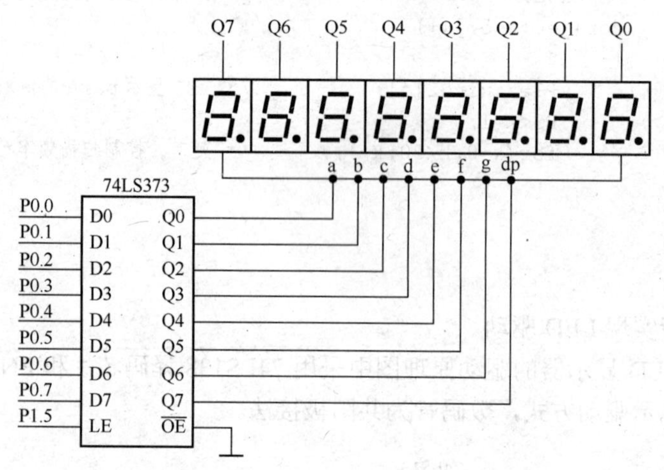

图9-10　P1口的数据与LED显示器连接图

参考驱动程序如下（程序功能为8个LED显示器依次显示0～7共8个数字）。

```
#include<reg52.h>
#define uchar unsigned char
sbit a_138=P1^2;
sbit b_138=P1^3;
sbit c_138=P1^4;              //定义74LS138的A0、A1和A2的口线
sbit cs_138=P2^6;             //138片选，高电平有效
sbit cs_373=P1^5;             //373片选，高电平有效
uchar code zima[10]={0xc0,0xf9,0xa4,0xb0,0x99,    //共阳极字形代码（0～9）
                     0x92,0x82,0xf8,0x80,0x90};
void display( uchar pos , uchar num , bit dp );         //声明显示函数
void main( )
{
    uchar i,j;
    cs_138=1;                 //选通74LS138
    cs_373=1;                 //选通74LS373
```

```
    while(1)
    {
        for( i=0 ; i<8 ; i++ )
        {
            display( i , i , 0 );
            for( j=0 ; j<200 ; j++ );              //控制扫描频率
        }
    }
}
void display( uchar pos , uchar num , bit dp )     //显示函数定义
{
    if( dp==1 )
        P0 = zima1[num]+0x80;              //显示小数点
    else
        P0 = zima[num];                    //不显示小数点
    switch( pos )
    {
        case 0 : P1=0xbf ; break ;         //位置 0，对应最左边数码管
        case 1 : P1=0xbb ; break ;         //位置 1
        case 2 : P1=0xb7 ; break ;         //位置 2
        case 3 : P1=0xb3 ; break ;         //位置 3
        case 4 : P1=0xaf ; break ;         //位置 4
        case 5 : P1=0xab ; break ;         //位置 5
        case 6 : P1=0xa7 ; break ;         //位置 6
        case 7 : P1=0xa3 ; break ;         //位置 7，对应最右边数码管
        default : break ;
    }
}
```

9.1.3 LED 显示器接口应用示例

【例 9-2】 8051 单片机 P3 口为输入/输出口，连接 4×4 矩阵式键盘，按键编号为 0~F；P0 口为输出口，接一位共阴极七段数码管，如图 9-11 所示。要求：按下任意键时，数码管显示该键的键码。

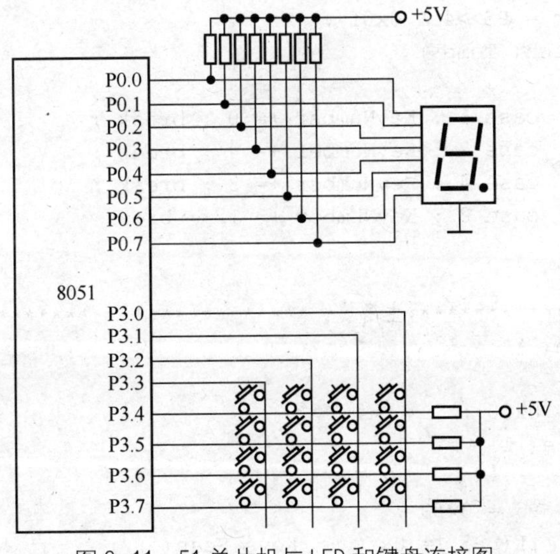

图 9-11　51 单片机与 LED 和键盘连接图

程序清单如下。

```
        #include <reg52.h>
        #include <stdio.h>
        #define uchar unsigned char
        #define uint unsigned int
        //段码
        uchar code Display_Code[ ] = { 0xc0 , 0xf9 , 0xa4 , 0xb0 , 0x99 , 0x92 ,
0x82 , 0xf8 , 0x80 , 0x90 , 0x88 , 0x83 , 0xc6 , 0xa1 , 0x86 , 0x8e , 0x00 } ;
        uchar Pre_KeyNumber = 16 , KeyNumber = 16 ;  //前次按键和当前按键键码
/*************************延时程序（单位：ms）*************************/
        void Delay_MS( uint x )
        {
            uchar  i ;
            while( x-- )
                for( i=0 ; i<120 ; i++ ) ;
        }
/*************************键盘扫描程序*************************/
        void Keys_Scan( )
        {
            uchar Temp ;
            P3 = 0x0f ;                         //高 4 位清零
            Delay_MS( 1 ) ;
            Temp = P3 ^ 0x0f ;
            switch( Temp )
            {
                case 1 : KeyNumber = 0 ; break ;
                case 2 : KeyNumber = 1 ; break ;
                case 4 : KeyNumber = 2 ; break ;
                case 8 : KeyNumber = 3 ; break ;
                default : KeyNumber = 16 ;                     //无键按下
            }
            P3 = 0xf0 ;
            Delay_MS( 1 ) ;
            Temp = P3>>4 ^ 0x0f ;
            switch( Temp )
            {
                case 1 : KeyNumber += 0 ; break ;
                case 2 : KeyNumber += 4 ; break ;
                case 4 : KeyNumber += 8 ; break ;
                case 8 : KeyNumber += 12 ; break ;
            }
        }
/*************************主函数*************************/
        void main( )
        {
            P0 = 0x00 ;
            while( 1 )
            {
                P3 = 0xf0 ;
                if( P3 != 0xf0 )  Keys_Scan( ) ;          //获取键码
```

```
            if( Pre_KeyNumber != KeyNumber )
            {
                P0 = ~Display_Code[ KeyNumber ] ;
                Pre_KeyNumber = KeyNumber ;
            }
            Delay_MS( 100 ) ;
        }
    }
```

9.2 LCD 显示器原理及应用

液晶显示器（LCD）具有功耗低、体积小、质量轻、厚度薄等优点，近年来被广泛应用于单片机控制的智能仪器、现场仪表、低功耗的电子产品中。

LCD 显示器有段位式、字符式和点阵式之分。段位式 LCD 和字符式 LCD 只能用于数字和字符的简单显示，不能满足图形曲线和汉字显示的要求；点阵式 LCD 不仅可显示字符、数字、各种图形、曲线和汉字等，还可以实现上下、左右的滚动、显示动画等功能，用途十分广泛。

9.2.1 液晶显示模块原理

1. LCD 的结构

液晶显示器（LCD）的基本结构如图 9-12 所示。

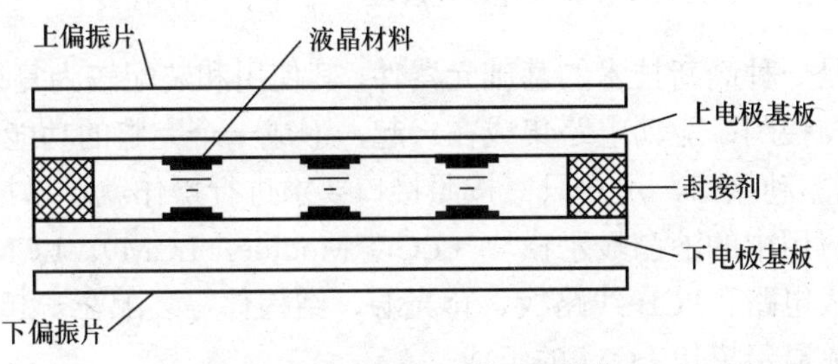

图 9-12 液晶显示器 LCD 结构

在上、下玻璃电极之间封入液晶材料，液晶分子平行排列，上下扭曲 90°。外部入射光通过上偏振片后形成偏振光，该偏振光通过液晶材料被旋转 90°，再通过与上偏振片垂直的下偏振片，被反射板反射回来呈透明状态。当上、下电极加上一定电压后，电极部分的液晶分子为垂直状态，失去旋光性，从上偏振片入射的偏振光不被旋转，光无法通过下偏振片返回，就可得到白底黑字或黑底白字的显示形式。

常用液晶显示器主要有扭曲向列型（TN）和超扭曲向列型（STN）两种。上面介绍的是扭曲向列型液晶显示器的工作原理，其内部液晶分子呈 90°扭曲，当线性偏振光透过其偏振面时便会旋转 90°。TN 型液晶显示器是最常用的液晶显示器件，常用的手表、数字仪表、电子钟及大部分计算器所用的液晶显示器件都是 TN 型器件。

超扭曲向列型（STN）液晶显示器的基本结构和 TN 模式一样，只不过盒中液晶分子排列不是沿 90°扭曲排列，而是沿着 180°～360°扭曲排列。也就是说，STN 型液晶与 TN 型液晶的显示原理相同，只是它将入射光旋转 180°～360°，而不是 90°。

目前几乎所有的点阵图形和大部分点阵字符型液晶显示器件都采用 STN 模式，在技术上已处于完善和成熟阶段。

单纯的 TN 型液晶显示器本身只有明暗两种变化，而 STN 型液晶显示器则以淡色和橘色为主。如果在传统单色 STN 型液晶显示器中加上一个彩色滤光片，并将单色显示矩阵中的每一像素分成三个子像素，分别通过彩色滤光片显示红、绿、蓝三色，就可以显示出彩色了。

液晶显示器主要技术参数如下。

（1）响应时间：毫秒级。

（2）余晖：毫秒级。

（3）阈值电压：3～20V。

（4）功耗：5～100mW/cm^2

不同的液晶显示器其技术参数各不相同，使用时可根据应用要求进行选取。

2．液晶显示器的分类

从产品形式上液晶显示器可分为两大类：液晶显示器件（LCD）和液晶显示模块（LCM）；从驱动方式上可分为内置驱动控制器的液晶显示器模块和无控制器的液晶显示器件；从显示颜色上可分为单色和彩色；从显示方式上可分为正性显示、负性显示、段性显示、点阵显示、字符显示、图形显示、图像显示、非存储型显示、存储型显示等。具体应用中，可根据不同的显示要求选择合适的液晶显示器。

3．字符型液晶显示模块 LCM 的组成和原理

液晶显示器件是一种高新技术的基础元器件，其使用和装配较为复杂。为方便用户使用，常将液晶显示器件与控制、驱动电路集成在一起，形成一个完整的功能部件，提供给用户一个标准的 LCD 控制驱动接口，用户只需按照接口要求进行操作就可以控制 LCD 正常显示。这样就形成了实际应用中的液晶显示模块（LCD Module，LCM）。LCM 是将液晶显示器件 LCD、连接件、集成电路、PCB 线路板、背光源、结构件等装配在一起的组件。

（1）字符型液晶显示模块 LCM 的组成

点阵字符型液晶显示模块包括液晶显示器件、控制器、字符发生器、译码驱动器等部分，可以直接与单片机接口或挂接在其总线上，接口电路设计较为简单。控制器和译码驱动器对液晶显示模块进行显示驱动控制，一般将二者组合起来，做成专用的集成电路。字符发生器可提供常用的 192 个字符库，包括英文大小写字母、阿拉伯数字、特殊字符或符号，固化在其内部的 ROM 中，有时还可以根据用户的需求内置 RAM，由用户自行设计字符或符号，实现字符扩充。

（2）字符型液晶显示模块 LCM 的工作原理

在字符型液晶显示模块中，字符发生器产生的点阵字符是由 5×7、5×8 或 5×11 的一组点阵像素排列而成的，相邻位之间有一定间隔，相邻行之间也有一定间隔，所以不能显示图形。在点阵图形液晶显示模块中，其点阵像素连续排列，行和列之间排布没有间隔，因而可以显示连续、完整的图形和汉字。字符型液晶显示模块在显示字符时，被显示的每个字符都有一个对应的 16 进制代码，显示模块从处理器得到此代码，并把它存储到显示数据 RAM 中。

字符发生器可根据每个字符代码产生相应的点阵图形。用于表示字符在液晶显示屏上位置的地址是通过数据总线，由微处理器送到显示模块的指令寄存器中。每个字符代码送入液晶显示模块后，显示模块将显示地址自动加 1 或减 1。调用某些指令可以使液晶显示模块实现清除显示、光标恢复初始位置、开/关显示及光标、闪烁字符、移动光标等功能。

液晶显示模块可以采用上电复位或采用软件编程的方法来复位。

（3）HD44780 集成电路

字符型液晶显示模块的应用非常广泛，在电子表、单片机应用系统、传真机、电动玩具中经常使用这类液晶显示器。在实际使用中，字符型液晶显示模块上常采用内置式 HD44780 驱动控制器的集成电路，下面针对 HD44780 介绍字符型液晶显示模块的组成及工作原理。

HD44780 集驱动器和控制器于一体，专用于字符型液晶显示模块的显示控制与驱动。该集成电路对外引出 80 个引脚，采用 FP-80 扁平塑料外壳型式的封装，使用时已组装在相应的液晶显示器模块内部。所以用户可不必考虑其各引脚的名称、功能、用法和相应的电路连接，但必须了解其指令系统、主要设计特点、内部结构和工作原理。图 9-13 所示是 HD44780 集成电路的内部结构图。

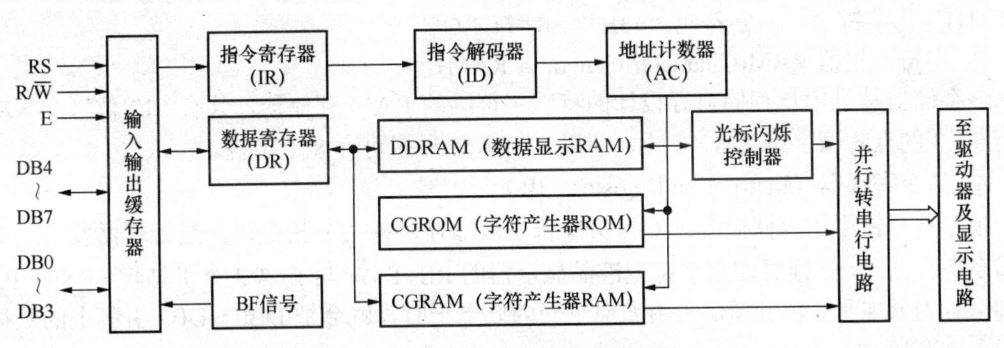

图 9-13　HD44780 集成电路内部结构图

HD44780 内部集成了输入/输出缓存器、指令寄存器（IR）、指令解码器（ID）、地址计数器（AC）、数据寄存器（DR）、BF 信号、80×8 位数据显示 RAM（DDRAM）、192×8 位字符产生器 ROM（CGROM）、64×8 位字符产生器 RAM（CGRAM）、光标闪烁控制器、并行/串行转换电路等 11 个单元电路。

① 数据显示 RAM（Data Display RAM，DDRAM）

该存储器用于存放所要显示的数据，只要将标准的 ACSII 码放入 DDRAM 中，内部控制电路就会自动将数据传送到显示器上。如需要显示字符“C”时，只需将其 ASCII 码“43H”存入 DDRAM 中就可以了。DDRAM 有 80 字节空间，总共可显示 80 个字符（每个字符为 1 个字节），其存储地址和实际显示位置的排列顺序与字符型液晶显示器的型号有关。不同类型的显示模块其显示位置、地址之间的对应关系如表 9-2 所示。

表 9-2　不同类型的液晶显示模块显示位置、地址之间的对应关系

液晶显示模块类型	DDRAM 地址	显示位置												
		0	1	2	3	…	12	13	14	15	16	17	18	19
16 字×1 行	第 1 行	00	01	02	03	…	0C	0D	0E	0F				

续表

液晶显示模块类型	DDRAM 地址	显示位置												
		0	1	2	3	…	12	13	14	15	16	17	18	19
20 字×2 行	第 1 行	00	01	02	03	…	…	…	…	0F	10	11	12	13
	第 2 行	40	41	42	43	…	…	…	…	4F	50	51	52	53
20 字×4 行	第 1 行	00	01	02	03	…	…	…	…	0F	10	11	12	13
	第 2 行	40	41	42	43	…	…	…	…	4F	50	51	52	53
	第 3 行	14	15	16	17	…	…	…	…	23	24	25	26	27
	第 4 行	54	55	56	57	…	…	…	…	63	64	65	66	67

② 字符产生器 ROM（Character Generator ROM）

该存储器上存储了 192 个 5×7 点阵字符，CGROM 中的字符要经过内部转换才会传到显示器上，只能读出不能写入。字符的排列方式及字符码与标准的 ASCII 码相同。例如，字符码“31H”为字符“1”，字符码“43H”为字符“C”。

③ 字符产生器 RAM(Character Generator RAM)

该存储器是供用户存储自行设计的特殊字符码的 RAM 存储器，共有 512 位（64×8）。一个 5×7 的点阵型字符为 8×8 位，所以 CGRAM 最多可存 8 个字符。

④ 指令寄存器（Instruction Register，IR）

指令寄存器用于存储微处理器写给字符型液晶显示模块的指令码。当处理器发一个命令到指令寄存器时，必须要控制字符型液晶显示器的 RS、R/$\overline{W}$ 与 E 这 3 个引脚。当 RS 和 R/$\overline{W}$ 引脚信号为低电平、E 引脚信号由高电平变为低电平时，就会把 DB0～DB7 引脚上的数据存入指令寄存器 IR。

⑤ 数据寄存器（Data Register，DR）

数据寄存器用于存储微处理器要写到 CGRAM 或 DDRAM 中的数据，或者用于存储微处理器要从 DDRAM 读出的数据。所以 DR 可视为一个数据缓冲区，它也由显示模块的 RS、R/$\overline{W}$ 与 E 这 3 个引脚控制。当 RS 和 R/$\overline{W}$ 引脚信号为“1”，E 引脚信号由“0”变为“1”时，显示模块会将 DR 内的数据从 DB0～DB7 输出，以供 CPU 读取；当 RS 引脚信号为“1”，R/$\overline{W}$ 引脚信号为“0”，E 引脚信号由“0”变为“1”时，会把 DB0～DB7 引脚上的数据存入 DR。

⑥ 忙碌信号（Busy Flag，BF）

忙碌信号用于通知微处理器，字符型液晶显示模块内部是否正忙于处理数据。当 BF 为“1”时，表示显示模块内部正在处理数据，不能接收来自微处理器的指令或数据。

字符型液晶显示模块设置 BF 表示是因为微处理器相对于显示模块来说处理一个指令的时间很短，所以微处理器要写数据或指令到液晶显示模块时，必须先查看 BF 是否为 0。

⑦ 地址计数器（Address Counter，AC）

地址计数器的作用是负责记录写到 CGRAM 或 DDRAM 中的数据的地址，或从 CGRAM 或 DDRAM 中读取数据的地址。使用地址设定指令写到指令寄存器后，地址数据会经过指令解码器存入地址计数器中。当微处理器从 DDRAM 或 CGRAM 中读取数据时，地址计数器将按照微处理器对字符型液晶显示模块的设定值自动进行修改。

（4）内置 HD44780 驱动控制器的显示模块引脚

字符型液晶显示模块主要用于显示字符、数字、符号，它是由若干个 5×7 或 5×11 点阵字符组成，每个点阵字符可以显示一个字符，点阵字符之间有一个点距和行距的距离。目前常用的有 16 字×1 行、16 字×2 行、20 字×2 行、20 字×4 行等显示模块，虽然这些字符型液晶显示模块显示的字数各不相同，但都具有相同的输入和输出接口。

图 9-14 所示为 16 字×2 行字符型液晶显示模块，对外有 14 条引脚，分别为：数据线、电源线、对比度调整电压输入、寄存器选择输入端、读写控制端和显示模块使能端。

字符型液晶显示模块的内部可分为图 9-15 所示的 3 个功能框，它与微处理器之间是利用显示模块内部的控制器进行连接的。

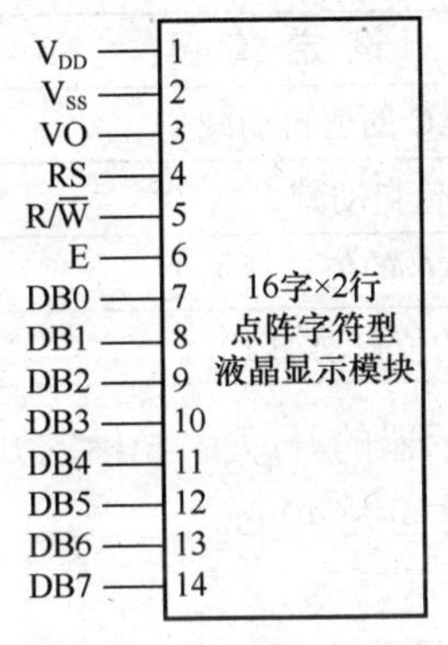

图 9-14　内置 HD44780 驱动控制器的显示模块引脚

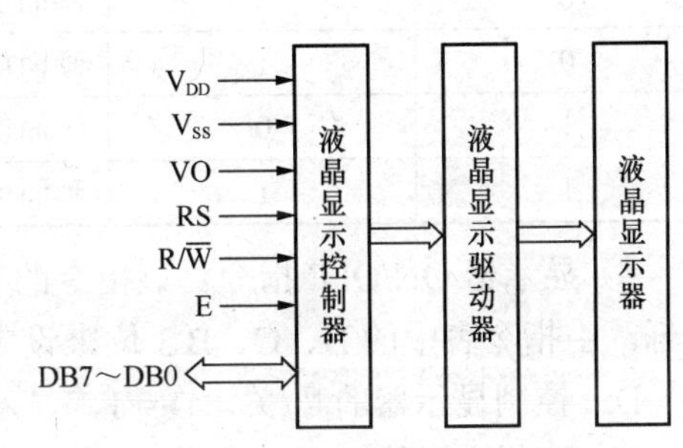

图 9-15　字符型液晶显示模块的内部结构

（5）LCM 的命令字

LCM 的命令字及格式如表 9-3 所示。

表 9-3　LCM 的命令字及格式

指令序号	选择状态		指令控制字									指令说明
	RS	R/$\overline{W}$	E	DB7	DB6	DB5	DB4	DB3	DB2	DB1	DB0	
1	0	0	1	0	0	0	0	0	0	0	1	清屏
2	0	0	1	0	0	0	0	0	0	1	×	光标归位
3	0	0	1	0	0	0	0	0	1	I/D	S	进入模式设置
4	0	0	1	0	0	0	0	1	D	C	B	显示器 ON/OFF 控制
5	0	0	1	0	0	0	1	S/C	R/L	×	×	显示器或光标移动方向
6	0	0	1	0	0	1	DL	N	F	×	×	功能设定
7	0	0	1	0	1	CGRAM 地址（6 位）						设定 CGRAM 地址
8	0	0	1	1	DDRAM 地址（7 位）							设定 DDRAM 地址
9	0	1	1	BF	AC 的内容 7 位（AC0～AC6）							读取忙碌信号或 AC 地址
10	1	0	1	写入到液晶显示模块的 8 位数据（D7～D0）								数据写入 DDRAM 或 CGRAM
11	1	1	1	读出的 8 位显示数据（D7～D0）								从 DDRAM 或 CGRAM 读出数据

指令说明如下。

① 清屏指令。该指令的功能是清除显示器的内容，即将 DDRAM 的内容全部填入“空白”的 ASCII 码（20H），光标撤回到液晶显示屏的左上方，将地址计数器的值设为 0。指令执行时间为 1.64μs。

② 光标归位指令。该指令的功能是将光标撤回到液晶显示屏的左上方，将地址计数器的值设为 0，保持 DDRAM 的内容不变。指令执行时间为 1.64μs。

③ 模式设置指令。该指令的功能是设定每次写入 1 位数据后光标的移动方向，并且设定每次写入的一个字符是否移动，如表 9-4 所示。指令执行时间为 40μs。

表 9-4　　LCM 模式设置指令

I/D	S	设 定 情 况
0	0	画面保持不动，并且 AC 的值自动减 1
0	1	画面可以平移，AC 的值自动减 1
1	0	画面保持不动，并且 AC 的值自动加 1
1	1	画面可以平移， AC 的值自动加 1

④ 显示器 ON/OFF 指令。该指令的功能是控制显示器的开/关、光标的开/关、光标是否闪烁，由指令表中的 D、C、B 3 位来设定。指令执行时间为 40μs。

D：控制显示器的开/关。D = 1，显示；D=0，不显示。

C：控制光标的开/关。C = 1，显示光标；C=0，不显示光标。

B：控制光标是否闪烁。B = 1，光标闪烁；B=0，光标不闪烁。

⑤ 设定显示器/光标移动方向指令。该指令的功能是控制光标移位或使整个显示字幕移位，如表 9-5 所示。指令执行时间为 40μs。

表 9-5　　显示器/光标移动方向指令

S/C	R/L	设 定 情 况
0	0	光标左移一格
0	1	光标右移一格
1	0	液晶显示器的字符全部左移一格（画面）
1	1	液晶显示器的字符全部右移一格（画面）

⑥ 功能设定指令。通过该指令可设定数据长度、显示行数和字型。指令执行时间为 40μs。

DL：用于设定数据接口长度。D=1 时，数据接口为 8 位；D=0 时，数据接口为 4 位。

N：用于设定显示行数。N=1 时，显示 2 行；N=0 时，显示 1 行。

F 用于设定字型。F=1 时，选定 5×10 点阵字型；F=0 时，选定 5×7 点阵字型。

⑦ 设定 CGRAM 地址指令。该指令可设定下一个要存入数据的 CGRAM 地址。CGRAM 有 6 位地址，由数据线的低 6 位提供。指令执行时间为 40μs。

⑧ 设定 DDRAM 地址指令。该指令可设定下一个要存入数据的 DDRAM 地址。DDRAM 有 7 位地址，由数据线的低 7 位提供。指令执行时间为 40μs。

不同显示字数和行数的字符型 LCM 地址分配不同，字符型液晶显示模块的地址分配如表 9-6 所示。

表 9-6 字符型液晶显示模块的地址分配表

显示方式	地址分配	显示方式	地址分配
16 字×1 行	80H～8FH	20 字×1 行	80H～93H
16 字×2 行	第 1 行 80H～8FH	20 字×2 行	第 1 行 80H～93H
	第 2 行 C0H～CFH		第 2 行 C0H～D3H
16 字×4 行	第 1 行 80H～8FH	20 字×4 行	第 1 行 80H～93H
	第 2 行 C0H～CFH		第 2 行 C0H～D3H
	第 3 行 90H～9FH		第 3 行 94H～A7H
	第 4 行 D0H～DFH		第 4 行 D4H～E7H

⑨ 读取忙碌状态数据或 AC 地址指令。

通过该指令可读取忙碌信号或 AC 地址。指令执行时间为 40μs。

由指令表中的指令格式定义可知，从 LCM 数据寄存器读取的 8 位数据的最高位 DB7 表示忙碌状态，低 7 位是地址计数器 AC 的 7 位地址。当 BF=1 时，表示在忙碌中，LCM 无法接收数据；当 BF=0 时，表示空闲状态，LCM 可以接收数据。

⑩ 数据写入到 DDRAM 或 CGRAM 的指令。

该指令可将字符码写入到 DDRAM 中，以使液晶显示屏显示出相应字符，或将使用者自行设计的图形码存入到 CGRAM 中。LCM 的 8 位数据写入编码对应的 8 位数据。该指令执行时间为 40μs。

⑪ 从 DDRAM 或 CGRAM 读取数据的指令。该指令可通过数据线 DB7～DB0 读取 DDRAM 或 CGRAM 的内容。该指令执行时间为 40μs。

9.2.2 字符型液晶显示器 LCD1602A

LCD1602A 是一种点阵字符型液晶显示模块，可以显示两行，共 32 个字符，字符的点阵为 5×8，是一种小型的液晶显示模块。

1. 主要技术参数

（1）显示容量：2×16 个字符。

（2）芯片运行电压：4.5～5.5V。

（3）反射型 EL 或 LED 背光，其中 EL 为 100VAC、400Hz，LED 为 4.2VDC。

（4）字符尺度：2.95mm×4.35mm。

2. 接口说明

LCD1602A 采用的是并行接口方式，其引脚定义如表 9-7 所示。

表 9-7 LCD1602A 引脚说明

引脚编号	引脚名称	状态	功能说明
1	V_{SS}		电源地
2	V_{CC}		+5V DC 逻辑电源
3	V_{EE}		液晶驱动电源

续表

引脚编号	引脚名称	状态	功能说明
4	RS	输入	寄存器选择：“1”为数据，“0”为命令
5	R/$\overline{W}$	输入	读/写操作选择：“1”为读，“0”为写
6	E	输入	使能信号
7～14	D0～D7	三态	数据总线
15	LED+	输入	背光电源正极
16	LED−	输入	背光电源负极

3．指令说明

LCD1602A的指令包括清屏、归位、输入方式设置、显示开关控制、光标移动、功能设置、CGRAM地址设置、DDRAM地址设置、读BF及AC值、写数据和读数据。

指令集如下。

（1）0x38：设置16×2显示、5×7点阵、8位数据接口。

（2）0x01：清屏。

（3）0x0f：开显示，显示光标、光标闪烁。

（4）0x08：只开显示。

（5）0x0e：开显示，显示光标、光标不闪烁。

（6）0x0c：开显示，不显示光标。

（7）0x06：地址加1，当写入数据时光标右移。

（8）0x02：地址计数器AC=0（地址为0x80），光标归原点，DDRAM中内容不变。

（9）0x18：光标和显示一起向左移动。

4．LCD1602A程序编写（C程序清单）。

（1）头文件、宏定义、管脚定义

```
#include <reg52.h>
#include <string.h>
#define uchar unsigned char
#define uint unsigned int
sbit EN = P3^4 ;                          //LCD使能控制
sbit RS = P3^5 ;                          //寄存器选择输入
sbit RW = P3^6 ;                          //LCD读写控制选择输入
uchar code table0[ ] = { "QQ:123456789" } ;    //显示字符串
```

（2）延时程序（单位：ms）

```
void delay( uint x )
{
    uint i , j ;
    for( i=0 ; i<x ; i++ )
        for( j=0 ; j<120 ; j++ ) ;
}
```

（3）LCD1602A 初始化子程序

```
void LCD1602( )
{
    EN = 1 ;
    RW = 1 ;
    P0 = 0xff ;                         //P0 口与 LCD1602A 的 D0～D7 相连
}
```

（4）读“忙”子程序

```
void read_busy( )
{
    P0 = 0xff ;
    RS = 0 ;
    RW = 1 ;
    while( P0 & 0x80 );                 //P0 和 10000000 相与，D7 位不为 0 则循环
    EN = 0 ;                            //D7 为 0 则跳出循环
}
```

（5）写指令/数据子程序

```
void write( uchar i , bit j )
{
    read_busy( ) ;
    RS = j ;                            //若 j = 0，写指令；若 j = 1，写数据
    P0 = i ;
    RW = 0 ;
    EN = 1 ;
    delay( 1 ) ;
    EN = 0 ;
}
```

（6）LCD1602A 显示初始化子程序

```
void init( )
{
    delay( 15 ) ;
    write( 0x38 , 0 ) ;
    delay( 5 ) ;
    write( 0x38 , 0 ) ;
    write( 0x08 , 0 ) ;
    write( 0x01 , 0 ) ;
    write( 0x06 , 0 ) ;
    write( 0x0c , 0 ) ;
    delay( 2 ) ;
}
```

（7）显示单个字符子程序（y 为起始行，x 为起始列，z 为显示的 ASCII 码字符）

```
void display_LCD_byte( uchar y , uchar x , uchar z )
{
    if( y )
    {    x += 0x40 ;
    }
```

```
        x += 0x80 ;                             //设置数据指针位置
        write( x , 0 ) ;
        write( z , 1 ) ;                        //写入数据
    }
```

（8）显示字符串子程序

```
    void display_LCD_text( uchar y , uchar x , uchar table[ ] )
    {
        uchar z = 0 ;
        uchar t ;
        t = strlen( table ) + x ;   //求得字符串长度加上列起始位置
        while( x < t )
        {
            display_LCD_byte( y , x , table[ z ]) ;
            x ++ ;
            z ++ ;
        }
    }
```

5．LCD1602A 与 51 单片机的接口举例

LCD1602A 与 51 单片机的接口电路举例如图 9-16 所示。

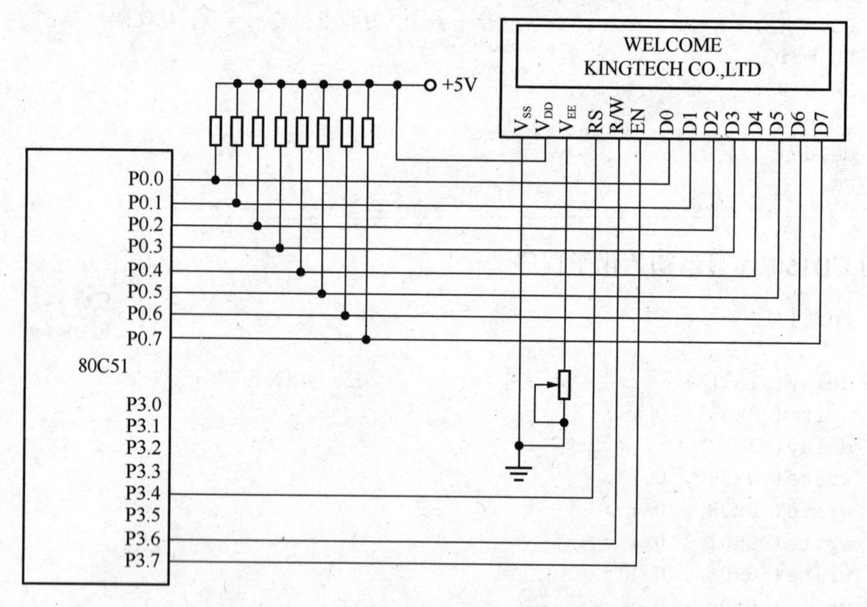

图 9-16　LCD1602A 与 8051 的接口电路举例

AT89C51 单片机 P0 口外接 2KΩ 的上拉电阻与 LCD1602A 的数据端口相连，作为字符控制口；P3 口作为控制口，通过软件编程实现字符和数字的循环显示。

显示程序如下。

```
#include <reg51.h>
#include <string.h>
#define uchar unsigned char
```

```
#define uint unsigned int
sbit EN = P3^7 ;                        //LCD使能控制
sbit RS = P3^4 ;                        //寄存器选择输入
sbit RW = P3^6 ;                        //LCD读写控制选择输入
void init( ) ;                          //LCD初始化
void delay5ms( ) ;                      //延时5ms函数
void delay100us( ) ;                    //延时100μs函数
void delay10us( ) ;                     //延时10μs函数
void delay5us( ) ;                      //延时5μs函数
void delay_ms( uint  i ) ;              //延时函数（单位ms）
void display( uint addr , char a ) ;  //LCD显示函数

main( )
{

     delay_ms( 20 ) ;
     init( ) ;
     delay_ms( 10 ) ;
     while( 1 )
     {
          display( 2 , '' ) ;
          display( 3 , '' ) ;
          display( 4 , '' ) ;
          display( 5 , ' W ' ) ;
          display( 6 , ' E ' ) ;
          display( 7 , ' L ' ) ;
          display( 8 , ' C ' ) ;
          display( 9 , ' O ' ) ;
          display( 10 , ' M ' ) ;
          display( 11 , ' E ' ) ;
          display( 12 , '' ) ;
          display( 0x40 , ' K ' ) ;
          display( 0x41 , ' I ' ) ;
          display( 0x42 , ' N ' ) ;
          display( 0x43 , ' G ' ) ;
          display( 0x44 , ' T ' ) ;
          display( 0x45 , ' E ' ) ;
          display( 0x46 , ' C ' ) ;
          display( 0x47 , ' H ' ) ;
          display( 0x48 , '' ) ;
          display( 0x49 , ' C ' ) ;
          display( 0x4a , ' O ' ) ;
          display( 0x4b , ' . ' ) ;
          display( 0x4c , ' , ' ) ;
          display( 0x4d , ' L ' ) ;
          display( 0x4e , ' T ' ) ;
          display( 0x4f , ' D ' ) ;
          delay_ms( 1000 ) ;
     }
```

```
}

void init( )
{
      delay_ms( 10 ) ;
      RW = 0 ;
      EN = 1 ;
      RS = 0 ;
      P0 = 0x01 ;
      EN = 0 ;
      delay_ms( 5 ) ;
      EN = 1 ;
      RS = 0 ;
      P0 = 0x38 ;
      EN = 0 ;
      delay_ms( 5 ) ;
      EN = 1 ;
      P0 = 0x0c ;
      EN = 0 ;
      delay_ms( 5 ) ;
      EN = 1 ;
      P0 = 0x04 ;
      EN = 0 ;
      delay_ms( 5 ) ;
      EN = 1 ;
}

void display( uint i , char a )
{
      EN = 1 ;
      RS = 0 ;
      RW = 0 ;
      P0 = 0x80 + i ;
      EN = 0 ;
      delay_ms( 1 ) ;
      EN = 1 ;
      RS = 1 ;
      P0 = a ;
      EN = 0 ;
      delay_ms( 1 ) ;
      EN = 1 ;
}
```

9.2.3 FYD12864 显示模块

1. FYD12864-0402B 模块简介

FYD12864-0402B 模块是一种具有 4 位/8 位并行、2 线或 3 线串行多接口方式，内部含有国际一级、二级简体中文字库的点阵式图形液晶显示模块。利用该模块灵活的接口方式和简单便捷的操作指令，可方便地构成全中文人机交互图形界面，显示 8×4 行、16×16 的点阵型汉字。其基本特征如下。

（1）低电压（V_{DD}：+3.0～+5.5V）。

（2）显示分辨率：128×64 点阵。

（3）内置汉字字库，提供 8192 个 16×16 点阵汉字（简体、繁体可选）。

（4）内置 128 个 16×8 点阵 ASCII 字符集。

（5）2MHz 时钟频率。

（6）显示方式：STN、半透、正显。

（7）驱动方式：1/32DUTY、1/5BIAS。

（8）视角方向：6 点。

（9）背光方式：侧部高亮白色 LED，功耗仅为普通 LED 的 1/5～1/10。

（10）通信方式：串行、并行可选。

（11）内置 DC-DC 转换电路。

（12）无需片选信号，简单软件设计。

（13）工作温度：0℃～+55℃。

（14）存储温度：−20℃～+60℃。

2. FYD12864 显示模块组成结构图

FYD12864-0402B 液晶显示模块可由驱动芯片 ST7920 和 ST7921、LED 背光电路、电源电路 3 部分组成，如图 9-17 所示。

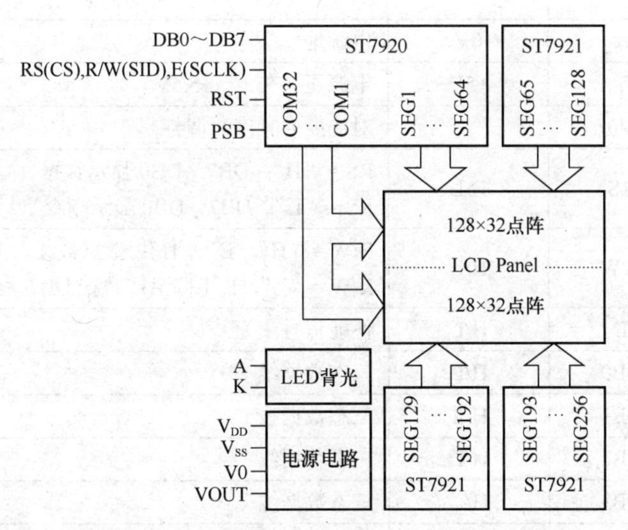

图 9-17 FYD12864-0402B 液晶显示模块组成结构

3. 模块接口说明

FYD12864-0402B 液晶显示模块有两种接口方式，分别是串行连接方式和并行连接方式。串行连接方式下引脚说明如表 9-8 所示。

表 9-8　　串行接口方式引脚说明

引脚号	名称	电平	功能描述
1	V_{SS}	0V	电源地
2	V_{DD}	+5V	电源正（+3.0～+5.5V）
3	V0		对比度（亮度）调整
4	CS	H/L	模组片选端（高电平有效）
5	SID	H/L	串行数据输入端
6	SCLK	H/L	串行同步时钟，上升沿时读取 SID 数据
15	PSB	H/L	H：8 位或 4 位并行方式；L：串行方式
17	RST	H/L	复位端，低电平有效
19	A	V_{DD}	背光源电压，+5V
20	K	V_{SS}	背光源负端

说明：（1）如果在实际中仅使用串行通信模式，可将 PSB 接固定低电平，也可将模块上的 J8 和 GND 短接。

（2）模块内部接有上电复位电路，在不需要经常复位的场合可将 RST 引脚悬空。

（3）如背光和模块共用一个电源，可将模块上的 JA、JK 短接。

并行连接方式下引脚说明如表 9-9 所示。

表 9-9　　并行接口方式引脚说明

引 脚 号	名 称	电 平	功能描述
1	V_{SS}	0V	电源地
2	V_{DD}	+5V	电源正（+3.0～+5.5V）
3	V0		对比度（亮度）调整
4	RS	H/L	RS =“H”：DB7～DB0 显示数据 RS =“L”：DB7～DB0 显示指令
5	R/W	H/L	R/W =“H”，E =“H”：数据被读入 DB7～DB0 R/W =“L”，E 下降沿：数据 DB7～DB0 被写入 IR 或 DR
6	E	H/L	使能信号
7	DB0	H/L	三态数据线
8	DB1	H/L	三态数据线
9	DB2	H/L	三态数据线
10	DB3	H/L	三态数据线
11	DB4	H/L	三态数据线
12	DB5	H/L	三态数据线
13	DB6	H/L	三态数据线
14	DB7	H/L	三态数据线
15	PSB	H/L	H：8 位或 4 位并行方式；L：串行方式
16	NC		空引脚

续表

引脚号	名称	电平	功能描述
17	RST	H/L	复位端，低电平有效
18	VOUT		LCD驱动电压输出端
19	A	V_{DD}	背光源电压，+5V
20	K	V_{SS}	背光源负端

说明：（1）如果在实际中仅使用并行通信模式，可将PSB接固定高电平，也可将模块上的J8和V_{DD}短接。

（2）模块内部接有上电复位电路，在不需要经常复位的场合可将RST引脚悬空。

（3）如背光和模块共用一个电源，可将模块上的JA、JK短接。

4．模块的主要硬件构成

（1）控制器接口信号

模块的RS、R/W端的配合可选择控制界面的4种模式，如表9-10所示。

表9-10　控制界面的模式选择

RS	R/W	功能描述
L	L	CPU写指令到指令寄存器（IR）
L	H	读出忙标志（BF）及地址计数器（AC）的状态
H	L	CPU写入数据到数据寄存器（DR）
H	H	CPU从数据寄存器（DR）读取数据

模块的E信号状态执行动作如表9-11所示。

表9-11　E信号不同状态下的执行动作

E信号状态	执行动作	功能描述
H→L	I/O缓冲→DR	配合R/W = 0进行写数据或指令
H	DR→I/O缓冲	配合R/W = 1进行读数据或指令
L或L→H	无动作	

（2）忙标志BF

BF标志用于提供模块内部工作情况。BF =“1”表示模块正在进行内部操作，此时模块不会接收外部的指令和数据；BF =“0”时，模块处于准备就绪状态，随时可接收外部的指令和数据。

可利用指令“STATUS RD”将BF状态读到DB7中，从而检验模块的工作状态。

（3）字形产生ROM（CGROM）

字形产生ROM可提供8192个16×16点阵的汉字，触发器DFF用于模块屏幕的开、关显示控制。DFF =“1”为开显示（DISPLAY ON），DDRAM的内容显示在屏幕中；DFF =“0”为关显示（DISPLAY OFF）。

DFF的状态由指令“DISPLAY ON/OFF”和RST信号进行控制。

（4）显示数据RAM（DDRAM）

模块内部显示数据RAM提供64×2个位元组的空间，最多可控制4行、每行16字（共

64个字）的中文字形显示。当写入显示数据RAM时，可分别显示CGROM和CGRAM的字形。FYD12864模块可显示3种字形，分别为半角英文/数字型（16×8）、CGRAM字形和CGROM的中文字形，3种字形的选择根据DDRAM中写入的编码决定，在0000H～0006H的编码中（其代码分别是0000、0002、0004、0006共4个）将选择CGRAM的自定义字形，02H～7FH的编码中将选择半角英文/数字字形，至于A1以上的编码将自动结合下一个位元组组成两个位元组的编码，形成中文字形的编码BIG5（A140～D75F）和GB（A1A0～F7FFH）。

（5）字形产生RAM（CGRAM）

字形产生RAM提供图像定义（造字）功能，可以提供4组16×16点阵的自定义图像空间，使用者可以将内部字形（CGROM）中没有提供的图像字形定义到CGRAM之后，即可和CGROM中已定义的字形一样通过DDRAM显示在屏幕中。

（6）地址计数器（AC）

地址计数器（AC）用来存储DDRAM/CGRAM的地址，它可通过设定指令寄存器（IR）来改变。使用时只要读取或者写入DDRAM/CGRAM数值时，地址计数器的值会自动加1。当RS为“0”且R/W为“1”时，地址计数器的值会被读取到DB6～DB0中。

（7）光标/闪烁控制电路

FYD12864模块可提供硬体光标及闪烁控制电路，由地址计数器的值来指定DDRAM中的光标或闪烁位置。

5. 指令说明

FYD12864模块的控制芯片提供两套控制命令，基本指令和扩充指令，如表9-12、表9-13所示。

表9-12　　FYD12864模块控制芯片基本指令（RE = 0）

指令	指令码										指令功能
	RS	R/W	D7	D6	D5	D4	D3	D2	D1	D0	
清除显示	0	0	0	0	0	0	0	0	0	1	将DDRAM填满“20H”，并且设定DDRAM的地址计数器（AC）为“00H”
地址归位	0	0	0	0	0	0	0	0	1	×	将DDRAM的地址计数器（AC）设为“00H”，并且将游标移动到起始的原点位置，DDRAM内容不变
显示状态开/关	0	0	0	0	0	0	1	D	C	B	D = 1：整体显示开启；C = 1：游标显示开启；B = 1：游标位置反白允许
进入点设定	0	0	0	0	0	0	0	1	I/D	S	指定在数据读取与写入时，设定游标的移动方向及指定显示的移位
游标显示移位控制	0	0	0	0	0	1	S/C	R/L	×	×	设定游标的移动与显示的移位控制位，DDRAM内容不变
功能设定	0	0	0	0	1	DL	×	RE	×	×	DL = 0/1：4/8位数据；RE = 1：扩充指令操作；RE = 0：基本指令操作
CGRAM地址设定	0	0	0	1	AC5	AC4	AC3	AC2	AC1	AC0	设定CGRAM地址

续表

指令	指令码										指令功能
	RS	R/W	D7	D6	D5	D4	D3	D2	D1	D0	
DDRAM 地址设定	0	0	1	0	AC5	AC4	AC3	AC2	AC1	AC0	设定 DDRAM 地址（显示地址）。第 1 行：80H～87H；第 2 行：90H～97H
读取忙标志 BF	0	1	BF	AC6	AC5	AC4	AC3	AC2	AC1	AC0	读取忙标志 BF，以确认模块内部动作是否完成，同时读取 AC 的值
写数据到 RAM	1	0	8 位数据								将数据 D7～D0 写入到内部 RAM 中
读 RAM 数据	1	1	8 位数据								从内部 RAM 中读取数据到 D7～D0

表 9-13　　FYD12864 模块控制芯片扩充指令（RE = 1）

指令	指令码										指令功能
	RS	R/W	D7	D6	D5	D4	D3	D2	D1	D0	
待命模式	0	0	0	0	0	0	0	0	0	1	进入待命模式，执行其他指令都被终止
卷动地址开关开启	0	0	0	0	0	0	0	0	1	SR	SR = 1：允许输入垂直卷动地址；SR =0：允许输入 IRAM 和 CGRAM 地址
反白选择	0	0	0	0	0	0	0	1	R1	R0	选择两行中的任意一行作为反白显示，可决定反白与否。初始值 R1R0 = 00，第一次设定为反白显示，第二次设定变回为正常显示
睡眠模式	0	0	0	0	0	0	1	SL	×	×	SL = 1：进入睡眠模式；SL = 0：退出睡眠模式
扩充功能设定	0	0	0	0	1	CL	×	RE	G	0	CL = 0/1：4/8 位数据；RE = 1：扩充指令操作；RE = 0：基本指令操作；G = 1/0：绘图开关，“1”开启
功能设定	0	0	0	0	1	DL	×	RE	×	×	DL = 0/1：4/8 位数据；RE = 1：扩充指令操作；RE = 0：基本指令操作
设定绘图 RAM 地址	0	0	1	0 AC6	0 AC5	0 AC4	AC3 AC3	AC2 AC2	AC1 AC1	AC0 AC0	设定绘图 RAM 地址。先设定垂直（列）地址 AC6、AC5、…、AC0，再设定水平（行）地址 AC3、AC2、AC1、AC0，将以上 16 位地址连续写入即可

6．应用举例

【例 9-3】 先给模块加工作电压，再按照图 9-18 所示的连接方法（液晶模块的引脚 3 和引脚 18）调节 LCD 的对比度，使其显示出黑色的底影。此过程可以初步检测 LCD 显示屏有无缺段现象。

（1）字符显示。

FYD12864-0402B 模块每屏可显示 4 行 8 列共 32 个 16×16 点阵的汉字，每个显示 RAM 可显示 1 个中文字符或 2 个 16×8 点阵的全角 ASCII 码字符，即每屏最多可实现 32 个中文字符或 64 个 ASCII 码字符的显示。

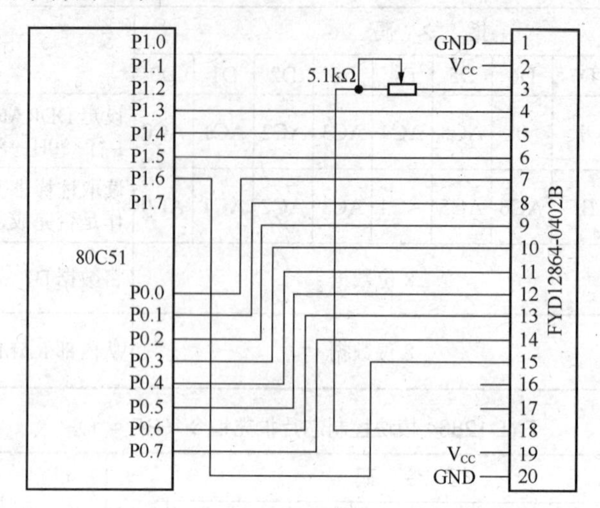

图 9-18　FYD12864-0402B 模块与 8051 接口电路举例

FYD12864-0402B 模块内部可提供 128×2 字节的字符显示 RAM 缓冲区（DDRAM），字符的显示是通过将字符显示编码写入该字符的显示 RAM 实现的。根据写入内容的不同，可分别在显示屏上显示 CGROM（中文字库）、HCGROM（ASCII 码字库）及 CGRAM（自定义字形）的内容。3 种不同字符/字形的选择编码范围为：0000H～0006H（其代码分别是 0000H、0002H、0004H、0006H，共 4 个）用于显示 CGRAM 中的自定义字形；02H～7FH 用于显示半角 ASCII 码字符；A1A0～F7FFH 用于显示 8192 种 GB2312 中文字库字形；字符显示 RAM 在 FYD12864 液晶模块中的地址范围为 80H～90H。字符显示的 RAM 地址与 32 个中文字符显示区域一一对应，如表 9-14 所示。

表 9-14　　字符显示的 RAM 地址与 32 个字符显示区的对应关系

	第 1 列	第 2 列	第 3 列	第 4 列	第 5 列	第 6 列	第 7 列	第 8 列
第 1 行	80H	81H	82H	83H	84H	85H	86H	87H
第 2 行	90H	91H	92H	93H	94H	95H	96H	97H
第 3 行	88H	89H	8AH	8BH	8CH	8DH	8EH	8FH
第 4 行	98H	99H	9AH	9BH	9CH	9DH	9EH	9FH

（2）图形显示。

原则：先设定垂直地址，再设定水平地址（连续写入两个字节的数据）。垂直地址范围为 AC4～AC0；水平地址范围为 AC3～AC0。

绘图 RAM 的地址计数器（AC）只会对水平地址（X 轴）自动加 1，如当水平地址为 0FH 时会重新设置为 00H，但并不会对垂直地址自动加 1。所以，当连续写入多次数据时，程序需自行判断垂直地址是否需要重新设定。GDRAM 的坐标地址与数据排列顺序如图 9-19 所示。

（3）应用说明。

使用 FYD12864 显示模块时应遵循以下几点。

① 在某个位置显示中文字符时，应先设定显示字符位置，即先设定显示地址，再写入中文字符编码。

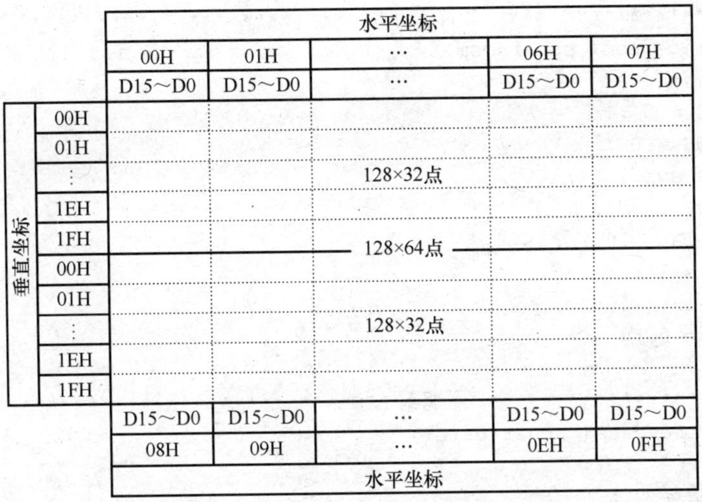

		水平坐标				
		00H	01H	…	06H	07H
		D15～D0	D15～D0	…	D15～D0	D15～D0
垂直坐标	00H					
	01H					
	⋮			128×32点		
	1EH					
	1FH					
				128×64点		
	00H					
	01H					
	⋮			128×32点		
	1EH					
	1FH					
		D15～D0	D15～D0	…	D15～D0	D15～D0
		08H	09H	…	0EH	0FH
		水平坐标				

图 9-19　FYD12864 模块 LCD 坐标示意图

② 显示 ASCII 码字符过程与显示中文字符过程相同。在连续显示字符时，仅需设定一次显示地址，由模块自动对地址加 1，指向下一个字符位置；否则，显示的字符中会有一个空 ASCII 码字符位置。

③ 当字符编码为 2 字节时，应先写入高位字节，再写入低位字节。

④ 模块在接收指令前，处理器必须先确认模块内部处于非忙状态，即 BF 标志应为“0”时方可接收新的指令。如果在送出一个指令前不检查 BF 标志，则在前一个指令和当前指令之间必须延迟一段较长的时间，即等待前一指令执行完成。

⑤ “RE”为基本指令集和扩充指令集的选择控制位。当变更 RE 后，之后的指令集将维持最后状态，除非再次改变 RE 的值。也就是说，使用相同的指令集时，无需每次均重设 RE 的值。

（4）接口举例。FYD12864-0402B 模块与 8051 单片机的接口电路如图 9-18 所示。

（5）C 程序清单。

```
#include <reg52.h>
#include <stdio.h>
#define uchar unsigned char
#define uint unsigned int
sbit RS = P1^3 ;                         //寄存器选择输入
sbit RWS = P1^4 ;                        //LCD 读写控制选择输入
sbit E = P1^5 ;                          //LCD 使能控制
sbit PSB = P1^6 ;                        //串/并行方式选择输入
uchar display_code[ ] = { "LCD12864 液晶驱动程序" } ;

/**************************延时程序（单位：ms）**************************/
void delay( uint x )
{
     uint i , j ;
     for( i=0 ; i<x ; i++ )
          for( j=0 ; j<120 ; j++ ) ;
```

```
    }
/************************写指令到LCD************************/
    void write_com( uchar com )
    {
        RS = 0 ;
        RWS = 0 ;
        delay( 1 ) ;
        P0 = com ;
        delay( 10 ) ;
        E = 1 ;
        delay( 1 ) ;
        E = 0 ;
    }
/************************写数据到LCD************************/
    void write_data( uchar data )
    {
        RWS = 0 ;
        RS = 1 ;
        delay( 1 ) ;
        P0 = data ;
        delay( 10 ) ;
        E = 1 ;
        delay( 1 ) ;
        E = 0 ;
    }
/************************初始化************************/
    void init( )
    {
        PSB = 1 ;
        delay( 1 ) ;
        RS = 0 ;
        RWS = 0 ;
        delay( 1 ) ;
        write_com( 0x01 ) ;                //清屏指令
        delay( 2 ) ;
        write_com( 0x0c ) ;                //显示状态开关指令，开启显示
        delay( 2 ) ;
        write_com( 0x30 ) ;                //功能设定：8 位数据，基本指令集
        delay( 2 ) ;
    }
/************************主函数************************/
    void main( )
    {
        uint i ;
        init( ) ;
        delay( 10 ) ;
        while( 1 )
        {
            write_com( 0x80 ) ;         //设定 DDRAM 地址
            for( i=0 ; i<20 ; i++ )
            {
```

```
                write_data( display_code[ i ] ) ;
                delay( 2 ) ;
            }
        }
    }
```

9.2.4 汉字字模提取

一般，在进行液晶显示器编程以前，首先应根据要显示的汉字计算其点阵数据，然后将点阵数据存储在单片机的程序存储器中，需要的时候将这些数据发送到液晶显示器即可显示所需的汉字。将汉字转换为对应的点阵数据叫作对汉字取模，取模有横向取模和纵向取模两种。横向取模就像上一节例子中描述的，逐行取点阵数据；而纵向取模则按列取点阵数据，但纵向取模把汉字的16行分成上下两部分，首先对上面8行逐列进行点阵数据提取，然后再对下8行进行点阵数据提取。可以看出，同样的汉字横向取模和纵向取模的数据是不同的，而且不同的液晶显示器取模方式不同，使用前应考虑好。

下面介绍一款字模提取软件“字模提取 V2.1”，该软件可以从网络上下载。双击该软件启动后，可以根据需要对汉字取所需的模。举例说明如下。

启动该软件后，界面如图9-20所示。

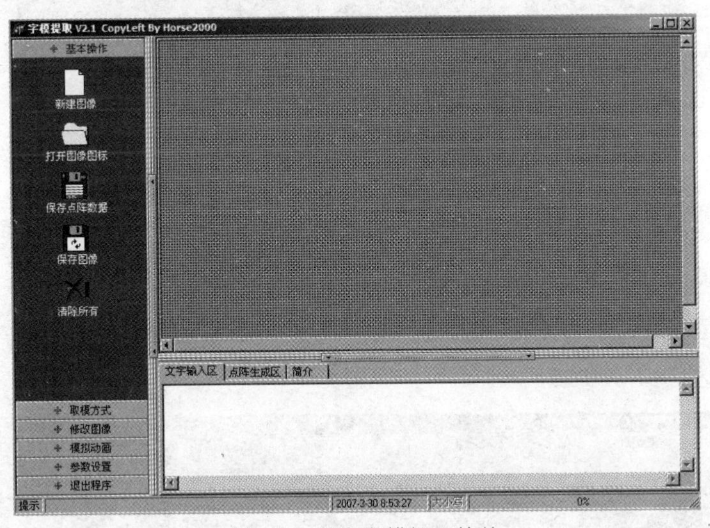

图9-20 汉字字模提取软件

首先要进行取模设置，是横向取模还是纵向取模，是否反显等。所谓“反显”是指用“0”表示某个点是亮的，而用“1”表示某个点是不亮的。单击图9-20界面左侧“参数设置”标签，出现图9-21所示界面。

单击图9-21中所示的左侧“其他选项”图标，弹出图9-22所示的对话框。在图9-22中，可以选择是横向取模或纵向取模，是否字节倒序等。如果汉字液晶显示器是RT12232B型，采用横向取模方式，使用时请注意。

设置好以后单击“确定”按钮，单击图9-22左侧的“取模方式”标签。然后在图9-23下面的“文字输入区”输入要取模的汉字，如“大”，然后按Ctrl+Enter键，界面会变成图9-23所示样子，上方点阵区就会显示所输入汉字在液晶显示器上的形状。

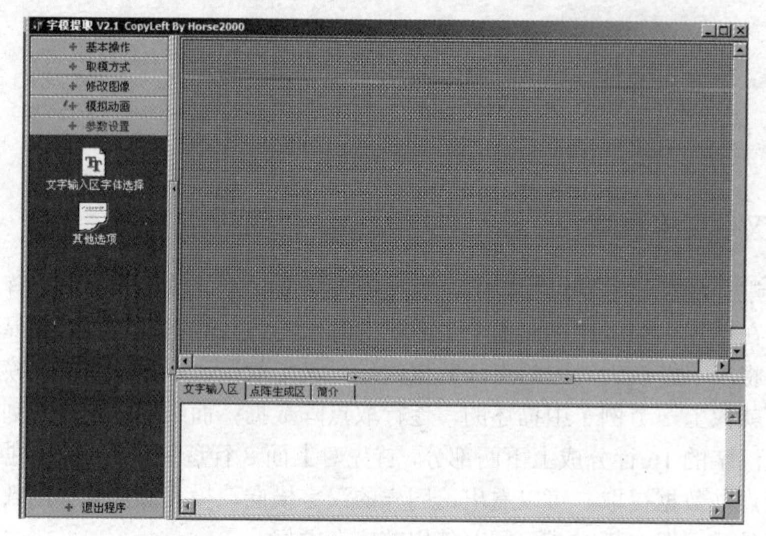

图 9-21　参数设置界面

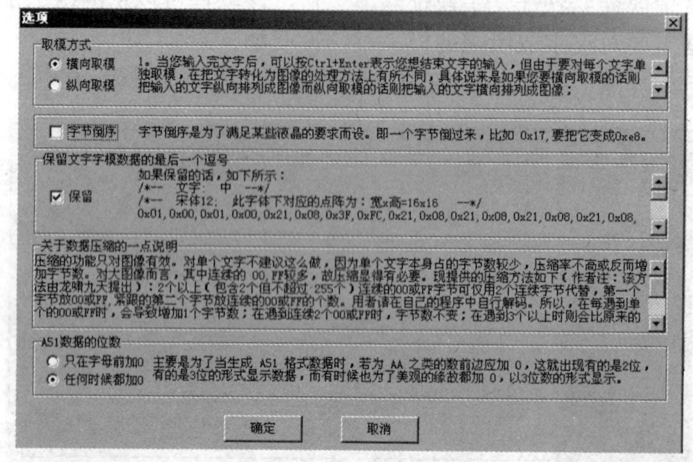

图 9-22　取模方式设置

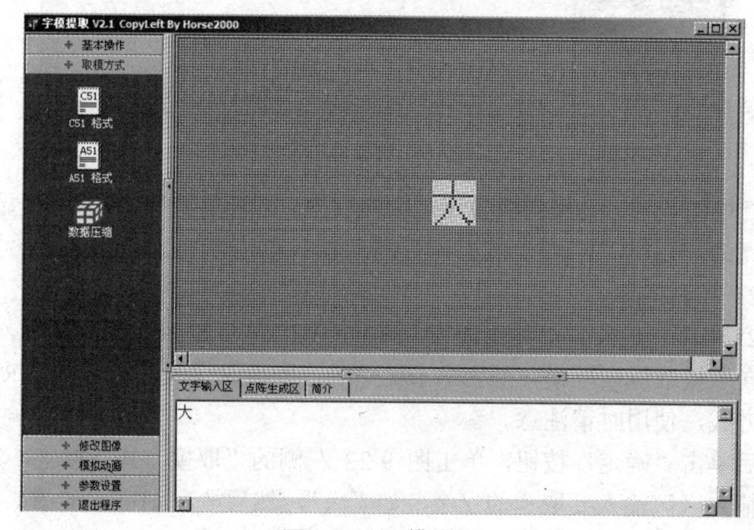

图 9-23　取模界面

这时单击图 9-23 左侧“C51 格式”图标，界面如图 9-24 所示。

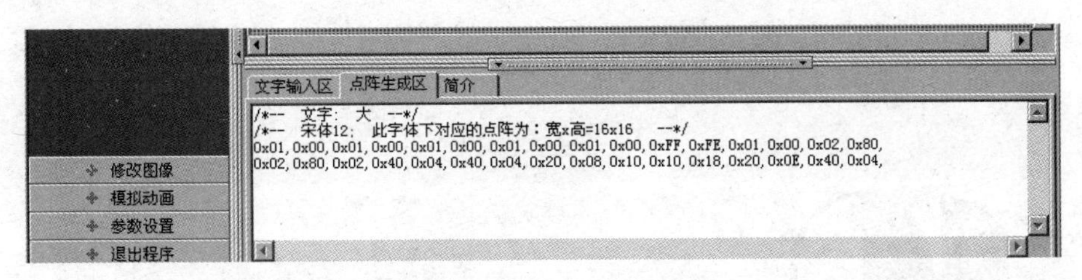

图 9-24 汉字字模生成区

在图 9-24 中，下方点阵生成区中的 32 个字节的数据就是“大”字对应的横向取模数据了。把该数据存放在一个数组中，需要的时候将数组中的数据发送显示，就会在汉字液晶显示器上显示“大”字了。

习题与思考题

1．共阴极和共阳极 LED 数码管显示器的接线方式有何不同，各自的段码有何关系？

2．试用 LED 显示段码的编码规律写出“S”的显示段码。

3．静态显示和动态显示有何区别，有何联系？

4．单片机系统对 LED 数码管显示段码的译码方式有哪几种？它们对接口电路和软件程序有何要求？

5．让数字 3 在 8 个数码管上从左到右依次显示，某个时刻只有一个数码管显示，不断循环。

6．试说明内置 HD44780 驱动控制器的字符型液晶显示模块的工作原理。

第10章 A/D转换器与D/A转换器应用

在单片机的实际工程应用中，经常涉及连续变化的物理信号量（如温度、压力、流量、速度等），这些物理信号量是连续变化的模拟电信号。而单片机本身只能处理数字信号，这就需要将模拟信号转换为数字信号，或反之。实现模拟信号转换为数字信号的电子器件称为A/D转换器（Analog to Digital Converter），数字信号转换成模拟信号的器件称为D/A转换器（Digital to Analog Converter）。本章从应用角度，介绍几种典型的A/D、D/A转换器，以及51单片机与它们的接口设计。

10.1 A/D转换器接口

10.1.1 A/D转换器概述

1. A/D转换器的分类

A/D转换芯片按转换原理可分为计数器式、双积分式、逐次逼近式和并行式4类。目前这4类中最常用的是逐次逼近式，它的结构不复杂，转换速度也高。

2. A/D转换器的技术指标

（1）分辨率

A/D转换器的分辨率是指被转换后的数字量变化一个单位所需输入模拟电压的变化量，分辨率用位数表示。一个8位分辨率的A/D转换器可以把输入的满量程模拟量分成2^8=256份，每一份所对应的模拟量的大小就是该A/D转换器的分辨率。例如，一个满输入量程为5V的8位A/D转换器，它能分辨输入电压变化的最小值是$5\times1/2^8$=19.5mV。

（2）量化误差

A/D转换器把模拟量变为数字量，用数字量近似表示模拟量，这个过程称为量化。量化误差是由于A/D转换器的有限位数引起的。实际上，要更准确表示模拟量，A/D转换器的位数是越大越好。量化误差理论上是一个单位分辨率，即±1/2LSB。分辨率高的A/D转换器具有较小的量化误差。

（3）偏移误差

偏移误差是指输入信号为0时，输出信号不为0，所以有时又称为零值误差。这种误差可以通过软件来消除。

（4）绝对精度

在一个A/D转换器中，任何输出的数据所对应的实际模拟量输入与理论模拟量输入之差的最大值，称为绝对精度，它包括了所有的误差。

（5）转换时间与转换速率

A/D转换器完成一次A/D转换所需要的时间称为转换时间。A/D转换器的转换速率就是能够重复进行数据转换的速度，即每秒转换的次数。转换时间与转换速率互为倒数。一般逐次逼近式的A/D转换器的转换时间可达0.4μs。

3. A/D转换器的选择原则

（1）根据系统的误差要求，合理选择A/D转换器的精度与分辨率。分辨率并非越高越好，而是够用就行，一般分辨率高的A/D转换器的价格也要相对高一些。

（2）根据被采集信号的变化速度，确定A/D转换器的转换速度。不同类型的A/D转换器，其转换速度有很大的差异，在选择时要注意这个重要指标。

（3）根据单片机的接口特性，合理地考虑A/D转换器的输出状态。例如，A/D转换器是并行输出，还是串行输出；是二进制码，还是BCD码等。

10.1.2　8位并行A/D转换器ADC0809

ADC0809是8位8通道的逐次逼近式A/D转换器。ADC0809的主要特性如下。

（1）分辨率为8位。

（2）精度：小于±1LSB。

（3）单一+5V供电，模拟输入电压范围为0～5V。

（4）具有锁存控制的8路输入模拟开关。

（5）可锁存三态输出，输出与TTL电平兼容。功耗为15mW。

（6）转换速度取决与芯片外接的时钟频率。时钟频率范围：10～1280kHz，典型值为640kHz，转换速度约为100μs。

1. ADC0809的内部结构及引脚功能

ADC0809的内部逻辑结构如图10-1所示。ADC0808/0809片内带有锁存功能的8路模拟开关，可对8路输入模拟信号中的某一路进行转换。地址锁存和译码电路完成对A、B、C 3个地址位进行锁存和译码，其译码输出用来选择某一路模拟量通道。8位A/D转换器由控制与时序电路、比较器、256R电阻T型网路、树状电子开关、逐次逼近寄存器SAR等组成。输出锁存器用来存放和输出转换后的数字量。

ADC0809为28脚标准封装直插式芯片，其引脚如图10-2所示。

各引脚功能介绍如下。

（1）IN0～IN7：8路模拟量输入端。

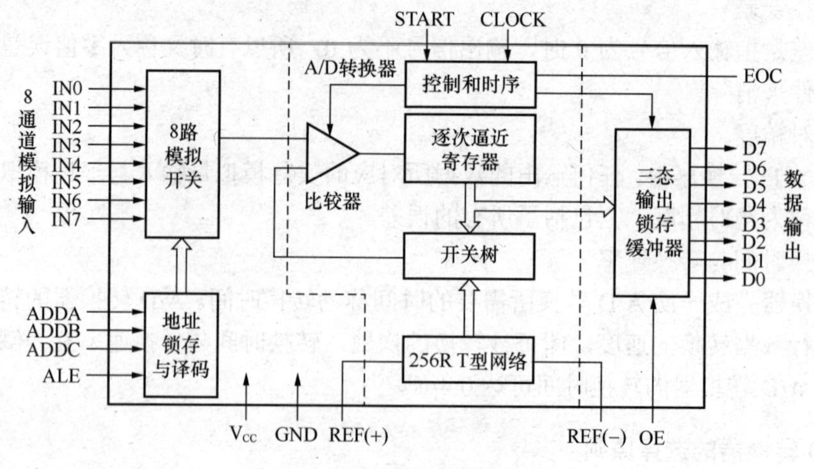

图 10-1　ADC0809 内部结构框图

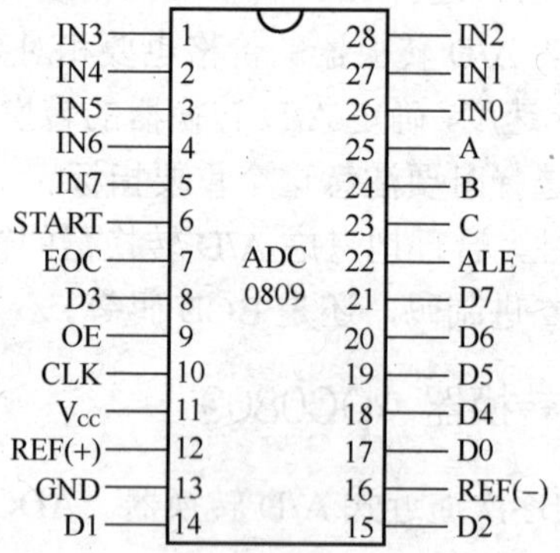

IN3 1 | 28 IN2
IN4 2 | 27 IN1
IN5 3 | 26 IN0
IN6 4 | 25 A
IN7 5 | 24 B
START 6 | 23 C
EOC 7 | 22 ALE
D3 8 | 21 D7
OE 9 | 20 D6
CLK 10 | 19 D5
V_{CC} 11 | 18 D4
REF(+) 12 | 17 D0
GND 13 | 16 REF(−)
D1 14 | 15 D2
ADC 0809

图 10-2　ADC0809 引脚图

（2）C、B、A：3 根地址译码输入线，根据这 3 条线的不同组合，控制多路转换开关，使 8 路模拟输入 IN0～IN7 中的某一个与 A/D 转换器接通，从而对该路模拟量进行 A/D 转换，对应关系如表 10-1 所示。

表 10-1　　　C、B、A 与接通的模拟输入通道的对应关系

C	0	0	0	0	1	1	1	1
B	0	0	1	1	0	0	1	1
A	0	1	0	1	0	1	0	1
模拟通道	IN0	IN1	IN2	IN3	IN4	IN5	IN6	IN7

（3）ALE：地址锁存控制端，高电平有效。在 ALE 的上升沿将 C、B、A 传过来的地址锁存到内部的地址锁存器中，并将相应的模拟量输入通道接入 A/D 转换器。

（4）OE：数字量输出允许信号输入端，高电平有效。当该端有效时，允许从 A/D 转换器的输出锁存器中读取数字量。

（5）START：启动信号输入端，下降沿启动 A/D 进行新的一次转换。

（6）EOC：A/D 转换结束标志。A/D 转换期间，EOC 为低电平，A/D 转换结束，EOC 为高电平。可作为转换结束的中断请求信号。

（7）CLOCK：时钟输入端。

（8）D7～D0：数字量输出线。

（9）V_{CC}：电源输入端，接+5V。

（10）GND：接地端。

（11）REF（+）、REF（−）：参考电源的输入端。一般 REF（+）接+5V，REF（-）接 0V（GND）。

2．ADC0809 与单片机的接口

ADC0809 与 51 系列单片机的接口电路如图 10-3 所示。ADC0809 需要外部时钟信号，可利用单片机的地址锁存允许信号 ALE 经 D 触发器 2 分频获得。如果单片机使用 6MHz 的晶振，则单片机的 ALE 可直接与 ADC0809 的 CLK 相连，只要注意 CLK 端的时钟频率不超过 ADC0809 所要求的范围（10～1280kHz）即可。

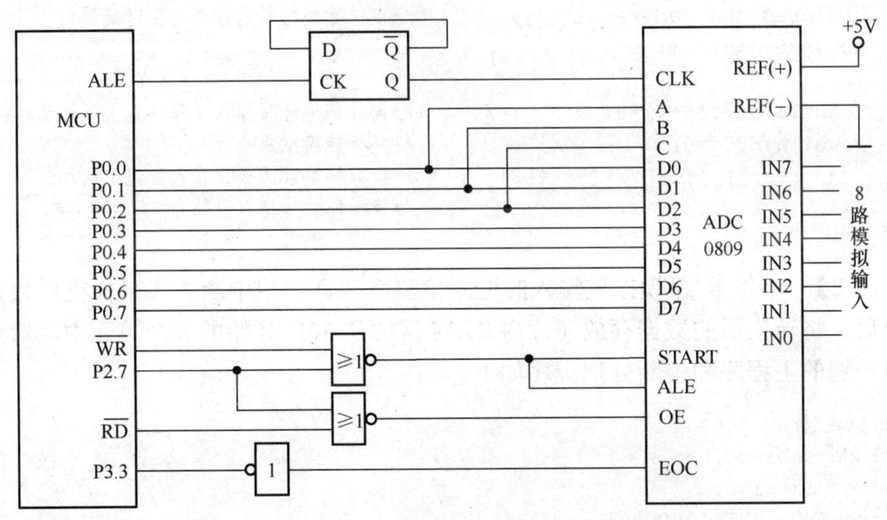

图 10-3 ADC0809 与单片机的接口

P0 口的低 3 位（P0.2～P0.0）分别与 ADC0809 的 C、B、A 相连，在启动 A/D 转换的时候作为地址线输出地址以确定哪一路模拟量被接通，除图 10-3 所示连接方式外，也可在 P0 口的低 3 位与 ADC0809 的 C、B、A 之间接入锁存器。P0 口仍直接与 ADC0809 数据总线相连，在转换完毕时用来输入数据。P2.7 与 $\overline{WR}$ 共同控制 ADC0809 的地址锁存与转换的启动，当单片机向 ADC0809 发出写命令时，$\overline{WR}$ 变为低电平，同时 P2.7 也变成低电平，由于 ADC0809 的 ALE 与 START 连在一起，所以 START 和 ALE 同时有效，也就是说当单片机发给 ADC0809 通道地址的同时也就启动了转换。转换完毕时的数据读出通过 P2.7 和 $\overline{RD}$ 共同来控制完成。转换结束信号端 EOC 通过反向器与单片机的 P3.3（INT1）引脚相连，读取数据时既可采用查询方式，也可采用中断方式。

3．A/D 转换程序的编制

在编制程序之前，首先要计算 A/D 转换器的地址，也就是单片机发送什么地址才能把 A/D 转换器选通。根据图 10-3 可知，P0 口的低 3 位决定着哪一路模拟量被接通，因此当确

定对哪一路模拟量进行转换后，反过来 P0 口低 3 位的值也就确定了，P0 口其他位与地址无关。前面分析过，要想使 ADC0809 的 START 与 ALE 有效，必须将 P2.7 置为 0，与 P2 口其他位无关，于是就可以确定 ADC0809 的地址了。

【例 10-1】 假设现在要对 IN2 通道进行 A/D 转换，则 P0.2～P0.0 应分别为 0、1、0，P2.7 为 0，P2 口与 P1 口的其他位取 1，则 ADC0809 的地址为 0111 1111 1111 1010B，转化为十六进制为 7FFAH。通过上述分析很容易得知 IN0～IN7 的通道地址分别为 7FF8H～7FFFH。有了以上分析，以查询方式进行 A/D 转换的程序如下。程序的功能为分别对 IN0～IN7 通道进行一次 A/D 转换，转换后的数据存入数组 ad_result 中。

```
#include<reg51.h>
#include<absacc.h>                          /*绝对地址访问头文件*/
sbit EOC=P3^3;                              /*定义查询位*/
void main(void)
{
     unsigned char ad_result[8],j;        /*定义存放结果的数组与临时变量*/
     for(j=0;j<8;j++)
     {
       XBYTE[0x7ff8+j]=0;                  /*向外部地址写操作（写任意）以启动转换*/
       while(EOC==0);                      /*等待转换结束*/
       ad_result[j]=XBYTE[0x7ff8+j];       /*读取转换后的数据存入数组中*/
     }                                     /*读操作的地址只要使 OE 有效即可*/
}
```

【例 10-2】 一个 8 路模拟量输入的巡回检测系统，使用中断方式采样模拟数据，进行 A/D 转换后，将转换后的数据存放在片内 RAM 区的从 30H 开始的 8 个单元中。对这 8 路模拟量采集一遍的主程序和中断处理程序如下。

```
#include <reg51.h>
#include <absacc.h>
#define clk=p1^0;
#define IN0 XBYTE[0x0000]
unsigned char data *p;
unsigned char xdata *ad_adr;
unsigned char i=0;
void main()
{
    Init(400);
    ad_adr=&IN0;                //指针指向通道 0
    *ad_adr=i;                  //开始转换
    while(1){};
}
void Init(unsigned int t)
{
    TMOD=0x02;                  //计时器 T0 工作方式 2
    TH0=256-t;                  //T0 初值
    TL0=256-t;
    p=0x30;                     //指向数据存储区 0x30
    IT0=1;                      //外部中断
    EX0=1;                      //外部中断允许
```

```
    ET0=1;                       //T0中断允许
    EA=1;                        //总中断允许
    TR0=1;                       //启动T0计时器
    i=0;
}
void ADC_Int() interrupt 0   //ADC每个通道转换完毕引发的中断函数
{
    *p=*ad_adr;                  //当前通道转换结果存入p指向的数据存储区中
    p+=1;
    i++;
    ad_adr++;                    //下一个通道
    if(i<8)
    {
        *ad_adr=i;               //下一个转换开始
    }
    else                         //8个通道处理完，关中断
    {
        EA=0;EX0=0;
    }
}
void T0_Int() interrupt 1    //T0中断函数
{
    clk=!clk;
}
```

10.1.3　12位A/D转换器MAX197

MAX197是一款12位的多量程A/D转换器，芯片的工作电压为5V。既可以接收高于电源电压的模拟信号，又可接收低于地电位的模拟信号。MAX197的主要特性如下。

（1）12位分辨率，1/2LSB线性度。

（2）单5V供电。

（3）软件可编程选择输入量程：±10V，±5V，0～5V，0～10V。

（4）8路模拟输入通道。

（5）6μs转换时间，100kSa/s采样速率。

（6）内/外部采集控制。

（7）内部4.096V或外部参考电压。

（8）两种掉电模式。

（9）内部或外部时钟。

1. MAX197的引脚与控制字

MAX197的引脚图如图10-4所示。

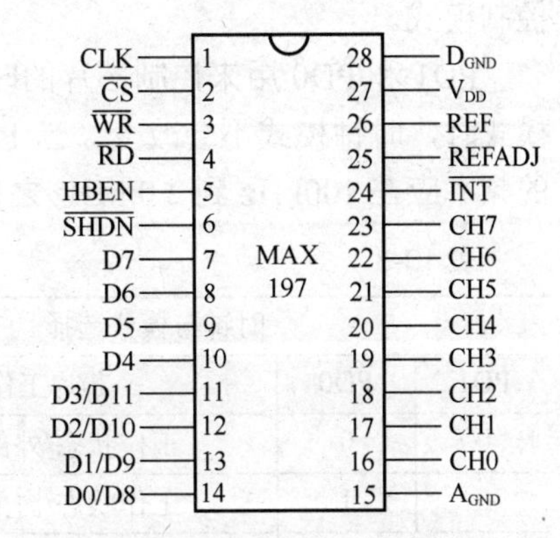

图10-4　MAX197的引脚图

各引脚描述如下。

CLK：时钟输入。外部时钟模式时，由此脚输入时钟；内部时钟模式时，该脚与地间接一电容，以确定内部时钟频率，当f_{CLK}=1.56MHz时，外接电容的典型值为100pF。

$\overline{CS}$：片选线，低电平有效。

$\overline{WR}$：当$\overline{CS}$为低时，在内部采集模式下，$\overline{WR}$的上升沿将锁存数据，并启动一次采集和一次转换周期；在外部采集模式下，$\overline{WR}$的第一个上升沿启动采集，第二个上升沿结束采集并启动转换周期。

$\overline{RD}$：输出允许，当$\overline{CS}$为低时，$\overline{RD}$的下降沿将允许读取数据总线上的数据。

HBEN：用于切换 12 位转换结果。此脚为高时，数据总线上的数据为高 4 位；此脚为低时，数据总线上的数据为低 8 位。

$\overline{SHDN}$：关断控制位。此脚接低电平时，器件进入掉电模式。

D7～D4：三态数字 I/O 口。

D3/D11：三态数字 I/O 口。HBEN 为低时，输出 D3；HBEN 为高时，输出 D11。

D2/D10：三态数字 I/O 口。HBEN 为低时，输出 D2；HBEN 为高时，输出 D10。

Dl/D9：三态数字 I/O 口。HBEN 为低时，输出 D1；HBEN 为高时，输出 D9。

D0/D8：三态数字 I/O 口。HBEN 为低时，输出 D0；HBEN 为高时，输出 D8。

CH0～CH7：模拟输入通道。

$\overline{INT}$：当转换完成，且数据准备就绪时，$\overline{INT}$变低。

REFADJ：内/外部参考电压选择引脚。使用内部参考电压时，对地接 0.01μF 的旁路电容；使用外部参考时，此脚接 V_{DD}。

REF：参考电压缓冲输出或 ADC 参考电压输入。存内部参考电压模式下，由此脚提供一个 4.096V 的标准输出；由 REFADJ 脚进行外部调节；在外部参考电压模式下，REFADJ 接至 V_{DD}，此脚接外部参考电压。

V_{DD}：+5V 电源，对地接 0.1μF 的旁路电容。

D_{GND}：数字地。

A_{GND}：模拟地。

MAX197 的转换是从写入控制字开始的，控制字的格式如表 10-2 所示。

表 10-2　控制字的格式

D7	D6	D5	D4	D3	D2	D1	D0
PD1	PD0	ACQMOD	RNG	BIP	A2	A1	A0

其中，ACQMOD 决定采集控制模式，置 0 时为内部采集控制模式，置 1 时为外部采集控制模式。

PD1 和 PD0 用来控制芯片的时钟模式。一旦选定了芯片的时钟模式，再进入待机或掉电模式时，时钟模式不会改变。当 PD1 和 PD0 均为 0 时，芯片选择外部时钟模式，外部时钟的频率应在 100kHz 到 2.0 MHz 之间。其具体含义如表 10-3 所示。

表 10-3　时钟/模式选择与量程选择

时钟与模式选择			量程选择		
PD1	PD0	芯片工作模式	BIP	RNG	模拟量输入量程（V）
0	0	工作状态/外部时钟模式	0	0	0～5
0	1	工作状态/内部时钟模式	0	1	0～10
1	0	待机状态/时钟模式不变	1	0	−5～+5
1	1	掉电状态/时钟模式不变	1	1	−10～+10

BIP和RNG用来选择模拟输入信号的电压范围，如表10-3所示。

A2、A1和A0用来对8路模拟量输入通道进行选择，利用这3位可以决定具体哪一路模拟量被接通。具体如表10-4所示。

表10-4 时钟/模式选择与量程选择

A2	0	0	0	0	1	1	1	1
A1	0	0	1	1	0	0	1	1
A0	0	1	0	1	0	1	0	1
模拟通道	CH0	CH1	CH2	CH3	CH4	CH5	CH6	CH7

2. MAX197与单片机的接口

MAX197与51系列单片机的接口如图10-5所示。图中，C1=100pF，C2=4.7μF, C3=0.1μF，C4=0.01μF。

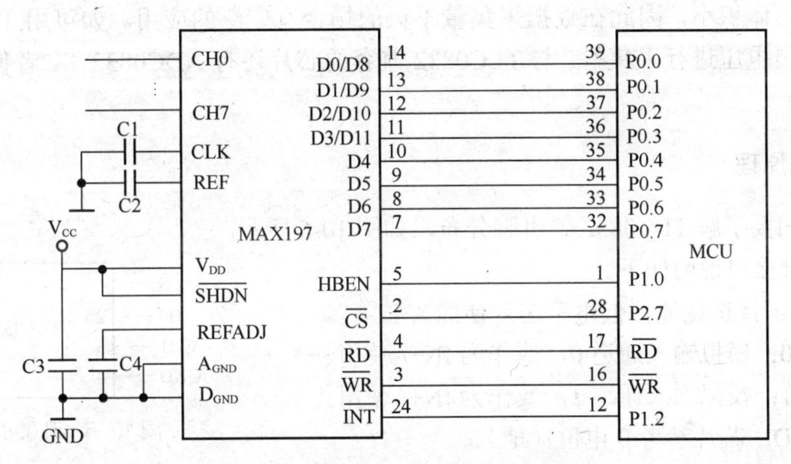

图10-5 MAX197与单片机的接口电路

3. A/D转换程序的编制

在编制A/D转换程序之前，要计算MAX197的控制字和地址。在图10-5所示的接法中，MAX197使用的是内部参考电压，内部时钟方式，外部控制采集模式，模拟量输入范围是0～5V，于是可以计算出控制字为 60H～67H，分别对应 CH0～CH7 通道。地址的计算仿照ADC0809的计算方式，可以得出MAX197的地址为7F00H。

A/D转换程序如下，程序的功能为分别对CH0～CH7通道进行一次A/D转换，转换后的数据存入数组ad_result中。

```
# include<reg51.h>
# include<absacc.h>                    /*绝对地址访问头文件*/
#define ad XBYTE[0x7f00]               /*A/D地址*/
sbit HBEN=P1^0;                        /*定义高/低位数据的切换位*/
sbit EOC=P1^2;                         /*定义查询位*/
void main(void)
{
    unsigned int ad_result[8];         /*定义存放结果的数组与临时变量*/
```

```
    unsigned char data_l,data_h,j;          /*定义中间变量*/
    for(j=0;j<8;j++)                        /*注意存放 12 位转换结果的数组应为整型*/
    {
      ad=0x60+j;                            /*向 MAX197 写入控制字以启动转换*/
      while(EOC==1);                        /*等待转换结束*/
      HBEN=0;                               /*指向结果低 8 位*/
      data_l=ad;                            /*读结果低 8 位*/
      HBEN=1;                               /*指向结果高 4 位*/
      data_h=ad;                            /*读结果高 4 位*/
      ad_result[j]= data_h*256+data_l;      /*计算最终的数据并存入数组中*/
    }
}
```

10.1.4 串行模数转换芯片 TLC0832

TLC0832 是一种 8 位分辨率的串行模数转换芯片。该芯片有两个模拟量通道，与单片机的连接简单，体积小，因此在数据采集量不大的场合有广泛的应用。如可用 TLC0832 对可调电阻的输出电压进行采集等。与 TLC0832 兼容的芯片还有 ADC0832，二者使用方法完全相同。

1. 工作原理

首先我们要了解 TLC0832 的引脚分布，如图 10-6 所示。

芯片引脚接口说明如下。

（1）$\overline{CS}$：片选使能，低电平芯片使能。

（2）CH0：模拟输入通道 0，或作为 IN+/-使用。

（3）CH1：模拟输入通道 1，或作为 IN+/-使用。

（4）GND：芯片参考 0 电位（地）。

（5）DI：数据信号输入，选择通道控制。

（6）DO：数据信号输出，转换数据输出。

（7）CLK：芯片时钟输入。

（8）V_{CC}/REF：电源输入及参考电压输入（复用）。

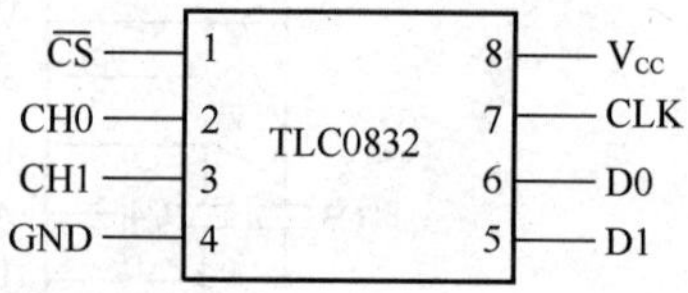

图 10-6 TLC0832 引脚图

TLC0832 为 8 位分辨率 A/D 转换芯片，其最高分辨可达 256 级，可以适应一般的模拟量转换要求；其内部电源输入与参考电压的复用，使得芯片的模拟电压输入在 0～5V 之间；芯片转换时间仅为 32μs；据有双数据输出，可作为数据校验，以减少数据误差；转换速度快且稳定性能强；独立的芯片使能输入，使多器件挂接和处理器控制变的更加方便。通过 DI 数据输入端，可以轻易地实现通道功能的选择。

正常情况下 TLC0832 与单片机的接口应为 4 条数据线，分别是 $\overline{CS}$、CLK、DO、DI。但由于 DO 端与 DI 端在通信时并未同时有效并与单片机的接口是双向的，所以电路设计时可以将 DO 和 DI 并联在一根数据线上使用。

TLC0832 的工作时序如图 10-7 所示。当 TLC0832 未工作时其 $\overline{CS}$ 输入端应为高电平，此时芯片禁用，CLK 和 DO/DI 的电平可任意。当要进行 A/D 转换时，须先将 $\overline{CS}$ 使能端置于低电平并且保持低电平直到转换完全结束。

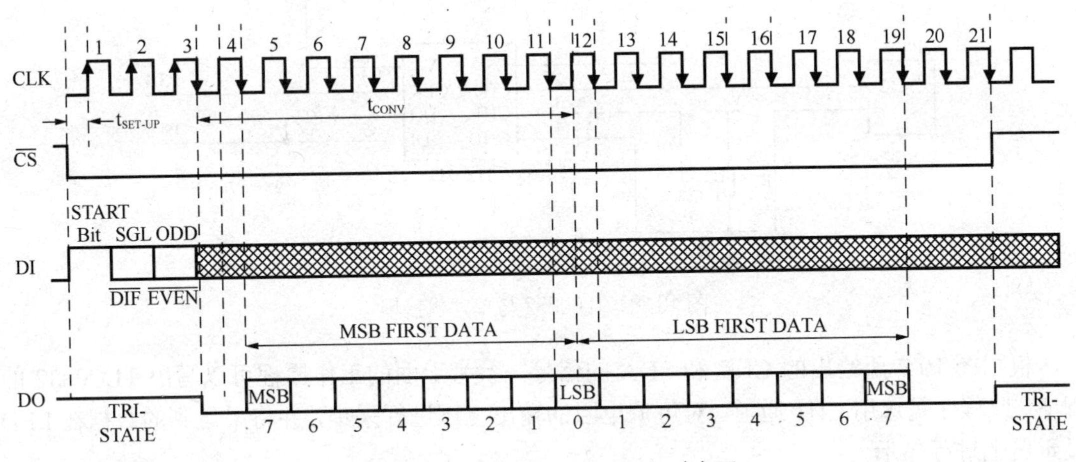

图10-7 TLC0832（ADC0832）时序图

芯片开始转换工作时，由处理器向芯片时钟输入端CLK输入时钟脉冲，DO/DI 端则使用DI端输入通道功能选择的数据信号。在第1 个时钟脉冲的下沉之前DI端必须是高电平，表示启始信号。在第2、3个脉冲下沉之前DI端应输入2 位数据用于选择通道功能，在第2、3个脉冲下沉之前DI端应输入2位数据用于选择通道功能，当前2位数据为“1”“0”时，只对 CH0 进行单通道转换。当2位数据为“1”“1”时，只对CH1进行单通道转换。当2位数据为“0”“0”时，将CH0作为正输入端IN+，CH1作为负输入端IN−进行输入。当2位数据为“0”“1”时，将CH0作为负输入端IN−，CH1作为正输入端IN+进行输入。到第3 个脉冲的下沉之后DI端的输入电平就失去输入作用，此后DO/DI端则开始利用数据输出DO进行转换数据的读取。从第4个脉冲下沉开始由DO端输出转换数据最高位DATA7，随后每一个脉冲下沉DO端输出下一位数据。直到第11个脉冲时发出最低位数据DATA0，一个字节的数据输出完成。也正是从此位开始输出下一个相反字节的数据，即从第11个字节的下沉输出DATA0。随后输出8位数据，到第19 个脉冲时数据输出完成，也标志着一次A/D转换的结束。最后将$\overline{CS}$置高电平禁用芯片，直接将转换后的数据进行处理就可以了。

作为单通道模拟信号输入时TLC0832的输入电压是0～5V且8位分辨率时的电压精度为19.53mV。如果作为由IN+与IN-输入的输入时，可以将电压值设定在某一个较大范围之内，从而提高转换的宽度。但值得注意的是，在进行IN+与IN−的输入时，如果IN−的电压大于IN+的电压则转换后的数据结果始终为00H。

2. TLC0832的编程方式及应用程序

图10-8所示是TLC0832与单片机的连接电路图。

TLC0832具有双通道功能，CH1、CH0为模拟输入通道，可以分别使用；CH1通道接可调电阻R25的输出端，调节R25的阻值即可改变CH1通道的模拟电压值，TLC0832转换后的数据就会发生改变；CH0 通道未使用，与插针 JP7 相连，用户可以在需要的时候将需要A/D转换的模拟电压信号接至JP7插针，注意，JP7插针左边引脚接地。

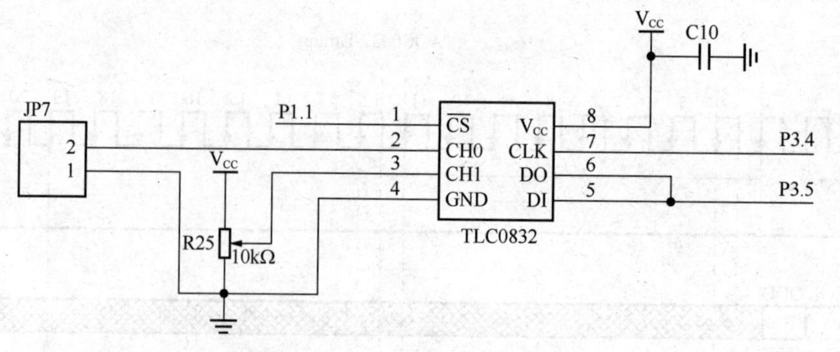

图10-8　TLC0832与单片机接口

根据图10-7所给出的CLK和SDA的信号，参考上面的工作原理可以写出TLC0832的程序。此程序是选用CH1通道，对可调电阻的输出电压进行采集，并将采集到的数据在LED显示器上进行显示。

```
#include<reg52.h>
#include<absacc.h>
#include <intrins.h>
#define uchar unsigned char
sbit adc_cs=P1^1;                   //TLC0832的片选信号端
sbit adc_clk=P3^4;                  //时钟端口
sbit adc_sda=P3^5;                  //数据端口

sbit a_138=P1^2;                    //138地址片选端口
sbit b_138=P1^3;
sbit c_138=P1^4;
sbit cs_138=P2^6;                    //138片选端口
sbit cs_373=P1^5;                    //373片选端口

unsigned code zima1[10]={0xc0,0xf9,0xa4,0xb0,0x99,0x92,0x82,0xf8,0x80,0x90};
                                     //共阳极字码0～9
unsigned char zima2[10]={10,10};

void delay(void);
void delay_adc(unsigned int i);
unsigned char adc_change(void);                 //模拟数字转换函数声明
void display(uchar pos,uchar num,bit dp);   //显示函数声明
void led3(uchar pos,uchar num);             //显示字符数据的函数

main()                               //主函数
{
    unsigned char adc_dat,x,y;
    bit flag=0;
    cs_138=1;                        //使数码管开通
    cs_373=1;
    while(1)
    {
        adc_cs=0;                    //选通TLC0832
        adc_dat=adc_change();        //A/D转换，并将结果保存在adc_dat中
```

```
        led3(0,adc_dat);              //在第1个数码管开始的3位显示转换结果
    }
}

void delay()
{
    unsigned char i;
    for(i=0;i<20;i++);
}
void delay_adc(unsigned char i)  //延时
{
    while(i--);
}

unsigned char adc_change(void)   //ADC初始化
{
    unsigned char i;
    unsigned char dat1,dat2;
loop:
    dat1=0;
    dat2=0;
    adc_cs=0;                     //当TLC0832未工作时CS输入端应为高电平，此时芯片禁用
    delay_adc(2);
    adc_clk=1;
    adc_sda=1;                    //在第1个时钟脉冲的下沉之前DI端必须是高电平
    adc_clk=0;
    delay_adc(2);
    adc_clk=1;                    //形成一次下降沿
    adc_sda=1;
    adc_clk=0;
    adc_clk=1;                    //形成二次下降沿
    adc_sda=1;                    //确定取值
    adc_clk=0;                    //形成三次下降沿

    for(i=0;i<8;i++)
    {
        dat1<<=1;
        adc_clk=1;
        _nop_();
        adc_clk=0;
        if(adc_sda)
        {
            dat1=dat1|0x01;
            dat2=0x80;
        }
    }
    for(i=0;i<7;i++)
    {
        dat2>>=1;
        adc_clk=1;
        _nop_();
```

```
        adc_clk=0;
        if(adc_sda)
            dat2=dat2|0x80;
    }
    adc_cs=1;
    if  (dat1==dat2)
       return(dat2);
    else
       goto loop;
 }

void display(uchar pos,uchar num,bit dp)  //显示函数定义
{
    if(dp==1)
        P0=zima1[num]+0x80;          //显示小数点
    else
        P0=zima[num];                //不显示小数点
    switch(pos)
    {
       case 0:P1=0xbf;break;        //位置 0，对应最左边数码管
       case 1:P1=0xbb;break;        //位置 1
       case 2:P1=0xb7;break;        //位置 2
       case 3:P1=0xb3;break;        //位置 3
       case 4:P1=0xaf;break;        //位置 4
       case 5:P1=0xab;break;        //位置 5
       case 6:P1=0xa7;break;        //位置 6
       case 7:P1=0xa3;break;        //位置 7，对应最右边数码管
       default:break;
    }
}

void led3(uchar pos,uchar num)              //显示字符数据的函数
{                                           //从第 pos+1 个数码管开始显示 3 位
    uchar k;
    for(k=pos+2;k>=pos;k--)
    {
       display(k,num%10,0);
       num/=10;
    }
}
```

10.2 D/A 转换器接口

10.2.1 D/A 转换器概述

为了更好地设计 D/A 转换器的接口电路，应该对 D/A 转换器的性能指标有所了解，这有助于对 D/A 转换器的选择。D/A 转换器的性能指标主要有如下几个。

（1）分辨率

分辨率是指输入数字量的最低有效位（LSB）产生一次变化时，所对应的输出模拟量（电

压或电流）的变化量。分辨率等于满量程的$1/2^n$（n为输入数字量的位数），它反映了输出模拟量的最小变化值。

在实际使用中，常用输入数字量的位数来表示分辨率。例如，8位的D/A转换器，其分辨率为8位，即模拟量输出的最小变化值为满量程的1/256。显然，位数越多，分辨率就越高。

（2）线性度

线性度也称为非线性误差，它定义为转换后的实际值与理想值之间的最大偏差，并以该偏差相对于满量程的百分数表示。例如，±1%是指实际输出值与理论值之差在满刻度的±1%以内。

（3）绝对精度和相对精度

绝对精度是指在整个刻度范围内，任一输入所对应的模拟量实际输出值与理论值之间的最大误差。绝对精度应小于$1/2^n$，即1LSB。相对精度与绝对精度表示的意义相似，所不同的是相对精度用最大误差相对满刻度的百分比表示，或者用数字量的最低有效位（LSB）表示。

（4）建立时间

建立时间是描述D/A转换速率快慢的一个重要参数，一般是指输入数字量从全0变为全1后，输出的模拟信号稳定在满刻度值的±1/2（LSB）所需的时间。

10.2.2 8位D/A转换器DAC0832

DAC0832是具有8位分辨率的电流输出型D/A转换器，由于其片内有输入数据寄存器，故可以直接与单片机相连。在电流输出需要转换为电压输出的场合，可外接运算放大器来实现。

DAC0832的电流建立时间为1μs；数据输入可采用双缓冲、单缓冲或直通方式；逻辑电平输入与TTL电平兼容；单一电源供电（+5～+15V）；功耗低，约为20mW。由于它价格低廉，与单片机接口简单，控制容易，所以在实际系统中被广泛应用。

1. DAC0832的结构与引脚

DAC0832的内部结构如图10-9所示。它由一个8位输入锁存器、一个8位DAC寄存器和一个8位D/A转换器及逻辑控制电路组成。

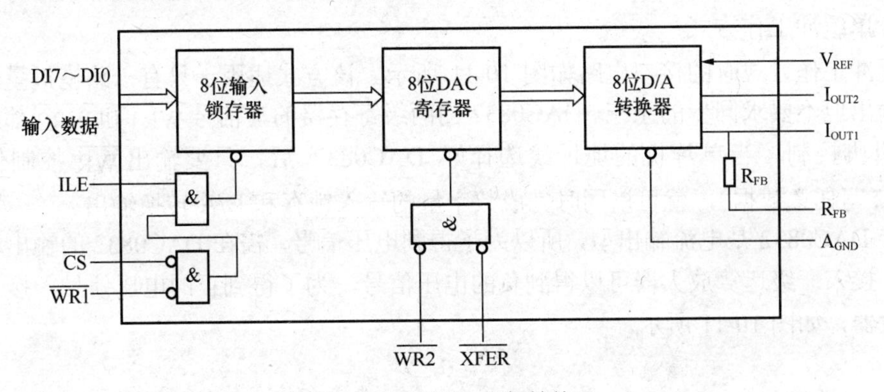

图10-9 DAC0832内部结构图

数据输入通道由输入锁存器和 DAC 寄存器构成两级数据的输入缓存，当 LE1（LE2）为 0 时，数据进入寄存器被锁存；当 LE1（LE2）为 1 时，锁存的数据进行输出。这样，在使用时就可根据需要对数据输入采用两级锁存（双缓冲）、一级锁存（单缓冲）或无锁存（直通方式）形式。

双缓冲形式，可使 D/A 转换器在转换前一个数据的同时，就可以将下一个待转换的数据预先送入输入锁存器，以提高转换速度。此外，在使用多个 D/A 转换器分时输入数据的情况下，双缓冲可以保证同时输出模拟信号。

DAC0832 的引脚如图 10-10 所示，它采用 20 脚双列直插式封装，各引脚功能如下。

（1）DI7～DI0：数据输入线。

（2）$\overline{CS}$：片选信号，低平有效。

（3）ILE：输入锁存器锁存允许信号，高电平有效。

（4）$\overline{WR1}$：写信号 1，低电平有效。当 ILE=1，$\overline{CS}$=0，$\overline{WR1}$=0 时，可将数据写入输入锁存器。

（5）$\overline{WR2}$：写信号 2，低电平输入有效。当其有效时，在传送控制信号 $\overline{XFER}$ 的作用下，可将锁存在输入锁存器的 8 位数据送到 DAC 寄存器。

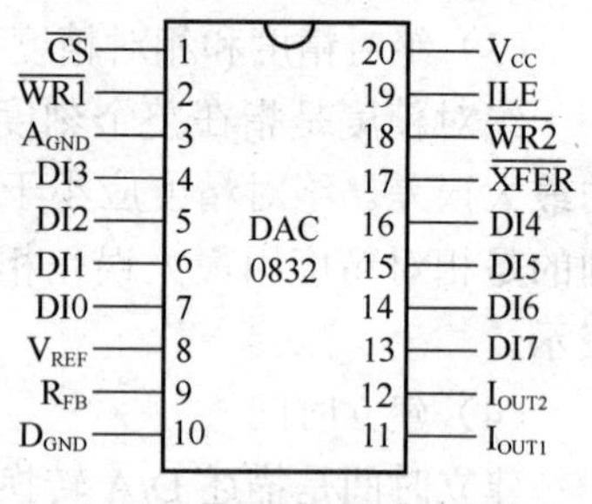

图 10-10　DAC0832 引脚图

（6）$\overline{XFER}$：数据传送控制信号，输入低电平有效。当 $\overline{XFER}$ 为低电平，$\overline{WR2}$ 也为低电平时，将 DAC 寄存器的内容打入 DAC 寄存器。

（7）V_{REF}：基准电压输入端，可在−10～+10V 范围内调节。

（8）I_{OUT1}、I_{OUT2}：电流输出引脚。电流 I_{OUT1} 和 I_{OUT2} 的和为常数。

（9）R_{FB}：反馈信号输入端，与 DAC0832 内部反馈电阻相连。可作为外部运算放大器的反馈电阻用。

（10）V_{CC}：工作电源引脚。一般 V_{CC} 的范围是+5～+10V。

（11）D_{GND}：数字信号地。

（12）A_{GND}：模拟信号地。

2．DAC0832 的工作方式及与单片机的接口

前面提到过，DAC0832 有 3 种工作方式，分别是双缓冲工作方式、单缓冲工作方式和直通方式。不同的工作方式适用于不同的场合，大多数情况下使用的是单缓冲工作方式。

（1）单缓冲工作方式

单缓冲工作方式时的接口电路如图 10-11 所示。该方式适用于只有一路模拟量输出或虽有多路输出但不要求同步的系统。DAC0832 的两级寄存器的写信号 $\overline{WR1}$ 和 $\overline{WR2}$ 都由单片机的 $\overline{WR}$ 引脚控制。当单片机的地址线选择好 DAC0832 后，只要输出 $\overline{WR}$ 控制信号（向 DAC0832 写任意数据），就可以同时完成数字量的输入锁存和 D/A 转换输出。

由于 DAC0832 是电流输出型，所以为了得到电压信号，需在 DAC0832 的输出端接运算放大器。接入一级运算放大器可以得到负的电压信号，为了得到正的电压信号，接入了两级运算放大器，如图 10-11 所示。

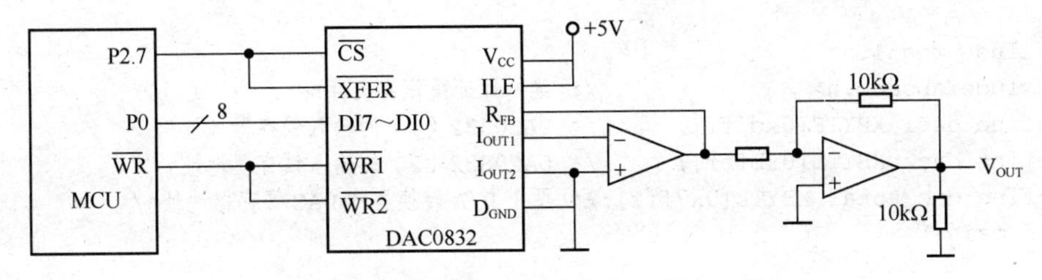

图 10-11 DAC0832 单缓冲工作方式接口电路

单缓冲工作方式下的程序编制如下，程序的功能是在运算放大器的输出端（V_{OUT}端）输出锯齿波信号。

```
#include<reg51.h>
#define dac XBYTE[0x7fff];        /* DAC0832 的地址*/
void main()
{
   unsigned char j;               /*变量定义*/
   while(1)
   {
       for(j=0;j<256;j++)         /* 循环输出 0~255 之间的数据*/
         dac=j;
   }
}
```

（2）双缓冲工作方式

在一个单片机系统中，如果有多个 D/A 转换接口，而且要求同步进行 D/A 转换输出，则必须采用双缓冲工作方式。DAC0832 工作于双缓冲工作方式时，数字量的输入锁存和 D/A 转换是分两步完成的。首先 CPU 的数据总线分时地向各路 D/A 转换器输入要转换的数字量并锁存在各自的输入锁存器中，然后 CPU 对所有的 D/A 转换器发出控制信号，将各个 D/A 转换器输入锁存器中的数据打入 DAC 寄存器，实现同步转换输出。

图 10-12 所示为一个两路同步输出的 D/A 转换接口电路。单片机的 P2.5 和 P2.6 分别选择两路 D/A 转换器的输入锁存器，P2.7 连接到两路 D/A 转换器的$\overline{XFER}$端控制同步转换输出。

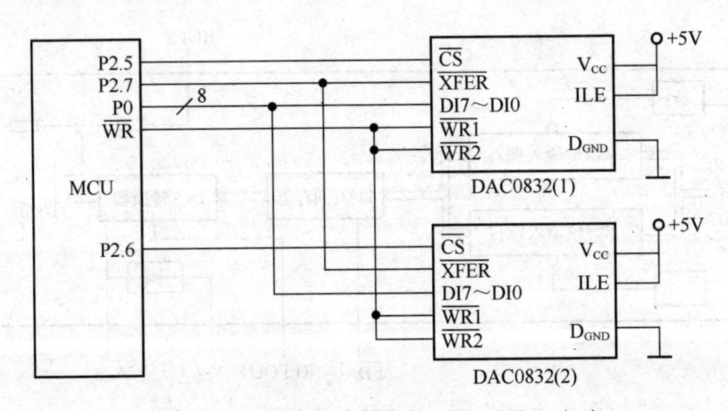

图 10-12 DAC0832 双缓冲工作方式接口电路

完成两路 D/A 的同步转换输出的程序如下，设 DAC0832（1）转换的数据在变量 data1 中，DAC0832（2）转换的数据在变量 data2 中。

```
#include<reg51.h>
#include<absacc.h>                    /* 绝对地址操作头文件*/
#define dac1 XBYTE[0xdfff];           /* DAC0832（1）的输入锁存器地址*/
#define dac2 XBYTE[0xbfff];           /* DAC0832（2）的输入锁存器地址*/
#define dac_total XBYTE[0x7fff];/* 两个 D/A 转换器的 DAC 寄存器地址*/
void main()
{
  unsigned char data1,data2,random;  /*变量定义*/
  dac1=data1;                        /* data1 送入 DAC0832（1）的输入锁存器*/
  dac2=data2;                        /* data2 送入 DAC0832（2）的输入锁存器*/
  dac=random;                        /* 向两个 D/A 转换器写入任意数据启动 D/A 转换*/
}
```

（3）直通工作方式

当 DAC0832 芯片的片选信号 $\overline{\text{CS}}$、写信号 $\overline{\text{WR1}}$、$\overline{\text{WR2}}$ 及传送控制信号 $\overline{\text{XFER}}$ 的引脚全部接地，允许输入锁存信号 ILE 引脚接+5V 时，DAC0832 芯片就处于直通工作方式，数字量一旦输入，就直接进入 DAC 寄存器，进行 D/A 转换。直通工作方式适用于单片机不对外部进行其他写操作的场合，由于该方式不利于控制，所以实际系统中很少应用。

10.2.3 12 位 D/A 转换器 MAX508

MAX508 是 12 位的电压输出型 D/A 转换器，使用比较方便，精度高。其内部带参考电压，而且参考电压与转换后的输出电压有相同的极性，允许单电源供电。

1. MAX508 概述

MAX508 的内部结构如图 10-13 所示。MAX508 内部集成了 D/A 转换器、电压输出放大器。双缓冲的逻辑输入很容易与单片机接口，数据以（8+4）位的格式被传送到输入寄存器。该 D/A 转换器既可单电源供电，也可双电源供电。电源电压值可以是+12V 或±15V。该芯片内部设有增益放大器，可以把输出电压设定为 3 个范围，在单/双电源供电时可为 0～+5V、0～+10V，在双电源供电时为−5～+5V。在输出为 10V 时，输出放大器可驱动 2kΩ 的负载。

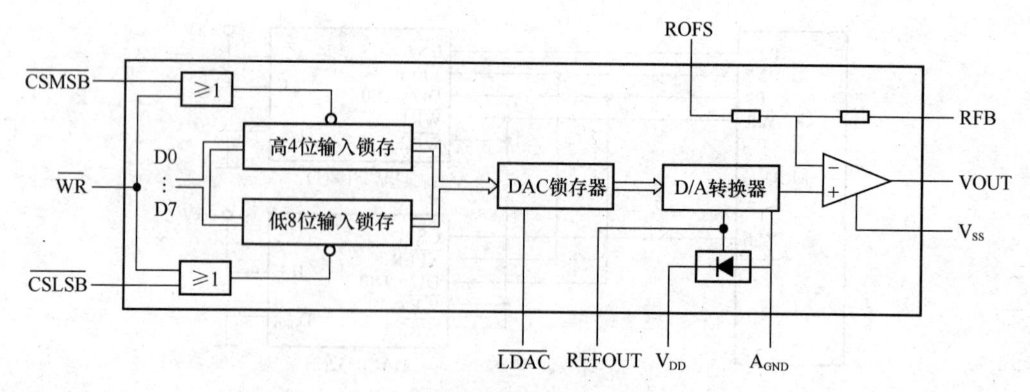

图 10-13　MAX508 的内部结构框图

MAX508 的引脚如图 10-14 所示。引脚说明如下。

（1）V_{SS}：电源负极。单电源供电时接地，双电源供电时接−15V。

（2）ROFS：满量程输出设置端。输出为0V～+5V时，ROFS与RFB同时接VOUT；输出为0V～+10V时，ROFS接A_{GND}，而RFB接VOUT；输出为−5V～+5V时，ROFS接REFOUT，而RFB接VOUT。

（3）REFOUT：内部参考电压输出（+5V）。

（4）A_{GND}：模拟地。

（5）D7～D4：数字输入的D7～D4位。

（6）D_{GND}：数字地。

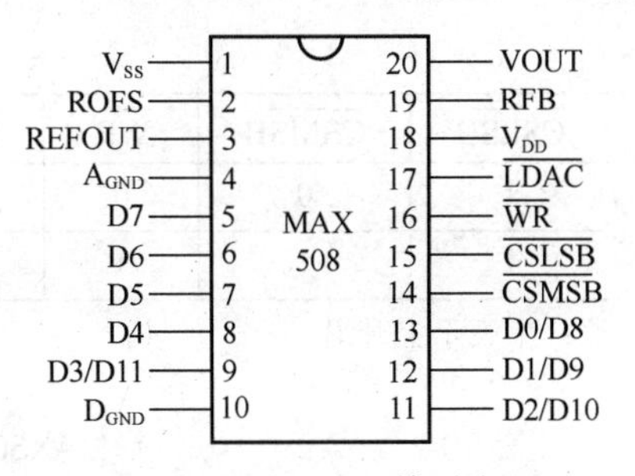

图10-14　MAX508的引脚图

（7）D3/D11：数字输入口。$\overline{CSLSB}$=0时，输入D3；$\overline{CSMSB}$=0时，输入D11。参见表10-5。

（8）D2/D10：数字输入口。$\overline{CSLSB}$=0时，输入D2；$\overline{CSMSB}$=0时，输入D10。参见表10-5。

（9）D1/D9：数字输入口。$\overline{CSLSB}$=0时，输入D1；$\overline{CSMSB}$=0时，输入D9。参见表10-5。

（10）D0/D8：数字输入口。$\overline{CSLSB}$=0时，输入D0；$\overline{CSMSB}$=0时，输入D8。参见表10-5。

表10-5　　MAX508的输入引脚控制关系

输　入	D0/D8	D1/D9	D2/D10	D3/D11
$\overline{CSLSB}$	D0	D1	D2	D3
$\overline{CSMSB}$	D8	D9	D10	D11

（11）$\overline{CSMSB}$：数据输入高低位选择。$\overline{CSMSB}$=0时，装载数据的高4位。

（12）$\overline{CSLSB}$：数据输入高低位选择。$\overline{CSLSB}$=0时，装载数据的低8位。

（13）$\overline{WR}$：写允许信号。$\overline{WR}$信号的上升沿将锁存数据。

（14）$\overline{LDAC}$：当$\overline{LDAC}$=1时，装载数据到内部输入锁存器，在$\overline{LDAC}$上升沿时，将数据锁存到DAC锁存器。

（15）V_{DD}：正电源输入端，接+12V或+15V。

（16）RFB：反馈电阻引脚。与ROFS共同控制输出量程。

（17）VOUT：转换后的电压输出端。

表10-6列出了MAX508的控制引脚的组合及其功能，在编制程序时要严格遵守。表10-7列出了MAX508的模拟电压输出范围与输入数据之间的关系，在实际应用时要注意不同的电压输出情况下的输入数据有很大的差异。

表10-6　　MAX508的控制引脚组合及其功能

$\overline{CSLSB}$	$\overline{CSMSB}$	$\overline{WR}$	$\overline{LDAC}$	功　能
0	1	0	1	装载低8位数据到输入锁存器
0	1	↑	1	把低8位数据锁存到输入锁存器
↑	1	0	1	把低8位数据锁存到输入锁存器
1	0	0	1	装载高4位数据到输入锁存器
1	0	↑	1	将高4位数据锁存到输入锁存器
1	↑	0	1	将高4位数据锁存到输入锁存器
1	1	1	0	装载输入数据到DAC锁存器
1	1	1	↑	把输入数据锁存到DAC锁存器

续表

$\overline{CSLSB}$	$\overline{CSMSB}$	$\overline{WR}$	$\overline{LDAC}$	功 能
1	0	0	0	装载高 4 位到输入锁存器并将输入数据送入 DAC 锁存器
1	1	1	1	无数据传送

注：↑表示上升沿

表 10-7　　MAX508 的输出电压范围与输入数据的关系

输 入	0～+5V 输出	0～+10V 输出	−5～+5V 输出
1111 1111 1111	VREF×4095/4096	2×VREF×4095/4096	+VREF×2027/2048
1000 0000 0001	VREF×2049/4096	2×VREF×2049/4096	+VREF×1/2048
1000 0000 0000	VREF×2048/4096	2×VREF×2048/4096	0V
0111 1111 1111	VREF×2047/4096	2×VREF×2047/4096	−VREF×1/2048
0000 0000 0001	VREF×1/4096	2×VREF×1/4096	−VREF×2027/2048
0000 0000 0000	0V	0V	−VREF

2．MAX508 与单片机的接口与编程

在 MAX508 与单片机接口时，首先要确定输出电压的极性范围，因为不同的输出电压范围其接口形式不一样的，具体请参阅引脚介绍。

MAX508 与单片机的接口电路如图 10-15 所示，图中所示接法的输出电压范围是 0～+10V。

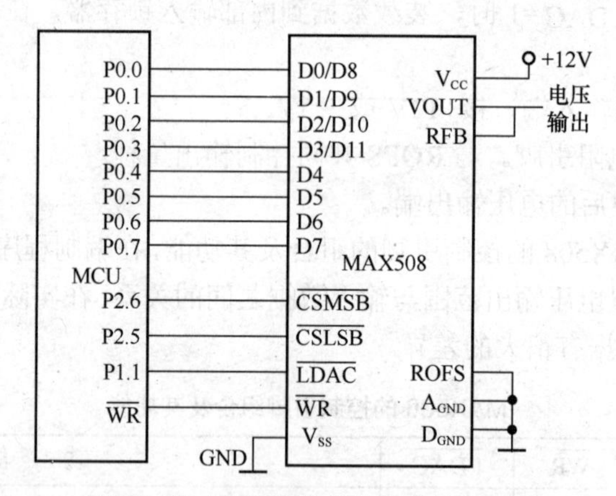

图 10-15　MAX508 与单片机的接口电路

程序编制如下，程序的功能是从 MAX508 的 VOUT 引脚输出三角波，若想改变三角波的频率，可在向 MAX508 输出一个数据后适当延时，然后再输出下一个数据。

```
#include<reg51.h>
#include<absacc.h>
#define da_h XBYTE[0xbfff]
#define da_l XBYTE[0xdfff]
sbit p1_1=P1^1;
void main()
```

```
{
   unsigned char i,j;
   while(1)
   {
       for(i=0;i<16;i++)                 /*循环输出递增的数据*/
         for(j=0;j<256;j++)
         {
           da_h=j;                       /*送出数据的低 8 位*/
           da_l=i;                       /*送出数据的高 4 位*/
           p1_1=0;                       /*将 12 位数据送入 DAC 锁存器*/
           p1_1=1;                       /*启动转换*/
         }
       for(i=15;i>=0;i--)                /*循环输出递减的数据*/
         for(j=254;j>=0;j--)
         {
           da_h=j;                       /*送出数据的低 8 位*/
           da_l=i;                       /*送出数据的高 4 位*/
           p1_1=0;                       /*将 12 位数据送入 DAC 锁存器*/
           p1_1=1;                       /*启动转换*/
         }
   }
}
```

习题及思考题

1．何为A/D转换器、D/A转换器？

2．A/D转换器有哪些类型？它的主要指标有哪些？

3．如何选定ADC0809的模拟量的输入通道？

4．如何确定ADC0809的转换已经结束？

5．写一段ADC0809的转换程序，使之从IN2口中获取模拟信号，并将转化后的数字信号写入到片内RAM的30H地址单元中。

6．设计一个MAX197与MCS-51单片机的接口电路，并编写12位启动、转换、采集一次数据，并将结果存放在片内RAM的30H和31H单元的程序。

7．DAC0832有几种工作方式？各用在什么场合？

8．采用单缓冲方式，用DAC0832和51单片机，设计产生梯形波的电路图，并编制程序。

9．如何用DAC0832产生周期为T的正弦波？

10．如何用MAX508产生方波和锯齿波？

第 11 章 系统总线扩展

在单片机应用系统中，越来越多的器件都配置了同步串行总线接口，如 EPROM、A/D、D/A 及集成智能传感器等。从 20 世纪 90 年代开始，很多单片机厂商陆续推出了带同步串行总线接口的单片机，如 PHILIPS 公司的 8XC552 和 LPC76C 系列带 I^2C 总线接口，Motorola 公司的 M68HC05 和 M68HC11，Atmel 公司的 AT89S8252，以及新一代的基于 RISC 的 AVR 系列单片机都集成有 SPI 接口。

采用串行总线技术可以大大简化系统硬件设计，减小系统体积，提高可靠性，同时系统的更改和扩充更容易。

目前，常用的同步串行通信总线的应用主要有 I^2C（Inter IC Bus）、SPI（Serial Peripheral Interface）、单总线（1-Wire Bus）、Microwire 等。

11.1 I^2C 总线

I^2C 总线（Inter IC Bus）全称为芯片间总线，是由 PHILIPS 公司推出的一种基于两线制的双向同步串行总线。这种总线的主要特征如下。

（1）总线只有两根线：串行时钟线和串行数据线。

（2）每个连接到总线上的器件都可以由软件设置唯一的地址寻址，并建立简单的主从关系，主器件既可作为发送器，也可作为接收器。

（3）I^2C 总线是真正的多主总线，带有竞争监测和仲裁电路，可使多主机任意随时发送，而不破坏总线上的数据。

（4）同步时钟允许器件通过总线以不同的波特率进行通信。

（5）同步时钟可以作为停止和重新启动串行口发送的握手方式。

（6）连接到同一总线的集成电路数只受 400pF 的最大总线电容限制。

1．应用系统构成

I^2C 总线典型的应用系统组成如图 11-1 所示。

组成 I^2C 总线的串行数据线 SDA 和串行时钟线 SCL 必须经过上拉电阻 R_P 接到正电源上，连接到总线上的器件输出级必须为“开漏”或“开集”的形式，以便完成“线与”的功能。SDA

和 SCL 均为双向 I/O 口线，总线空闲时皆为高电平。总线上数据传输的最高速率可达 100kbit/s。

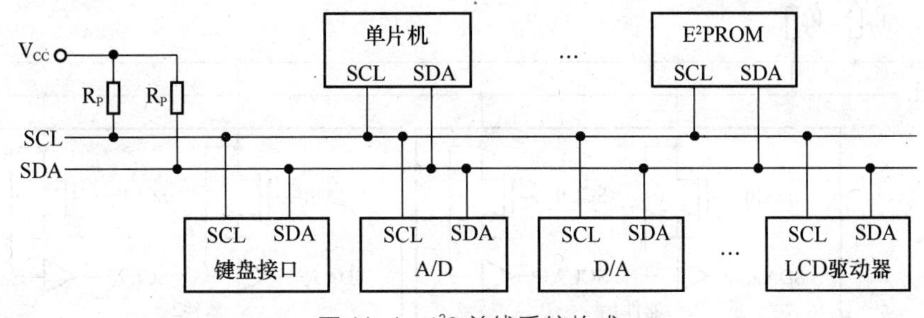

图 11-1 I²C 总线系统构成

I²C 总线为同步传输总线，数据线上信号完全与时钟同步。数据传送采用主从方式，即主器件寻址从器件，启动总线并产生时钟，然后传送数据直至传送数据结束。SDA/SCL 总线上挂接的单片机（主器件）或外围器件（从器件）的接口电路都应具有 I²C 总线接口，所有器件都通过总线寻址，而且所有 SDA/SCL 同名端均连在一起。

按照 I²C 总线规范，总线传输中将所有状态都生成相应状态码，主器件对这些状态码自动进行管理。

用户可根据数据操作要求，通过标准程序处理模块，完成 I²C 总线的初始化、启动和停止、数据传送等操作。

作为主控制器的单片机，硬件可具备 I²C 总线接口，也可以不带 I²C 总线接口，通过软件实现 I²C 总线功能，但是被控制器必须带有 I²C 总线接口。

2. I²C 总线器件的寻址方式

I²C 总线系统中，各器件地址是由器件类型及其地址引脚电平决定的，对器件的寻址采用软件方法。I²C 总线上的所有外围器件都有规范的器件地址，器件地址由 7 位组成，它与一位方向位共同构成了 I²C 总线器件的寻址字节。寻址字节（SLA）格式如表 11-1 所示。

表 11-1 I²C 总线器件寻址字节格式

位序	D7	D6	D5	D4	D3	D2	D1	D0
寻址字节	器件地址				引脚地址			方向位
	DA3	DA2	DA1	DA0	A2	A1	A0	$R/\overline{W}$

器件地址 DA3～DA0 是 I²C 总线外围器件的固有编码地址，在器件出厂时给定。例如，I²C 总线 E²PROM AT24C02 的器件地址为 1010，4 位 LED 驱动器 SAA1064 的器件地址为 0111。

引脚地址 A2～A0 是由 I²C 总线外围器件引脚所指定的地址端口，A2、A1、A0 在电路中可接电源、地或者悬空，根据其具体连接状态形成 3 位地址代码。

数据方向位规定了总线上单片机（主器件）和外围器件（从器件）的数据传输方向。$R/\overline{W}$ 位为“1”，表示接收（读）；$R/\overline{W}$ 位为“0”，表示发送（写）。

3. I²C 总线电气结构与驱动能力

I²C 总线接口的内部电气结构如图 11-2 所示。

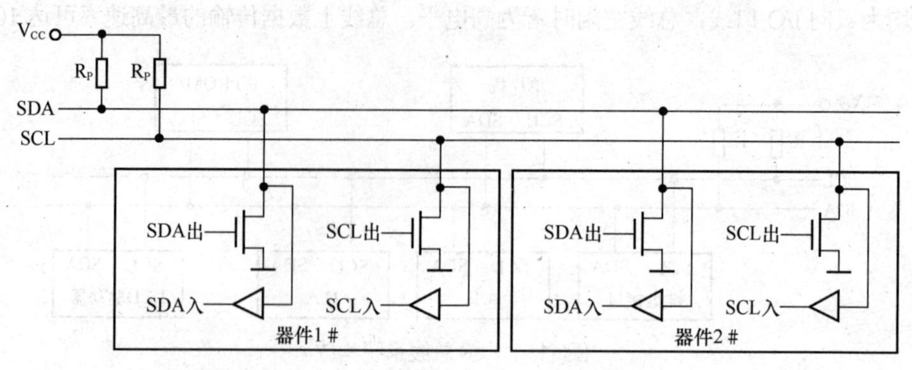

图 11-2 I²C 总线接口的内部电气结构

I²C 总线接口内部为双向传输电路。总线端口输出端为漏极开路的场效应管，输入缓冲是高输入阻抗的同向器。由于输出驱动为漏极开路，所以必须加上拉电阻（5～10kΩ）。

I²C 总线上的外围扩展器件都是 CMOS 器件，属于电压型负载。总线上器件的数量不是由电流负载能力决定的，而是由电容负载决定的。I²C 总线上每个节点器件的接口都有一定的等效电容，这会造成信号传输的延迟。通常 I²C 总线的负载能力为 400pF（通过驱动扩展可达 4 000pF），据此可计算出总线长度及连接器件的数量。总线上每个外围器件都有一个器件地址，扩展器件时也要受器件地址空间的限制。I²C 总线传输速率为 100kbit/s，新规范中传输速率可达 400kbit/s。

4．I²C 总线上的数据传送过程

I²C 总线上每传送一位数据都与一个时钟脉冲相对应。在时钟线高电平期间，数据线上必须保持稳定的逻辑电平状态，高电平为数据“1”，低电平为数据“0”。只有在时钟为低电平时，才允许数据线上的电平状态发生变化。

I²C 总线上数据传送的每一帧数据均为一字节。在启动 I²C 总线后，传送的字节数没有限制，只要求每传送一个字节后，对方回答一个应答位。

总线在传送完一个字节后，可通过对时钟的控制停止传送。使 SCL 保持低电平，即可控制总线暂停。

在发送时，首先发送的是数据的最高位。每次传送开始时有起始信号，结束时有停止信号。I²C 总线的数据传送过程如图 11-3 所示。

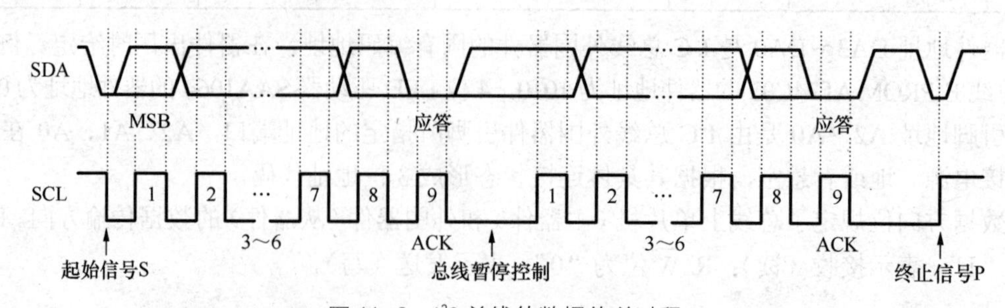

图 11-3 I²C 总线的数据传送过程

I²C 总线上与数据传送有关的信号包括起始信号（S）、终止信号（P）、应答信号（A）、

非应答信号（$\overline{A}$）及总线数据位。

（1）起始信号（S）：在时钟 SCL 为高电平时，数据线 SDA 出现由高到低的下降沿，被认为是起始信号。只有出现起始信号以后，其他命令才有效。

（2）终止信号（P）：在时钟 SCL 为高电平时，数据线 SDA 出现由低到高的上升沿，被认为是终止信号。终止信号出现以后，所有外部操作均结束。

起始信号和终止信号如图 11-4 所示。这两个信号均由主器件产生，总线上带有 I^2C 总线接口的器件均能很容易地检测到这些信号。但对于不具备 I^2C 接口的单片机来说，为准确检测到这些信号，需在一个时钟周期内对数据线至少采样两次。

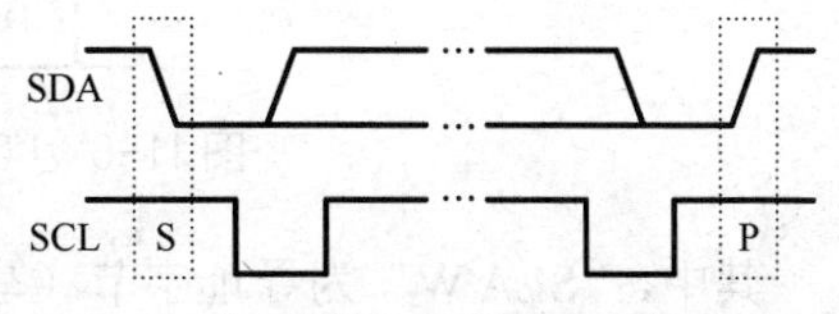

图 11-4 I^2C 总线的起始信号和终止信号

（3）应答信号（A）：I^2C 总线在传送数据时，每传送一个字节数据后都必须有应答信号，与应答信号相对应的时钟由主器件产生。此时，发送方必须在这一时钟上释放总线，使 SDA 处于高电平状态，以便接收方在这一位上送出应答信号。应答信号在第 9 个时钟位上出现，接收方输出低电平作为应答信号。应答信号产生的时序图如图 11-5 所示。

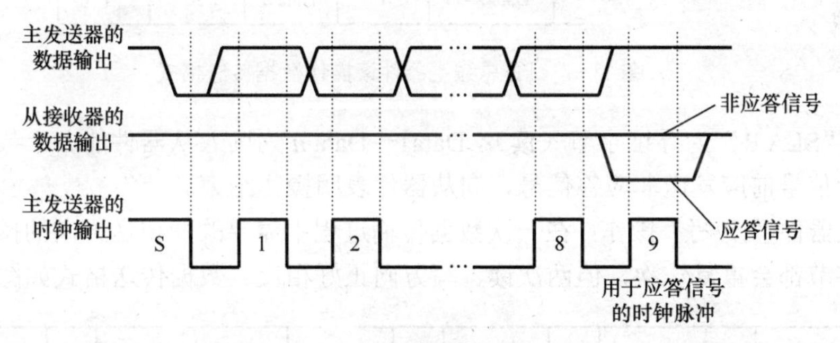

图 11-5 I^2C 总线的应答信号

（4）非应答信号（$\overline{A}$）：每传送完一个字节数据后，在第 9 个时钟位上接收方输出高电平为非应答信号。如果由于某种原因接收方不能产生应答信号时，必须释放总线，将数据线置高电平，然后由主控器件产生停止信号来终止总线的数据传送。

当主器件接收来自从器件的数据时，接收到最后一个字节数据后，必须给从器件发送一个非应答信号，使从器件释放数据总线，以便主器件发送停止信号，从而终止数据的传送。

（5）总线数据位：在 I^2C 总线启动后或应答信号后的 1～8 个时钟，对应于一个字节的 8 位数据传送过程。在数据传送期间，只要时钟线为高电平，数据线上必须保持稳定的逻辑电平状态，否则数据线上的任何变化都将被当作是起始信号或终止信号。

5. 数据的传送格式

按照 I^2C 总线规范，起始信号表明一次数据传送的开始，其后为寻址字节，在寻址字节后是按指令进行读写的数据字节与应答位。在数据传送完成后，主器件必须发送停止信号。起始信号和停止信号之间的数据字节数由单片机决定。

总线上的数据传送有多种读/写组合方式：主器件写操作、主器件读操作和主器件读/写操作。

（1）主器件“写”操作：主器件向被寻址的从器件发送 n 个数据字节，整个传送过程中数据传送方向不变。其数据传送格式如图 11-6 所示。

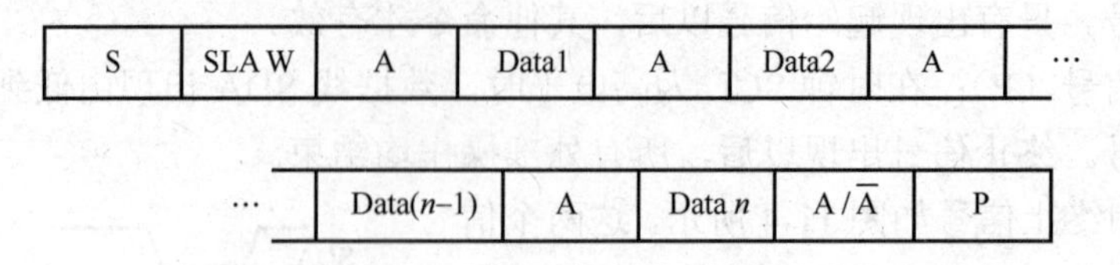

图 11-6　I^{2}C 总线主器件写操作数据传送格式

其中，“SLA W”为寻址字节（写），Data1～Data n 为写入从器件的 n 个数据字节。

（2）主器件“读”操作：主器件读来自从器件的 n 个数据字节，整个传送过程中除寻址字节外，都是从器件发送、主器件接收的过程。数据传送格式如图 11-7 所示。

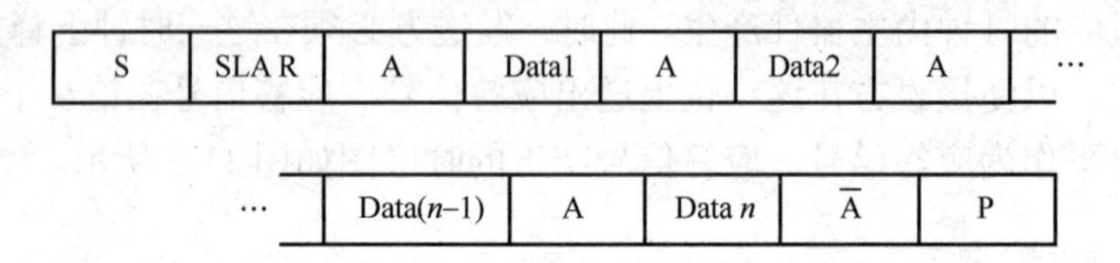

图 11-7　I^{2}C 总线主器件读操作数据传送格式

其中，“SLA R”为寻址字节（读）；Data1～Data n 为读入从器件的 n 个数据字节。主器件发送停止信号前应发送非应答信号，向从器件表明操作结束。

（3）主器件“读/写”操作：在一次数据传输过程中需要改变传送方向的操作，此时起始位和寻址字节都会重复一次，但两次读、写方向正好相反。数据传送格式如图 11-8 所示。

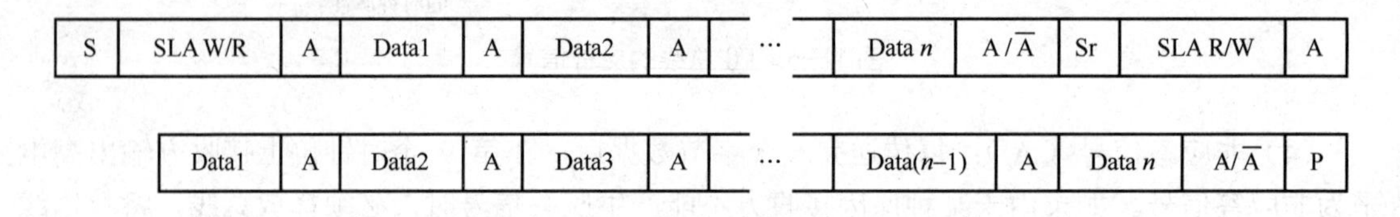

图 11-8　I^{2}C 总线主器件读操作数据传送格式

其中，Sr 为重复起始信号，数据字节的传送方向决定于寻址字节的方向位；“SLA W/R”和“SLA R/W”分别表示“写/读寻址字节”或“读/写寻址字节”。

从上述数据传送格式可以看出：

（1）无论何种方式起始或停止，寻址字节都由主器件发出，数据的传送方向由寻址字节的方向位决定；

（2）寻址字节只表明从器件地址及传送方向，从器件内部的 n 个数据地址由器件设计者在该器件的 I^{2}C 总线数据操作格式中，指定第一个数据字节作为器件内的单元地址（SUBADR）指针，并且设置地址自动加减功能，以减少单元地址寻址操作；

（3）每个字节传送都必须有应答信号（A 或 $\overline{A}$）；

（4）I^{2}C 总线从器件在接收到起始信号后，必须释放数据总线，使其处于高电位，以便对将要开始的从器件地址的传送进行预处理。

6．51 单片机与 I^2C 总线的硬件连接

51 单片机不带有 I^2C 总线硬件控制接口，与 I^2C 总线器件接口时需采用模拟方法来实现数据传送。51 单片机用两条 I/O 口线模拟 SDA 和 SCL，从器件的 SDA 和 SCL 对应地连接于这两条 I/O 口线上，再加上上拉电阻即可，硬件接口电路如图 11-9 所示。

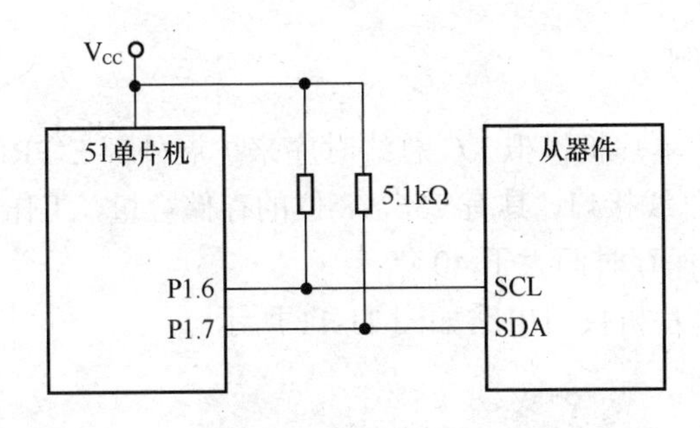

图 11-9 51 单片机与 I^2C 总线器件的硬件连接

在简单的 51 单片机应用中，51 单片机常作为主器件，对 I^2C 总线从器件进行访问，无总线竞争问题。这种情况下，51 单片机只需模拟主发送和主接收过程的时序。图 11-9 所示的硬件图中，P1.6 和 P1.7 分别作为时钟线 SCL 和数据线 SDA，单片机晶振为 6MHz。软件设计部分包括如下子程序：启动（STA）、停止（STOP）、发送应答（MACK）、发送非应答（NMACK）、应答位检查（CACK）、发送一个字节数据（WRBYT）、接收一个字节数据（RDBYT）、发送 N 字节数据（WRNBYT）和接收 N 字节数据（RDNBYT）子程序。

这些子程序应模拟 I^2C 总线的典型信号时序，如图 11-10 所示。

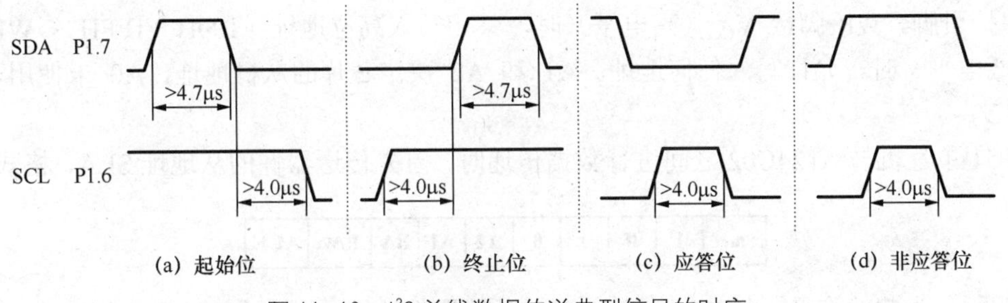

图 11-10 I^2C 总线数据传送典型信号的时序

7．I^2C 总线器件地址

I^2C 总线器件节点的 7 位地址由两部分组成，完全由硬件确定。一部分为器件编码地址，由芯片厂家规定，另一部分为引脚编码地址，由引脚的高低电平决定。例如，4 位 LED 驱动器 SAA1064 的地址“01110A_1A_0”，其中“01110”为器件编码地址，表明该器件为 LED 驱动器；“A_1A_0”为该器件的两个引脚，分别接高、低电平时可以有 4 片不同地址的 LED 驱动器模块节点。256 个字节的 E^2PROM 器件 PCF8582 的地址“1010$A_2A_1A_0$”，其中“1010”为器件编码地址，“$A_2A_1A_0$”为该器件的 3 个引脚，可连接 8 片不同地址的 E^2PROM 芯片。芯片内地址则由主器件发送的第一个数据字节来选择。

I^2C 总线是一种串行通信总线，其寻址方式有主器件的节点寻址和通用呼叫寻址两种。由 I^2C 总线主器件在发出启动位 S 后，紧接着发送从器件的 7 位地址码，即 S+SLA，节点地址寻址中的 SLA 为被寻址的从节点地址，当 SLA 为全“0”时即为通用呼叫地址。通用呼叫地址用于寻址连接到 I^2C 总线上每个器件的地址，不需要从通用呼叫地址命令中获取数据的器件可以不响应通用呼叫地址。

8. I^2C 总线应用实例

【例 11-1】 用 8051 单片机模拟 I^2C 总线时序来扩展外部 E^2PROM 存储器 AT24C02。

AT24C02 自带 I^2C 总线接口，具有 256×8 位的存储容量，工作于从器件方式，每个字节可擦/写 100 万次，数据保存时间大于 40 年。

AT24C02 与 8051 单片机接口电路如图 11-11 所示。

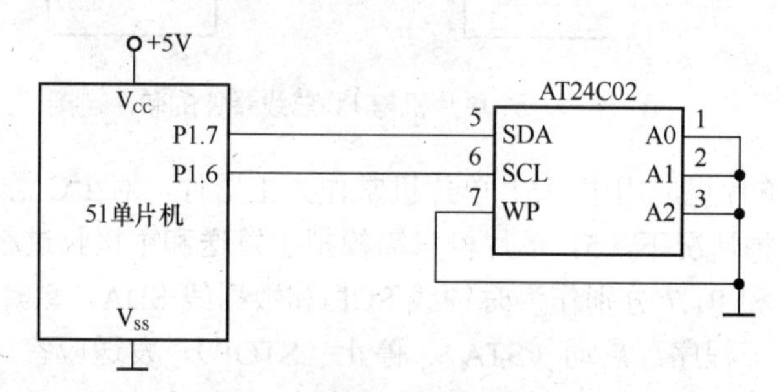

图 11-11　AT24C02 与 8051 单片机接口电路

AT24C02 写入时具有自动擦除功能，同时具有页写入功能，可一次写入 16 个字节。AT24C02 芯片采用 8 脚 DIP 封装，SCL 和 SDA 为通信引脚，A0、A1、A2 为地址引脚，WP 为写保护引脚。WP 脚接 V_{CC}（高电平）时，禁止写入高位地址（100H～1FFH）；WP 脚接 V_{SS}（低电平）时，允许写入任何地址。A1 和 A2 决定芯片的从机地址，A0 未使用，可接 V_{CC} 或 V_{SS}。

8051 单片机与 AT24C02 之间进行数据传递时，首先传送器件的从地址 SLA，格式如下：

Start	1	0	1	0	A2	A1	BA	R/W	ACK

“Start”为起始信号；“1010”为 AT24C02 的器件地址，“A2 和 A1”由芯片的 A2、A1 引脚上的电平决定，最多可接入 4 片 AT24C02 芯片；“BA”为块地址（每块 256B）；“R/W”决定是写入还是读出；“ACK”为 AT24C02 给出的应答信号。

在对 AT24C02 进行写入时，应先发出从机地址字节“SLA+W”，再发出存储器片内的字节地址 WORDADR，之后是写入的数据 data，结束后应发出停止信号。

通常对 E^2PROM 器件写入时总需要一定的写入时间（5～10ms），因此在写入程序中无法实现连续多个字节数据的写入过程。为解决连续写入多个数据的问题，E^2PROM 器件中常设有一定数量的“页写入数据存储器”。用户一次写入 E^2PROM 器件的数据不大于页写入字节数时，可按通常 RAM 的写入速度，将数据装入 E^2PROM 器件的数据寄存器中，随后启动自动写入定时控制逻辑。经过 5～10ms 的时间后，自动将数据存储器中的数据同步写入 E^2PROM 器件的指定单元。这样，只要一次写入的字节数不多于页写入容量，总线对 E^2PROM 的操作可视为对静态 RAM 的操作，但要求下次数据的写入操作应在 5～10ms 之后进行。

AT24C02 的页写入字节数为 16 字节。对 AT24C02 进行“页写入”是指向其片内指定首地址（WORDADR）连续写入不多于 *n* 个字节数据的操作。*n* 为页写入最大字节数，*m* 为实际写入字节数，$n<m$。页写入数据格式如下：

S	SLA+W	A	WORDADR	A	data 1	A	data 2	A	…	data *m*	A	P

这种数据写入操作实际上是 $m+1$ 个字节的 I^{2}C 总线进行主发送的数据操作过程。

对 AT24C02 写入数据时也可按照字节方式进行，即每次向其片内指定单元写入一个字节的数据，这种写入方式的可靠性较高。字节写入方式数据格式如下：

S	SLA+W	A	WORDADR	A	data	A	P

AT24C02 的读操作与通常的 SRAM 相同，但每读一个字节，地址将自动加 1。AT24C02 有 3 种读操作方式，即现行地址读、指定地址读和序列读。

（1）现行地址读。是指以片内当前地址寄存器的内容为地址（即现行地址）去读取数据。每完成一个字节的读操作，当前地址寄存器的值自动加 1。所以现行地址也是上次操作完成后的下一个地址。现行地址读操作时，应先发出从机地址字节（SLA+R），接收到应答信号后即开始接收来自 AT24C02 的数据字节。每接收到一个字节的数据后都必须发出一个应答信号。现行地址读方式的数据操作格式如下：

S	SLA+R	A	data	A	P

（2）指定地址读。是指按照指定的片内地址读取一个字节数据的操作。由于要写入片内指定地址，故应先发出从机地址字节“SLA+W”，再进行一个片内字节地址的写入操作，然后再发出重复启动信号和从机地址字节“SLA+R”，应答后开始接收来自 AT24C02 的数据字节。指定地址读方式的数据操作格式如下：

S	SLA+W	A	WORDADR	A	S	SLA+R	A	data	A	P

（3）序列读。是指连续读入 *m* 个字节数据的操作。序列读入字节的首地址可以是现行地址或指定地址，其数据操作可连在上述两种操作的 SLA+R 之后。序列读方式的数据操作格式如下：

S	SLA+R	A	data 1	A	data 2	A	…	data *m*	A	P

【例 11-2】 采用 8051 单片机的 P1.6 和 P1.7 作为 I^{2}C 总线的 SCL 和 SDA，扩展一片 AT24C02 存储器，用软件模拟方式实现 I^{2}C 总线的操作时序。先向 AT24C02 内部 00H 字节开始依次写入 16 个字节数据，然后再读取 AT24C02 数据并存入 8051 片内指定的存储单元。

C 语言程序清单如下。

```
#include <reg52.h>
#include <stdio.h>
```

```
#define HIGH 1
#define LOW 0
#define FALSE 0
#define TRUE 1
#define uchar unsigned char
#define uint unsigned int
#define BLOCK_SIZE 16              //定义读写块大小

uchar EAROMImage[16] = "Hello everybody!" ;     //定义写入数据
uchar transfer[16] ;                      //定义数据读写单元
uchar *point ;
uchar WRITE,READ ;
sbit SCL = P1^6 ;
sbit SDA = P1^7 ;
/*************************延时程序*************************/
void delay( )
{
    ;
}
/*************************延时 5ms 程序*************************/
void wait_5ms( void )
{
    uint  i ;
    for( i=0;i<1000;i++) ;
}
/*************************I²C 总线启动函数*************************/
void I2C_start( void )
{
    SDA = HIGH ; delay( ) ;
    SCL = HIGH ; delay( ) ;
    SDA = LOW ; delay( ) ;
    SCL = LOW ; delay( ) ;
}
/*************************I²C 总线停止函数*************************/
void I2C_stop( void )
{
    SDA = LOW ; delay( ) ;
    SCL = HIGH ; delay( ) ;
    SDA = HIGH ; delay( ) ;
    SCL = LOW ; delay( ) ;
}
/*************************I²C 总线初始化函数*************************/
void I2C_init( void )
{
    SCL = LOW ; delay( ) ;
    I_stop( ) ;
}
/*************************I²C 总线时钟函数*************************/
/*功能：提供 I²C 总线时钟，返回时钟高电平期间 SDA 状态，用于数据发送与接收*/
void I2C_clock( void )
{
```

```
        bit  sample ;
        SCL = HIGH ; delay( ) ;
        sample = SDA ;
        SCL = LOW ; delay( ) ;
        return( sample ) ;
    }
/****************************数据发送函数***************************/
/*功能: 向I²C总线发送8位数据，并请求应答信号ACK，收到返回1，否则返回0*/
    bit I2C_send( uchar I_data )
    {
        uchar  i ;
        for( i=0;i<8;i++ )
        {
            SDA = (bit)( I_data & 0x80 ) ;             //取最高位并送至SDA
            I_data = I_data << 1 ;
            I2C_clock( ) ;
        }
        SDA = HIGH ;
        return( ~I2C_clock( ) ) ;
    }
/****************************数据接收函数*****************************/
/** 功能: 向I²C总线接收8位数据，不回送ACK，调用前确保SDA处于高电平 **/
    uchar I2C_receive( void )
    {
        uchar  I_data = 0 ;
        uchar  i ;
        SDA = HIGH ;                               //使SDA处于高电平
        for( i=0;i<8;i++ )
        {
            I_data *= 2 ;
            if( I2C_clock( ) ) I_data ++ ;
        }
        return( I_data ) ;
    }
/**************************应答函数*************************/
/***** 功能: 向I²C总线发应答信号ACK，在连续读取时使用 *****/
    void I2C_ack( void )
    {
        SDA = LOW ;
        I2C_clock( ) ;
        SDA = HIGH;
    }
/*************************地址写入函数*************************/
/******** 功能: 向24C02写入器件地址和一个指定的字节地址 ********/
    bit E_address( uchar address )
    {
        I2C_start( ) ;
        if( I2C_send( WRITE ) )
            return( I2C_send( address )) ;
        else
            return( FALSE ) ;
```

```
    }
/**************************数据读取函数*****************************/
/** 功能：从AT24C02指定地址读取多个数据并转存于8051片内RAM单元 **/
/**** 采用序列读方式连续读取数据，若AT24C02不接收指定地址则返回0 ****/
    bit E_read_block( uchar start )
    {
        uchar  i ;
        if( E_address( start) )
        {
            I2C_start( ) ;
            if( I2C_send( READ ) )
            {   for( i=0;i<BLOCK_SIZE;i++ )
                {   transfer[i] = I2C_receive( ) ) ;
                    if( i != BLOCK_SIZE )
                        I2C_ack( ) ;
                    else{
                        I2C_clock( ) ;
                        I2C_stop( ) ;
                        }
                }
                return( TRUE ) ;
            }
            else{
                I2C_stop( ) ;
                return( FALSE ) ;
                }
        }
        else{
            I2C_stop( ) ;
            return( FALSE ) ;
            }
    }
/**************************数据写入函数*****************************/
/***** 功能：将数据写入AT24C02指定地址开始的BLOCK_SIZE个字节 *****/
/***** 采用字节写方式，每次写均指定地址，若AT24C02不接收则返回0 *****/
    bit E_write_block( uchar start )
    {
        uchar  i ;
        for( i=0;i<BLOCK_SIZE;i++ )
        {   if( E_address( i+start ) && I2C_send( EAROMImage[i] ) )
            {   I2C_stop( ) ;
                wait_5ms( ) ;
            }
            else
                return( FALSE ) ;
        }
        return( TRUE ) ;
    }
/**************************主函数*****************************/
    void main( )
    {
```

```
        bit g,gg ;
        uchar add = 0x50 ;
        WRITE = 0xA0 ;
        READ = 0xA1 ;
        I2C_init( ) ;
        g = E_write_block( add ) ;
        gg = E_read_block( add ) ;
        while( 1 ) ;
    }
```

【例 11-3】 80C51 模拟 I²C 向 AT24C02 写入 8 个字节数据，然后读出 8 个字节，最后做数据校验，电路图如图 11-12 所示。按“加 1”按钮，数值加 1；按“写入”按钮，数据写入 AT24C02。当 P0 口输出的 LED 显示与 P1 口输出的 LED 显示相同时，表示存储成功。

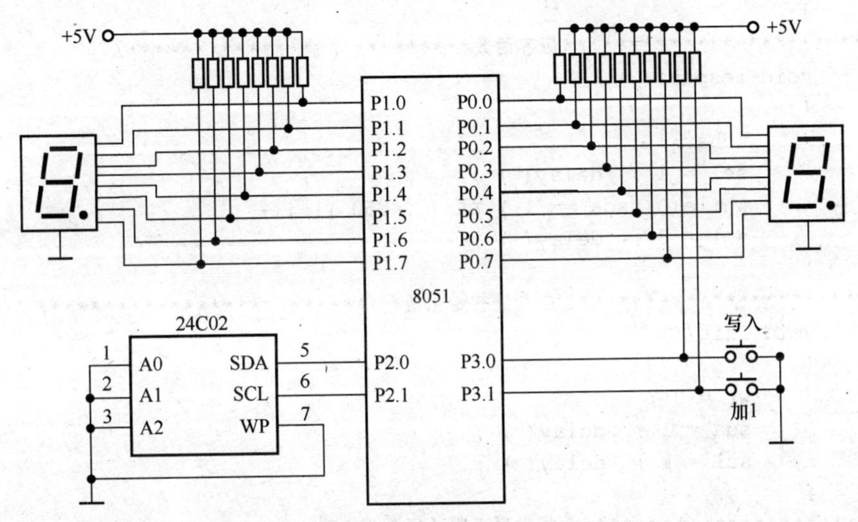

图 11-12　AT24C02 与 8051 单片机接口电路

C 语言程序清单如下。

```
        #include <reg52.h>
        #include <stdio.h>
        #define uchar unsigned char
        uchar temp ;
        sbit sda = P2^0 ;
        sbit scl = P2^1 ;
        sbit wr = P3^7 ;
        sbit P30 = P3^0 ;
        sbit P31 = P3^1 ;
        uchar a ;
/**************************延时程序**************************/
        void delay( )
        {
            ; ;
        }
/**************************I²C总线启动函数**************************/
```

```
        void start( )
        {
             sda = 1 ;  delay( ) ;
             scl = 1 ;  delay( ) ;
             sda = 0 ;  delay( ) ;
             scl = 0 ;  delay( ) ;
        }
/************************I²C 总线停止函数************************/
        void stop( )
        {
             sda = 0 ;  delay( ) ;
             scl = 1 ;  delay( ) ;
             sda = 1 ;  delay( ) ;
             scl = 0 ;  delay( ) ;
        }
/*************************应答函数*************************/
        void respons( )
        {
             uchar i ;
             scl = 1 ;  delay( ) ;
             while( ( sda == 1 ) && ( i<250 )) i++ ;
             scl = 0 ;  delay( ) ;
        }
/************************I²C 总线初始化函数************************/
        void init( )
        {
             wr = 0 ;
             sda = 1 ;  delay( ) ;
             scl = 1 ;  delay( ) ;
        }
/************************数据发送函数（写数据）************************/
        void write_byte( uchar data )
        {
             uchar i , temp ;
             temp = data ;
             for( i=0;i<8;i++ )
             {
                  temp = temp << 1 ;
                  scl = 0 ;  delay( ) ;
                  sda = CY ;  delay( ) ;
                  scl = 1 ;  delay( ) ;
             }
             sda = 0 ;  delay( ) ;
             sda = 1 ;  delay( ) ;
        }
/************************数据接收函数（读数据）************************/
        void read_byte( )
        {
             uchar i , k ;
             scl = 0 ;  delay( ) ;
             sda = 1 ;  delay( ) ;
```

```
        temp = data ;
        for( i=0;i<8;i++ )
        {
            scl = 1 ;  delay( ) ;
            k = ( k << 1 ) | sda ;
            scl = 0 ;  delay( ) ;
        }
        return k ;
    }
/*************************长延时程序*************************/
    void delay1( uchar x )
    {
        uchar a , b ;
        for( a=x ; a>0 ; a-- )
            for( b=100 ; b>0 ; b-- ) ;
    }
/*************************I2C器件写出函数*************************/
    void write_addr( uchar address , uchar data )
    {
        start( ) ;
        write_byte( 0xa0 ) ;
        respons( ) ;
        write_byte( address ) ;
        respons( ) ;
        write_byte( data ) ;
        respons( ) ;
        stop( ) ;
    }
/*************************I2C器件读入函数*************************/
    uchar read_addr( uchar address )
    {
        uchar data ;
        start( ) ;
        write_byte( 0xa0 ) ;
        respons( ) ;
        write_byte( address ) ;
        respons( ) ;
        start( ) ;
        write_byte( 0xa1 ) ;
        respons( ) ;
        data = read_byte( ) ;
        stop( ) ;
        return data ;
    }
/*************************主函数*************************/
    void main( )
    {
        uchar k = 0 ;
        k = read_addr( 0x01 ) ;
        P1 = k ;
        init( ) ;
```

```
        while( 1 )
        {
            if( P30 == 0 )
            {   delay1( 10 ) ;
                if( P30 == 0 ) write_addr( 0x01 , k ) ;
                while( P31 == 0 ) ;
            }
            delay1( 100 ) ;
            if( P31 == 0 )
            {   delay1( 10 ) ;
                if( P31 == 0 ) k++ ;
                P1 = k ;
                while( P31 == 0 ) ;
            }
            temp = read_addr( 0x01 ) ;
            P0 = temp ;
        }
    }
```

11.2　SPI 总线接口

SPI（Serial Peripheral Interface，串行外围设备接口）是由 Motorola 公司提出的一种基于四线制的同步串行总线。SPI 总线接口在速度要求不高、低功耗、需保存少量参数的智能化仪器仪表及控制系统中得到了广泛应用。

1. SPI 总线单主系统组成

SPI 总线通信基于主从配置，有以下 4 个信号。

（1）MOSI：主器件数据输出，从器件数据输入。

（2）MISO：主器件数据输入，从器件数据输出。

（3）SCK：时钟信号，由主器件产生。

（4）$\overline{SS}$：从器件使能信号，由主器件控制。

SPI 总线系统可直接与各厂家生产的多种标准外围器件接口。这些外围器件包括 E^2PROM、Flash、实时时钟、A/D 转换器、数字信号处理器和数字信号解码器等。使用 SPI 总线可方便地构成主—从分布式系统。SPI 总线典型结构如图 11-13 所示。

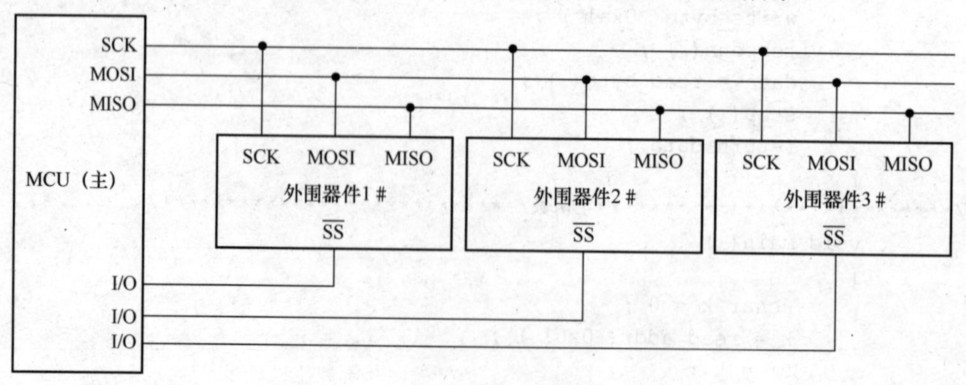

图 11-13　SPI 总线外围扩展结构示意图

单片机与 SPI 外围扩展器件连接时，可将 SCK、MOSI、MISO 各端同名相连即可。带 SPI 接口的外围器件均有从属片选端$\overline{SS}$，在扩展多个 SPI 外围器件时，单片机可通过相应的 I/O 端口分时选通外围器件。

当系统中有多个具有 SPI 接口的单片机时，应区别其主从地位，在某一时刻只能有一个单片机为主器件。主器件控制数据向一个或多个外围器件传送，从器件只能在主机发布命令时，接收或向主机传送数据。数据传递格式是高位（MSB）在前，低位（LSB）在后。SPI 总线时序如图 11-14 所示。

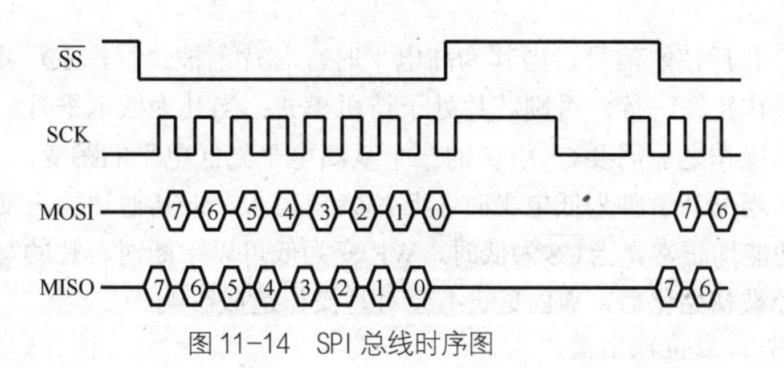

图 11-14　SPI 总线时序图

SPI 系统可工作在全双工方式下。主器件 SPI 的时钟信号使传输同步，移位寄存器中的数据位在 SCK 下降沿从引脚 MOSI 输出；在 SCK 上升沿将从引脚 MISO 接收的数据逐位移至移位寄存器。

2．SPI 接口示例

X5045 是单片机系统中应用较为广泛的一种看门狗芯片，它集合了上电复位、看门狗定时器、电压监控和 E^2PROM 共 4 种常用功能组件。X5045 中的看门狗定时器和电源电压监控功能可对单片机系统起到保护作用；512×8 位的 E^2PROM 可用于存储单片机系统的重要数据。

（1）X5045 芯片特点及功能

X5045 具有以下特点及功能。

① 可编程的看门狗定时器。

② 低电压检测和复位电路。

③ 5 种标准复位端电压。

④ 使用特殊编程序列可重复对低 V_{CC} 复位电压的编程。

⑤ 低功耗，看门狗打开时，电流小于 50μA，看门狗关闭时，电流小于 10μA，读数据时电流小于 2mA。

⑥ 内置 4KB 的 E^2PROM，可重复写入 1000000 次。

⑦ 使用块保护功能可以保存写入的数据不被意外改写。

⑧ 3.3MHz 时钟速率。

⑨ 有写锁存和写保护功能。

⑩ 最小编程时间：16 位页写模式和 5ms 写周期。

（2）X5045芯片引脚及定义

X5045芯片引脚图如图11-15所示。

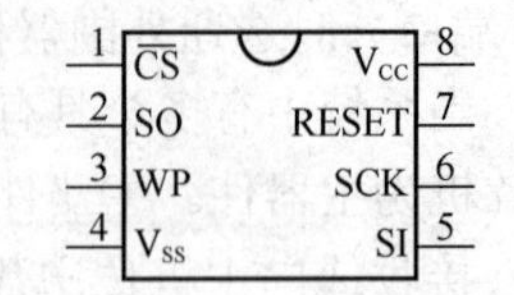

图11-15 X5045芯片引脚图

① SO：串行数据输出端。在一个读操作过程中，数据从SO端移位输出，在时钟的下降沿数据有效。

② SI：串行数据输入端。所有的操作码、字节地址和数据均由SI引脚写入，在时钟的上升沿数据被锁定。

③ SCK：串行时钟，用于控制总线上数据输入和输出的时序。

④ $\overline{CS}$：芯片使能信号。当其为高电平时，芯片不被选择，SO引脚为高阻态，除非一个内部的写操作正在进行，否则芯片处于待机模式；当其为低电平时，芯片处于活动模式，上电后在任何操作之前需要$\overline{CS}$引脚的一个从高电平到低电平的跳变。

⑤ WP：当WP引脚为低电平时，芯片禁止写入，但其他功能正常；当WP引脚为高电平时，所有功能均正常。当$\overline{CS}$为低时，WP变为低可以中断对芯片的写操作。但是如果内部的写周期已经被初始化后，WP变低不会对写操作造成影响。

⑥ RESET：复位输出端。

（3）X5045工作原理

X5045除了具有看门狗电路的功能外，另一个重要的功能就是作为E^2PROM数据存储器使用。X5045内部集成有512×8位的串行E^2PROM，可保证系统在掉电后仍可维持其内的数据不变。X5045与51单片机可采用SPI总线方式接口，芯片内部含有一个位指令移位寄存器，该寄存器可通过SI来访问。数据在SCK的上升沿由时钟同步输入，在整个工作期内，$\overline{CS}$必须保持低电平且WP必须是高电平。

X5045内部有一个“写使能”锁存器，在执行写操作之前该锁存器必须被置位，在写周期完成之后，该锁存器自动复位。X5045片内还有一个状态寄存器，用以提供X5045状态信息，以及设置块保护和看门狗的定时周期。

X5045对片内寄存器的读写均按照一定的指令格式进行，如表11-2所示。

表11-2 X5045的指令寄存器

指令名称	指令格式	操作说明
WREN	0000 0110	置位写使能锁存器（允许写操作）
WRDI	0000 0100	复位写使能锁存器（禁止写操作）
RDSR	0000 0101	读状态寄存器
WRSR	0000 0001	写状态寄存器
READ	0000 $A_8$011	从所选地址的存储器阵列中读取数据
WRITE	0000 $A_8$010	将数据写入所选地址的存储器阵列中

数据读写时，最高位（MSB）在前，最低位在后；表11-2中的A_8表示内部存储器的高位地址。在实际使用中，往往要对状态寄存器进行读写操作，它是一个8位寄存器，可用来标识芯片的忙闲状态、内部E^2PROM数据块保护范围以及看门狗定时器的定时周期，其格式如下：

D7	D6	D5	D4	D3	D2	D1	D0
X	X	WD1	WD0	RL1	RL0	WEL	WIP

（4）X5045 与 51 单片机的接口设计

对于不带 SPI 串行总线接口的 51 系列单片机来说，可以使用软件模拟的方式实现 SPI 总线时序，包括串行时钟、数据输入、数据输出。对于不同的串行接口外围芯片，它们的时钟时序是不同的。X5045 与 51 单片机接口电路如图 11-16 所示。

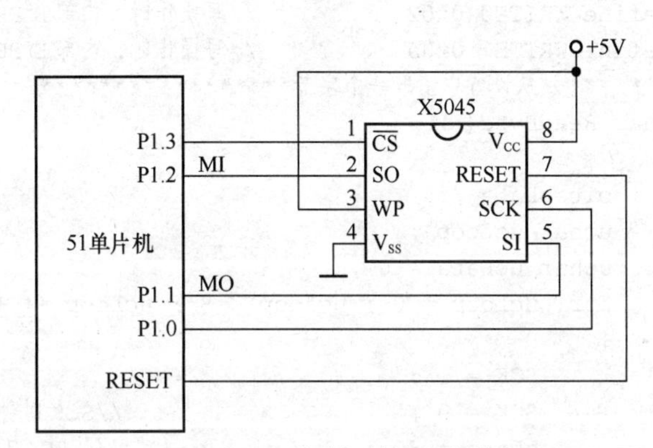

图 11-16　X5045 与 51 单片机的接口电路

对于在 SCK 的上升沿输入（接收）数据和在下降沿输出（发送）数据的器件（指从器件），一般应将其串行时钟输出口（P1.0，如图 11-15 所示）的状态设为“1”，而在允许接收后再将其设为“0”。这样，从器件将输出 1 位数据至单片机的 P1.2 口（下降沿有效，主接收）；此后再置时钟端口 P1.0 为“1”，使单片机从 P1.1 口线上（主发送）输出 1 位数据至串行接口芯片的 SI 端（上升沿有效）。至此，模拟 1 位数据输入、输出操作便告结束。此后再置时钟端口 P1.0 为“0”，模拟下一位数据的输入、输出，并依此循环 8 次，即可完成通过 SPI 总线传输 8 位数据的操作。

对于在 SCK 的下降沿输入（接收）数据和在上升沿输出（发送）数据的器件（指从器件），则应取串行时钟输出口的初始状态设为“0”，即在接口芯片允许时先置位 P1.0 为“1”，以便外围接口芯片输出 1 位数据（单片机接收 1 位数据）；之后再将时钟口设为“0”，使外围芯片接收 1 位数据（单片机发送 1 位数据），从而完成 1 位数据的传送过程。

表 11-3 为 X5054 操作对应表。

表 11-3　　　　X5054 操作对应表

引脚	功能说明	主器件	从器件	时钟信号 SCK
MOSI	主出、从入	输出（写）	SI（输入）	上升沿
MISO	主入、从出	输入（读）	SO（输出）	下降沿

程序设计如下。

```
#include <reg52.h>
#define uchar unsigned char
```

```
        sbit CS = P1^3 ;
        sbit SO = P1^2 ;
        sbit SI = P1^1 ;
        sbit SCK = P1^0 ;
        #define WREN 0x06                //设置写允许位
        #define WRDI 0x04                //复位写允许位
        #define RDSR 0x05                //读状态寄存器
        #define WRSR 0x01                //写状态寄存器
        #define READ0 0x03               //读取操作时，内部E²PROM的页地址0
        #define READ1 0x0b               //读取操作时，内部E²PROM的页地址1
        #define WRITE0 0x02              //写操作时，内部E²PROM的页地址0
        #define WRITE1 0x0a              //写操作时，内部E²PROM的页地址1
/****************从设备中读取一个字节****************/
        uchar ReadByte( )
        {
            bit bData ;
            uchar ucLoop ;
            uchar ucData = 0 ;
            for( ucLoop = 0 ; ucLoop < 8 ; ucLoop ++ )
            {
                SCK = 1 ;
                SCK = 0 ;                //SCK时钟产生下降沿
                bData = SO ;             //从P1.2口接收数据（从器件SO端）
                ucData <<= 1 ;           //ucData左移一位
                if( bData )
                {
                    ucData |= 0x01 ;     //设置ucData最低位为1，其余位不变
                }
            }
            return ucData ;
        }
/****************写一个字节到设备中****************/
        void WriteByte( uchar ucData )
        {
            uchar ucLoop ;
            for( ucLoop = 0 ; ucLoop < 8 ; ucLoop ++ )
            {
                if( ( ucData & 0x80 ) == 0 )
                    SI = 0 ;             //最高位为0，则SI为0
                else
                    SI = 1 ;             //最高位为1，则SI为1
                SCK = 0 ;
                SCK = 1 ;                //SCK时钟产生上升沿，数据发送
                ucData <<= 1 ;
            }
        }
/****************读取状态寄存器数据****************/
        uchar ReadReg( )
        {
            uchar ucData ;
            CS = 0 ;                     //设置CS端为"0"
```

```
        WriteByte( RDSR ) ;                //发送“读状态寄存器”指令
        ucData = ReadByte( ) ;             //读取“状态寄存器”数据
        CS = 1 ;                           //设置CS端为“1”
        return ucData ;
    }
/****************写入状态寄存器数据****************/
    uchar WriteReg( uchar ucData )
    {
        uchar ucTemp ;
        ucTemp = ReadReg( ) ;              //读取“状态寄存器”数值
        if( ( ucTemp & 0x01) == 1 )        //若最低位为1，则从器件“忙”，返回“0”
             return  0 ;
        CS = 0 ;                           //否则，设置CS端为“0”
        WriteByte( WREN ) ;                //发送“写允许”指令
        CS = 1 ;
        CS = 0 ;
        WriteByte( WRSR ) ;                //发送“写状态寄存器”指令
        WriteByte( ucData ) ;              //发送数据ucData
        CS = 1 ;
        return 1 ;                         //正常发送完数据后返回“1”
    }
```

备注：$\overline{CS}$端从1到0后，从器件首先接收到8位的指令，之后才为数据。

```
/****************写入一个字节至E²PROM****************/
/*** cData为写入数据；cAddress为写入地址；bRegion为页 ***/
    void WriteEprom( uchar cData , uchar cAddress , bit bRegion )
    {
        while( ( ReadReg( ) & 0x01 ) == 1 ) ;    //若从器件忙，则等待
        CS = 0 ;
        WriteByte( WREN ) ;
        CS = 1 ;
        CS = 0 ;
        if( bRegion == 0 )
            WriteByte( WRITE0 ) ;                //设置写页地址0
        else
            WriteByte( WRITE1 ) ;                //设置写页地址1
        WriteByte( cAddress ) ;                  //设置页内偏移地址
        WriteByte( cData ) ;                     //发送数据
        SCK = 0 ;
        CS = 1 ;
    }
/****************从E²PROM读入一个字节****************/
/*********** cAddress为读入地址；bRegion为页 ***********/
    uchar ReadEprom( uchar cAddress , bit bRegion )
    {
        uchar cData ;
        while( ( ReadReg( ) & 0x01 ) == 1 ) ;    //若从器件忙，则等待
        CS = 0 ;
        if( bRegion == 0 )
            WriteByte( READ0 ) ;                 //设置读页地址0
```

```
            else
                WriteByte( READ1 ) ;                        //设置读页地址 1
            WriteByte( cAddress ) ;                         //设置页内偏移地址
            cData = ReadByte( ) ;                           //读取数据
            CS = 1 ;
            return cData ;
        }
/****************主程序****************/
        void main( )
        {
            WriteReg( 0x00 ) ;
            CS = 1 ;
            CS = 0 ;
            while( 1 ) ;
        }
```

11.3 单总线（1-Wire）接口

单总线是美国达拉斯半导体公司（Dallas Semicondutor，2001 年被 Maxim Integrated 收购）推出的外围扩展总线，它将地址线、数据线、控制线、电源线合为一根信号线，允许在这根线上挂接数百个测控对象。在该总线上挂接的每个对象都有一个 64 位的 ROM（称为身份证号），以确保挂接在总线上后可以被唯一地识别出来（寻址）。

ROM 中含有 CRC 校验码，能确保数据交换可靠。芯片内有收、发控制和电源存储电路。芯片在控制地点就能把模拟信号数字化，系统抗扰性好，可靠性高。

单总线系统由一个总线命令者和一个或多个从属者组成，系统按单总线协议规定的时序和信号波形进行初始化、器件识别和数据交换。

挂接在单总线系统中的器件，厂家在生产时都编制了唯一的序列号。为识别器件，每个器件刻有一个 64 位的二进制 ROM 代码，其组成格式如图 11-17 所示。

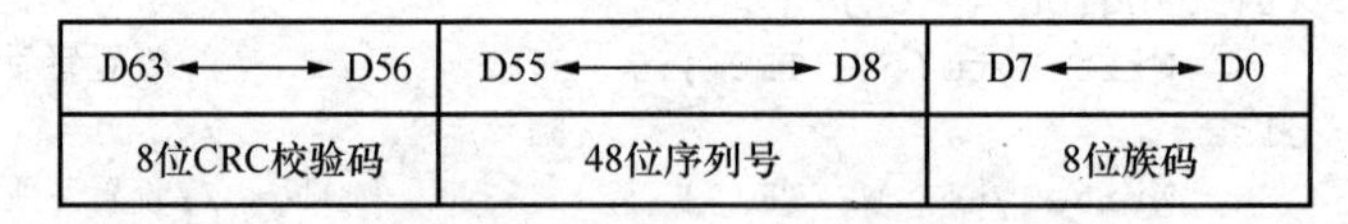

D63 ◄——► D56	D55 ◄——► D8	D7 ◄——► D0
8位CRC校验码	48位序列号	8位族码

图 11-17　ROM 代码组成格式

1．单总线信号时序（如图 11-18 所示）

CRC（Cyclic Redundancy Check，循环冗余码检测）是数据通信中校验数据传输收发正确的一种常用方法。在使用时，总线命令者读入 ROM 中的 64 位二进制码后，由前 56 位按 CRC 多项式（$X^8+X^5+X^4+1$）计算出 CRC 值，然后与 ROM 中的高 8 位 CRC 进行比较，若相同则表明数据传送正确，否则将要求重新传送。

单总线芯片均采用 CMOS 技术，耗电量很小，从单总线上吸收一点电流储存在芯片内的电容上就可正常工作。因此无需另附电源。

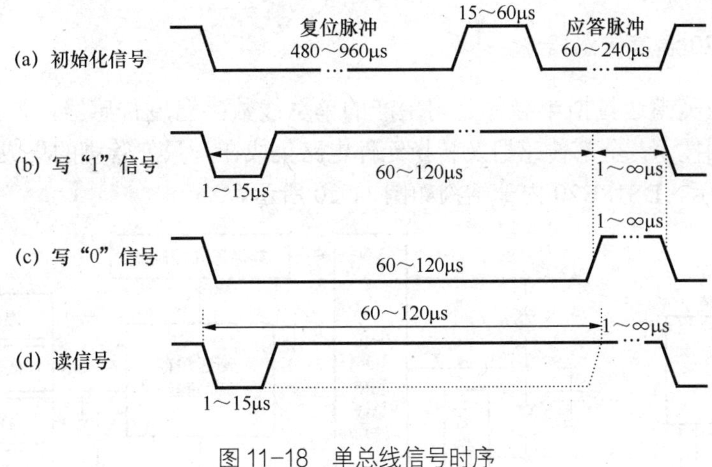

图 11-18 单总线信号时序

2. 单总线（1－Wire）驱动能力和通信距离

单总线上通常会处于高电平状态（＋5V 左右），每个器件都能在需要时被驱动。为避免在不工作时给总线增加功耗，挂在总线上的每个器件必须是漏极开路或者三态输出。当单总线上挂接器件超过 8 个时，需要注意器件的总线驱动问题。

连接单总线的总线电缆长度是有限的。采用普通信号电缆时通信距离不超过 50m；采用双绞线带屏蔽电缆时，通信距离可达 150m；当采用每米绞合数更多的双绞线带屏蔽电缆时，通信距离可进一步加长。

3. 单总线（1－Wire）通信协议

总线通信协议保证了数据传输的可靠性，任一时刻单总线上只能有一个控制信号或数据。一次数据传输可分为 4 步：①初始化；②传送 ROM 命令；③传送 RAM 命令；④数据交换。

单总线上所有的处理都是从初始化开始的。初始化时序是由一个复位脉冲和一个或多个应答信号组成的。应答脉冲的作用是：从器件让总线命令者知道该器件是在总线上，且已做好准备。

当总线命令者检测到某器件存在时，先发送表 11-4 所示的 ROM 命令之一。当成功执行后，总线命令者可发送任何一个可使用的命令来访问存储和控制，进行数据交换。ROM 命令如表 11-4 所示。

表 11-4 单总线信号时序

指　　令	指 令 说 明
读 ROM（33H）	读器件的序列号
匹配 ROM（55H）	总线上有多个器件时，寻址某个器件
跳过 ROM（CCH）	总线上只有一个器件时，执行该指令（跳过读 ROM 指令）可直接向该器件发送命令
搜索 ROM（F0H）	系统首次启动后，需识别总线上的各器件
报警搜索（ECH）	搜索输入电压超过设置的报警门限值的器件

4．DS18B20 温度传感器

DS18B20 是美国达拉斯半导体公司生产的单总线数字温度传感器，在内部使用了在板（On-board）专利技术，全部传感器及转换元件电路集成在一只三管脚的集成电路内，封装形式如图 11-19 所示。DS18B20 内部结构如图 11-20 所示。

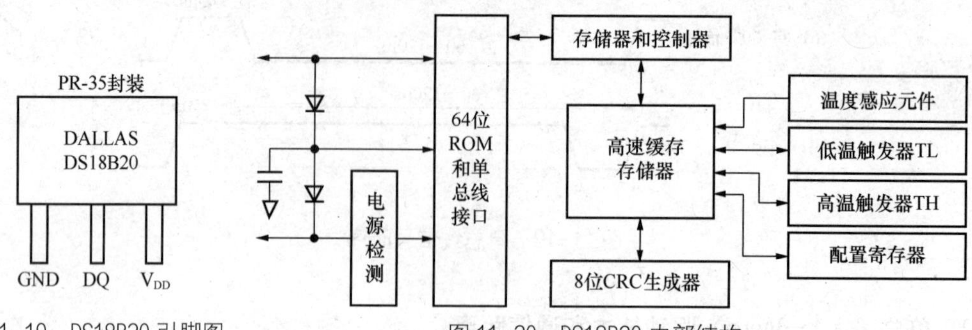

图 11-19　DS18B20 引脚图　　　　图 11-20　DS18B20 内部结构

DS18B20 温度传感器的主要特征如下。

（1）温度测量范围为−55～+125℃，固有测温分辨率为±0.5℃；

（2）测量结果以 9～12 位数字量方式进行串行传送；

（3）用户可设定报警温度的上下限；

（4）在使用中不需要任何外围器件。

表 11-5 所示为 DS18B20 的温度—数据关系。

表 11-5　　DS18B20 的温度—数据关系

温度（℃）	数据（二进制）	数据（十六进制）
+125℃	0000 0111 1101 0000	07D0H
+85℃*	0000 0101 0101 0000	0550H
+25.0625℃	0000 0001 1001 0001	0191H
+10.125℃	0000 0000 1010 0010	00A2H
+0.5℃	0000 0000 0000 1000	0008H
0℃	0000 0000 0000 0000	0000H
−0.5℃	1111 1111 1111 1000	FFF8H
−10.125℃	1111 1111 0101 1110	FF5EH
−25.0625℃	1111 1110 0110 1111	FE6FH
−55℃	1111 1100 1001 0000	FC90H

*上电复位后温度寄存器中的值为+85°C。

表 11-6 所示为 DS18B20 的高速缓存单元表。

表 11-6　　DS18B20 的高速缓存单元表

序　号	寄存器名称	作　用
0	温度低字节	16 位补码形式存放
1	温度高字节	

续表

序　号	寄存器名称	作　用
2	TH，用户字节 1	存放温度上限
3	TL，用户字节 2	存放温度下限
4、5	保留字节 1、2	
6	计数器余值	
7	计数器	
8	CRC	

以 12 位转化为例：温度转化后得到的 12 位数据存储在 DS18B20 的两个高低 RAM 单元中，其中高 5 位为符号位。如果测得的温度值大于 0，则这 5 位均为“0”，只要将数字量数值乘以 0.0625（2^{-4}）即可得到实际温度；如果测得的温度值小于 0，则这 5 位均为“1”，此时应将数字量数值按位取反加 1 后再乘以 0.0625 才能得到实际温度。表 11-7 所示是高低 RAM 单元分配表。

表 11-7　　DS18B20 的 RAM 单元分配表

高 8 位	S	S	S	S	S	2^6	2^5	2^4
低 8 位	2^3	2^2	2^1	2^0	2^{-1}	2^{-2}	2^{-3}	2^{-4}

DS18B20 中的温度传感器完成对温度的测量后，用 16 位带符号扩展的二进制补码读数形式提供，以 0.0625℃/LSB 形式表达，其中 S 为符号位。例如，+125℃的数字量输出为 07D0H，二进制编码为 0000011111010000B，其中前 5 位为符号位，后 4 位为小数点后的数值，中间的 7 位数值为整数部分；又如+24.0625℃的数字量输出为 0191H，−24.0625℃的数字量输出为 FF6FH，−55℃的数字量输出为 FC90H。

DS18B20 的控制方法如下。

在硬件上，DS18B20 与单片机的连接方法有两种，一种是 V_{DD} 接外部电源，GND 接地，DQ 端与单片机 I/O 口相连；另一种是寄生电源供电，此时 V_{DD}、GND 接地，DQ 端接单片机 I/O 口。两种方式下，DQ 端均需接 5kΩ 左右的上拉电阻。DS18B20 有 6 条控制命令，如表 11-8 所示。

表 11-8　　DS18B20 的控制命令

指　令	代　码	操 作 说 明
温度转换	44H	启动 DS18B20 进行温度转换
读寄存器	BEH	读取寄存器中 9 个字节的内容
写寄存器	4EH	将数据写入寄存器 TH、TL 字节中
复制寄存器	48H	把寄存器 TH、TL 字节写到 PROM 中
重新调 E^2PROM	B8H	把 E^2PROM 中的 TH、TL 字节写到寄存器 TH、TL 字节中
读电源供电方式	B4H	启动 DS18B20，发送电源供电方式给主 CPU

单片机对 DS18B20 的访问流程是：先对 DS18B20 初始化，然后进行 ROM 操作命令，最后才能对存储器进行操作，以完成数据传输（3 步操作）。

DS18B20 的单总线工作协议流程是：初始化→执行 ROM 操作指令→执行存储器操作指令→数据传输。

（1）DS18B20 初始化时序。

① 先将数据线置为高电平“1”；

② 延时（要求不严格，可尽可能短些）；

③ 将数据线拉到低电平“0”；

④ 延时 750μs（该时间范围为 480～960μs）；

⑤ 再将数据线拉到高电平“1”；

⑥ 延时等待（若初始化成功，则在 15～60ms 内将得到一个由 DS18B20 返回的低电平信号“0”，该信号状态可用来确定芯片存在，但应注意不能无限等待，否则会使程序进入死循环，因此可进行超时控制）；

⑦ CPU 读到数据线的低电平“0”信号后，还要进行一段时间延时，其延时时间从发出的高电平算起最少要 480μs；

⑧ 将数据线再次拉高到高电平“1”之后结束。

（2）DS18B20 的写操作。

① 先将数据线置为低电平“0”；

② 延时 15μs；

③ 按照从低位到高位的顺序发送字节数据（一次只发送一位）；

④ 延时 45μs；

⑤ 再将数据线拉到高电平“1”；

⑥ 重复以上操作直到该字节全部发送结束；

⑦ 最后将数据线拉到高电平“1”。

（3）DS18B20 的读操作。

① 先将数据线拉到高电平“1”；

② 延时 2μs；

③ 将数据线拉到低电平“0”；

④ 延时 15μs；

⑤ 将数据线拉到高电平“1”；

⑥ 延时 15μs；

⑦ 读数据线得到一个位状态，并进行数据处理；

⑧ 延时 30μs；

⑨ 重复以上操作直到一个字节数据接收结束。

5. 51 单片机与 DS18B20 温度传感器的连接

用 51 单片机任一 I/O 口即可与单总线器件进行双向数据传送。51 单片机与 DS18B20 的连接如图 11-21 所示。

为保证在有效的 DS18B20 周期内提供足够的电流，用一个 MOSFET 管和 51 单片机的 I/O 口线（P1.0）相连，来完成对 DS18B20 的上拉。采用寄生电源供电时，V_{DD} 必须接地。

由图 11-20 可以看出，51 单片机 P1.1 口作为发送口 TXD，P1.2 口作为接收口 RXD。由于数据的读/写操作是分时的，故不存在信号的竞争问题。电路的工作过程为：51 单片机首先发复位 DS18B20 的负脉冲，然后接收 DS18B20 的应答信号，之后 51 单片机发读 ROM 命令（33H），最后发存储和控制命令。

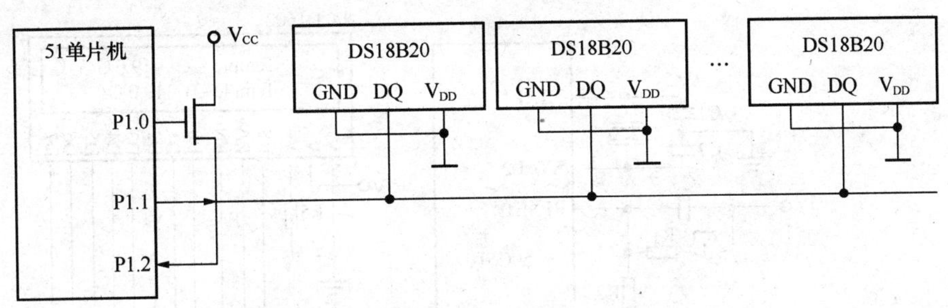

图 11-21 51 单片机与 DS18B20 的连接图

数据先写入 RAM，经校验后再传给 EERAM。便笺式 RAM 共占用 9 个字节，包括温度信息（第 1、2 字节）、T_H 和 T_L 值（第 3、4 字节）、计数寄存器（第 7、8 字节）、CRC（第 9 字节），第 5、6 字节不用。

DS18B20 的执行顺序如下。

（1）初始化过程，发一个不少于 480μs 的低电平脉冲；

（2）执行 ROM 命令，主要进行寻址；

（3）执行 DS18B20 的存储器控制命令，用于转换和读数据；

（4）DS18B20 的 I/O 信号有复位脉冲、应答脉冲、写 0、读 0、写 1 和读 1 等几种，除应答脉冲由 DS18B20 发出外，其余均由主机发出。

DS18B20 工作流程如图 11-22 所示。

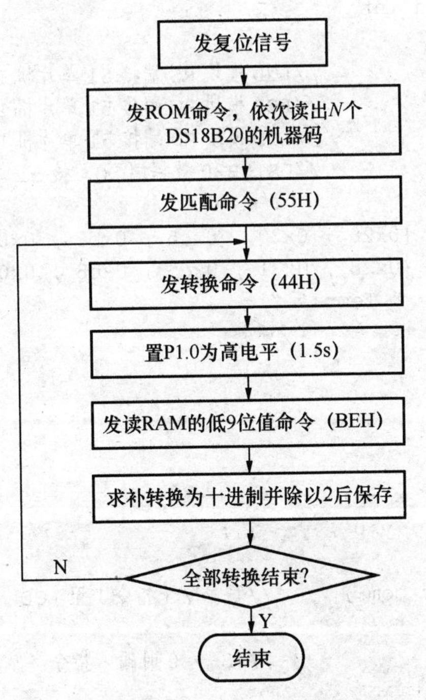

图 11-22 DS18B20 的工作流程

【例 11-4】利用 8051 的 P1.7 口，实现两路 DS18B20 的温度信号采集。采集到的数据显示到 LCD1602 上，如图 11-23 所示。

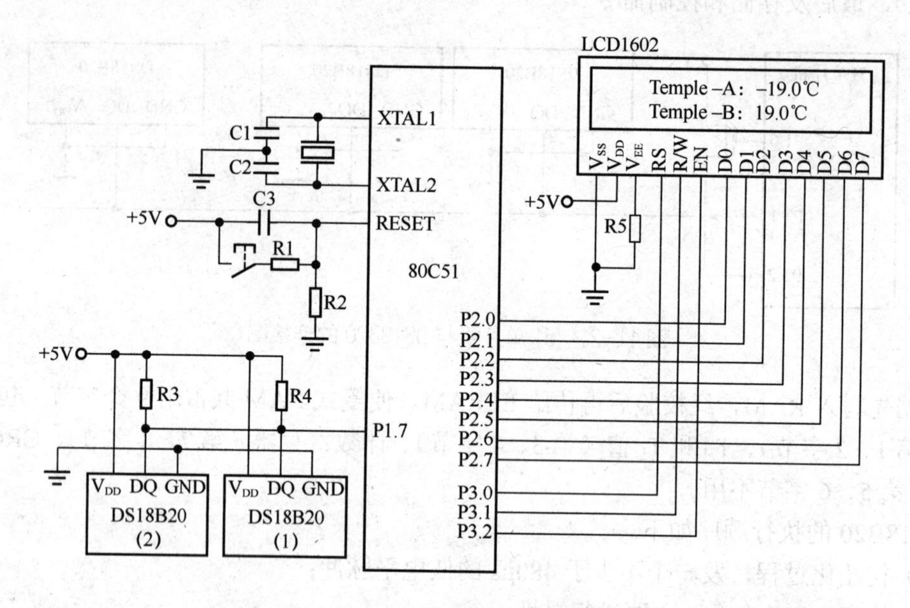

图 11-23　两路 DS18B20 的温度信号采集

程序清单如下。

```
#include<reg52.h>
#define uchar unsigned char
#define uint unsigned int

sbit lcdrs = P3^0 ;            //LCD 模块 RS 端接 51 单片机 P3.0 口
sbit lcdrw = P3^1 ;            //LCD 模块 RW 端接 51 单片机 P3.1 口
sbit lcden = P3^2 ;            //LCD 模块 EN 端接 51 单片机 P3.2 口
sbit DQ = P1^7 ;               //DS18B20 数据端 DQ，接 51 单片机 P1.7 口
uint value ;
uchar code table1[] = {0x28 , 0x30 , 0xc5 , 0xb8 , 0x00 , 0x00 , 0x00 , 0x8e } ;
uchar code table2[] = {0x28 , 0x31 , 0xc5 , 0xb8 , 0x00 , 0x00 , 0x00 , 0xb9 } ;
uchar code table3[] = " Temple " ;
bit fg = 0 ;

void delay( uint n )
{
     uint x , y ;
     for( x=n ; x>0 ; x-- )
          for( y=110 ; y>0 ; y-- ) ;
}
void write_com( uchar com )        //写命令（指令）至 LCD
{
     lcdrs = 0 ;                   //RS = 0 时输入指令
     P2 = com ;
     delay( 5 ) ;
```

```
    lcden = 1 ;
    delay( 5 ) ;
    lcden = 0 ;
}
void write_data( uchar data )       //写数据至 LCD
{
    lcdrs = 1 ;                     //RS = 1 时输入数据
    P2 = data ;
    delay( 5 ) ;
    lcden = 1 ;
    delay( 5 ) ;
    lcden = 0 ;
}
void init_lcd( )                    //LCD 初始化
{
    lcden = 0 ;
    lcdrw = 0 ;
    write_com( 0x38 ) ;             //8 位数据，双列，5×7 字形
    write_com( 0x0c ) ;             //开启显示屏，关闭光标，光标不闪烁
    write_com( 0x06 ) ;             //显示地址递增
    write_com( 0x01 ) ;
}

void delay_us( uchar t )            //精确 μs 延时
{
    while( t-- ) ;
}

void init_ds18b20( void )           //DS18B20 初始化函数
{
    DQ = 1 ;
    delay_us( 4 ) ;
    DQ = 0 ;
    delay_us( 80 ) ;
    DQ = 1 ;
    delay_us( 200 ) ;
}

void write_ds18b20( uchar data )    //写一字节数据
{
    uchar  i ;
    for( i=0 ; i<8 ; i++ )
    {
        DQ = 0 ;
        DQ = data & 0x01;           //写“1”在 15μs 内拉低
        delay_us( 15 );
        DQ = 1;
        data >>= 1;
        delay_us( 5 );
    }
    delay_us( 10 );
```

```
}

uchar read_ds18b20( void )          //读取一字节数据
{
     uchar i=0 , readdata = 0 ;
     for ( i= ; i<8 ; i++ )
     {
          DQ = 0;
          delay_us( 5 ) ;
          readdata >>= 1 ;
          DQ = 1;                    //15μs 内拉释放总线
          if( DQ )
               readdata |= 0x80 ;
          delay_us( 10 ) ;
     }
     return( readdata ) ;
}

void check_rom( uchar a )           //匹配序列号函数
{
     uchar j ;
     write_ds18b20( 0x55 ) ;
     if( a == 1 )
     {
          for( j=0 ; j<8 ; j++ )
          {
               write_ds18b20( table1[ j ] ) ;
          }
     }
     if( a == 2 )
     {
          for( j=0 ; j<8 ; j++ )
          {
               write_ds18b20( table2[ j ] ) ;
          }
     }
}

uchar read_ds18b20( uchar z )   //读取 DS18B20 温度值 TL、TH
{
     uchar tl , th ;
     init_ds18b20( ) ;
     write_ds18b20( 0xcc ) ;     //总线上仅 1 个 DS18B20 时可执行跳过 ROM 命令
     init_ds18b20( ) ;
     if( z == 1 )
     {
          check_rom( 1 ) ;       //匹配 ROM1
     }
     if( z == 2 )
     {
          check_rom( 2 ) ;              //匹配 ROM2
```

```
    }
    write_ds18b20( 0x44 ) ;            //发温度转换命令
    init_ds18b20( ) ;
    write_ds18b20( 0xcc ) ;
    write_ds18b20( 0xbe ) ;            //发读 RAM 命令
    tl = read_ds18b20( ) ;
    th = read_ds18b20( ) ;
    value = th ;
    value = value << 8 ;
    value = value | tl ;
    if( th < 0x80 )
    {     fg = 0 ;    }
    if( th >= 0x80 )
    {      fg = 1 ;
           value = ~value + 1 ;
    }
    value = value * ( 0.0625*10 ) ;
    return value ;
}

void display_lcd1602( uchar z )
{
    uchar i ;
    if( z == 1 )
    {
        write_com( 0x80 ) ;
        for( i=0 ; i<6 ; i++ )
        {
            write_data( table3[ i ] ) ;
            delay( 3 ) ;
        }
        write_data( 0x2d ) ;
        write_data( 0x41 ) ;
        write_data( 0x3a ) ;
        if( fg == 1 )
        {
            write_data( 0xb0 ) ;
        }
        if( fg == 0 )
        {
            write_data( 0x20 ) ;
        }
        write_data( value/100 + 0x30 ) ;
        write_data( value%100/10 + 0x30 ) ;
        write_data( 0x2e ) ;
        write_data( value%10 + 0x30 ) ;
        write_data( 0xdf ) ;
        write_data( 0x43 ) ;
    }
    if( z == 2 )
    {
        write_com( 0x80 + 0x40 ) ;
```

```
            for( i=0 ; i<6 ; i++ )
            {
                write_data( table3[ i ] ) ;
                delay( 3 ) ;
            }
            write_data( 0x2d ) ;
            write_data( 0x42 ) ;
            write_data( 0x3a ) ;
            if( fg == 1 )
            {
                write_data( 0xb0 ) ;
            }
            if( fg == 0 )
            {
                write_data( 0x20 ) ;
            }
            write_data( value/100 + 0x30 ) ;
            write_data( value%100/10 + 0x30 ) ;
            write_data( 0x2e ) ;
            write_data( value%10 + 0x30 ) ;
            write_data( 0xdf ) ;
            write_data( 0x43 ) ;
        }
}

void main( )            //主程序
{
        init_lcd( );
        while(1)
        {
            read_ds18b20( 1 ) ;
            display_lcd1602( 1 ) ;
            read_ds18b20( 2 ) ;
            display_lcd1602( 2 ) ;
        }
}
```

习题及思考题

1．单片机系统的串口总线接口有哪几种？各自特征是什么？

2．I^2C 总线一帧传送多少数据？一帧对 SCL 来说，由多少个时钟构成？怎样知道数据传送已被接收？

3．I^2C 总线上 SDA 传送数据有效时，SCL 是高电平还是低电平？数据传送起始信号如何表达，结束信号如何表达？

4．SPI 总线接口与 I^2C 总线接口通信原理的区别。

5．当单总线上挂接多个 DS18B20 或其他单总线器件时，如何判断器件地址，如何有效传送数据。

第12章 单片机综合应用实例

12.1 单片机应用系统设计过程

单片机系统的设计开发是硬件和软件设计综合应用的过程。硬件设计是基础条件，软件设计是思想灵魂，只有两者完美的结合，才能开发出满足功能需要，运行稳定可靠，维护方便的单片机系统。

一般情况下，一个实际的单片机应用系统的设计过程主要包括系统需求分析、总体方案设计、硬件电路设计、软件系统设计、系统调试与运行等多个环节。

（1）系统需求与方案调研

① 了解国内外同类系统的开发水平、器材、设备水平、供应状态；对接收委托研制项目，还应充分了解对方技术要求、环境状况、技术水平，以确定课题的技术难度。

② 了解可移植的硬、软件技术。能移植的尽量移植，以防止大量低水平重复劳动。

③ 摸清硬、软件技术难度，明确技术主攻方向。

④ 综合考虑硬、软件分工与配合方案。单片机应用系统设计中，硬、软件工作具有密切的相关性。

（2）可行性分析

可行性分析的目的是对系统开发研制的必要性及可行性做出明确的判定结论。根据这一结论决定系统的开发研制工作是否进行下去。

可行性分析通常从以下几个方面进行论证。

① 市场或用户的需求情况。

② 经济效益和社会效益。

③ 技术支持与开发环境。

④ 现在的竞争力与未来的生命力。

（3）系统方案设计

系统功能设计包括系统总体目标功能的确定及系统硬、软件模块功能的划分与协调关系。

系统结构设计是根据系统硬、软件功能的划分及其协调关系，确定系统硬件结构和软件结构。

系统硬件结构设计的主要内容包括单片机系统扩展方案和外围设备的配置及其接口电路方案，最后要以逻辑框图形式描述出来。

系统软件结构设计主要完成的任务是确定出系统软件功能模块的划分及各功能模块的程序实现的技术方法，最后以结构框图或流程图描述出来。

（4）系统详细设计与制作

系统详细设计与制作就是将前面的系统方案付诸实施，将硬件框图转化成具体电路，并制作成电路板，软件框图或流程图用程序加以实现。

（5）系统调试与修改

系统调试是检测所设计系统的正确性与可靠性。单片机应用系统设计是一个相当复杂的劳动过程，在设计、制作中，难免存在一些局部性问题或错误。

系统调试中可发现存在的问题和错误，应及时地进行修改。调试与修改的过程可能要反复多次，最终使系统试运行成功，并达到设计要求。

（6）生产样机

系统硬、软件调试通过后，把链接调试完毕的系统软件固化在 EPROM 中，然后脱机（脱离开发系统）运行。如果脱机运行正常，再在真实环境或模拟真实环境下运行，经反复运行正常，开发过程即告结束。这时的系统只能作为样机系统，给样机系统加上外壳、面板，再配上完整的文档资料，就可生成正式的系统（或产品）。

（7）生成正式系统或产品

12.2 单片机应用系统设计举例

在单片机应用系统设计开发阶段主要有以下 3 个步骤。

（1）硬件原理图的设计，这是最重要的步骤之一，它是系统开发的硬件基础，通常可以通过 Protel DXP 或者 Protues 仿真平台进行硬件的设计绘制过程。

（2）系统软件流程图的设计，这往往是软件搭建的总体思路，也是为后续的代码的实现做好准备工作。

（3）编写程序代码和调试。这也是单片机应用系统的思想和核心，通常可以通过 Protues 仿真平台来验证完成。

以下实例是在单片机应用系统设计开发中经常会用到的一些例程，仅供参考。

【例 12-1】 实现单片机与 PC 机之间的相互通信，当 8051 单片机接收到 PC 机发来的信号时，利用液晶显示模块 1602 显示字符串，同时 8051 单片机向 PC 机发送 1602 上显示的字符。

设计步骤如下。

（1）硬件原理图的设计。单片机与 PC 机通信系统开发原理图如图 12-1 所示。

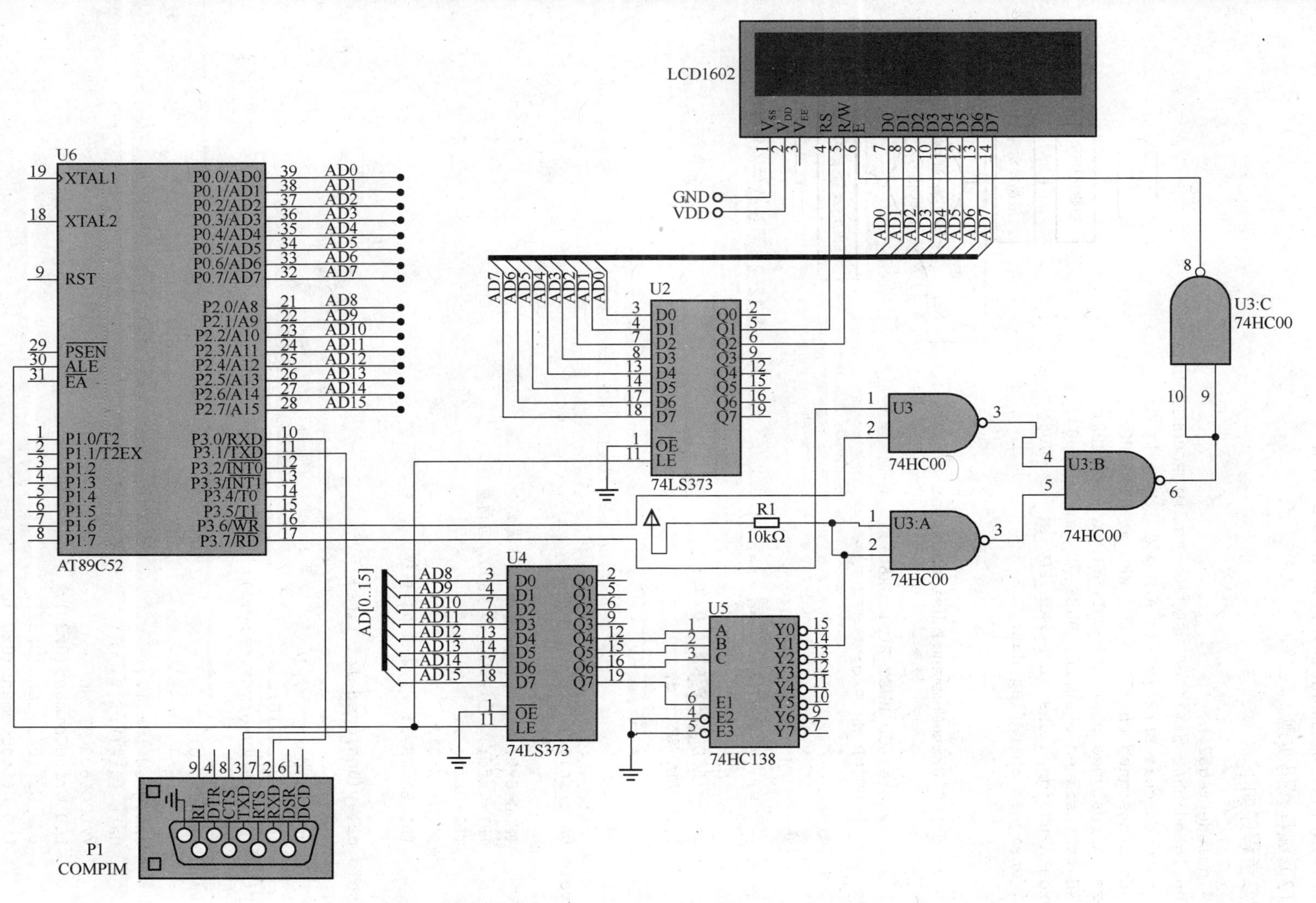

图 12-1　单片机与 PC 机通信系统开发原理图

（2）系统软件流程图的设计，如图 12-2 所示。

（3）编程代码实现。

参考程序如下。

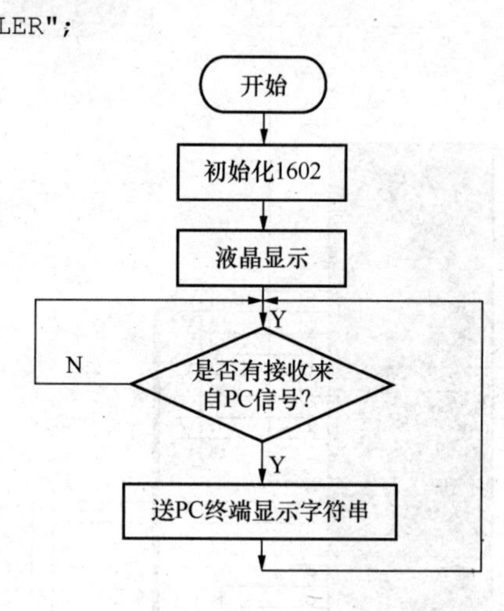

图 12-2 系统软件流程图的设计

```
#include<reg52.h>
unsigned char str1[]=" WELCOME  TO  MICROCONTROLLER";
unsigned char str2[]=" !! A M A Z I N G !! ";
xdata unsigned char LCD_CMD_WR _at_ 0x9000;
xdata unsigned char LCD_DATA_WR _at_ 0x9002;
xdata unsigned char LCD_BUSY_RD _at_ 0x9004;
xdata unsigned char LCD_DATA_RD _at_ 0x9006;
  unsigned char flag,dat;


  void LCD_WriteCommand(unsigned char c)
  {
       while(LCD_BUSY_RD & 0x80);
       LCD_CMD_WR = c;
  }


void LCD_WriteData(unsigned char d)
{
     while(LCD_BUSY_RD & 0x80);
     LCD_DATA_WR = d;
}


void uart_init()
{
     TMOD=0x20;    //定时器 1 工作模式 2
     TH1=0xfd;     //波特率 9600，自动重装
     TL1=0xfd;
     SCON=0X50;
     TR1=EA=ES=1;  //打开串口中断
}
void delay(unsigned int time)
{
     unsigned int x,y;
     for(x=0;x<110;x++)
          for(y=0;y<time;y++);
}
void main(void)
{
     unsigned int i,j;
     uart_init();
     //LCD1602 初始化
     LCD_WriteCommand(0x30);
     LCD_WriteCommand(0x38);
     LCD_WriteCommand(0x0C);
     LCD_WriteCommand(0x01);
     LCD_WriteCommand(0x06);
```

```
    LCD_WriteCommand(0x01);
    //写第 1 行字符
    LCD_WriteCommand(0x80);
    for(i=0;i<20;i++)
    {
      LCD_WriteData(str1[i]);
    }


    //写第 2 行字符
    LCD_WriteCommand(0xC0);
    for(i=0;i<20;i++)
    {
      LCD_WriteData(str2[i]);
    }


    while(1)
    {
        if(flag)
        {
            ES=0;
            for(i=0;i<20;i++)
            {
                SBUF=str1[i];
                while(!TI);
                delay(100);
            }
            for(j=0;j<20;j++)
            {
                SBUF=str2[j];
                while(!TI);
                delay(100);
            }
            TI=0; ES=1;
            flag=0;
            delay(500);
        }
    }
}
void uart(void) interrupt 4
{
    RI=0;
    dat=SBUF;
    flag=1;
}
```

【例 12-2】 利用8051的P1.0 口，实现与DS18B20 的单线通信，读取温度传感器的数据，并使用 8255A 的 PA 和 PB 口控制数码管的段码和位码，显示当前采集的温度数据。

设计步骤如下。

（1）硬件原理图的设计。单片机与 DS18B20 通信系统开发原理图如图 12-3 所示。

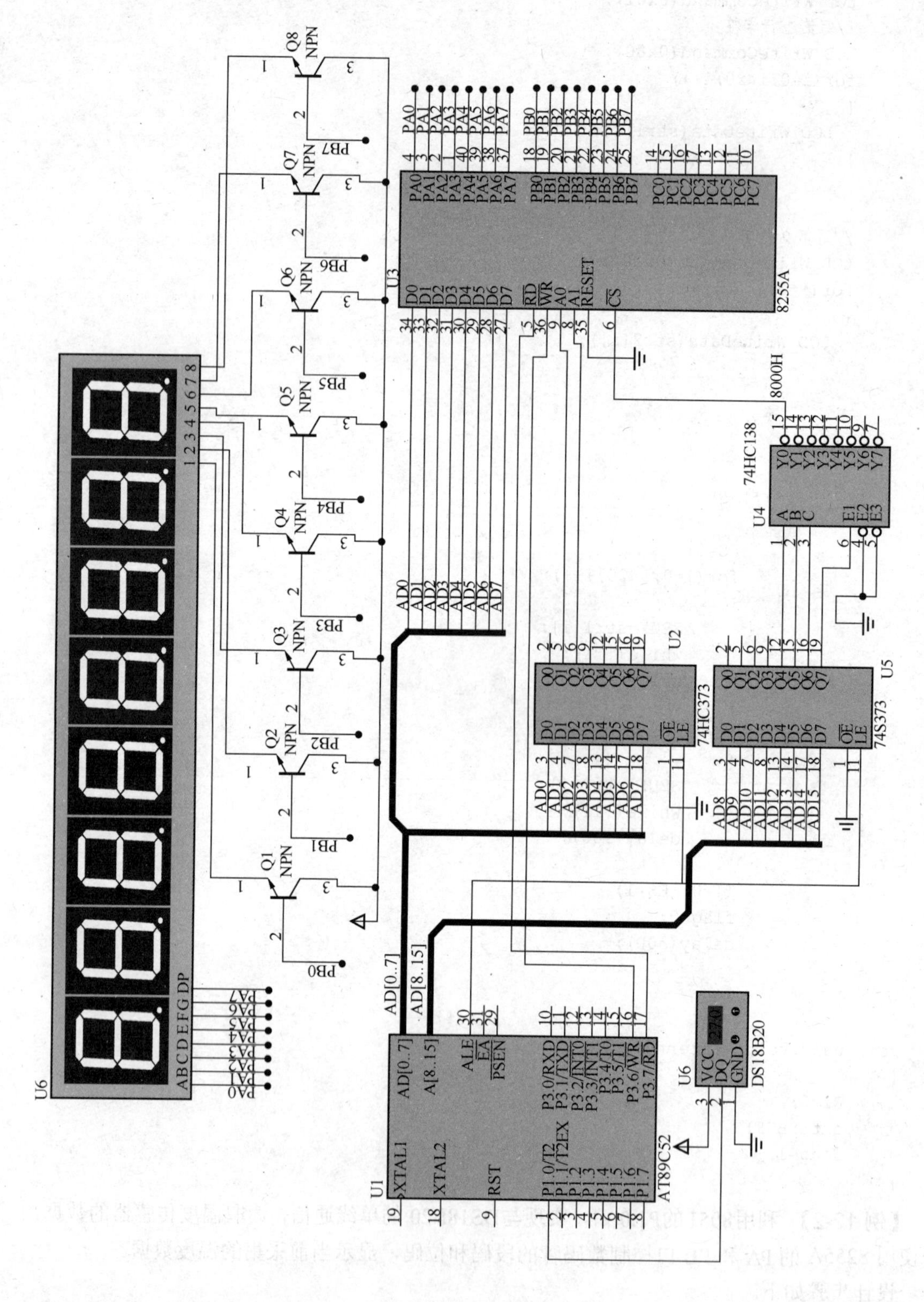

图 12-3　单片机与 DS18B20 通信系统开发原理图

（2）系统软件流程图的设计如图 12-4 所示。

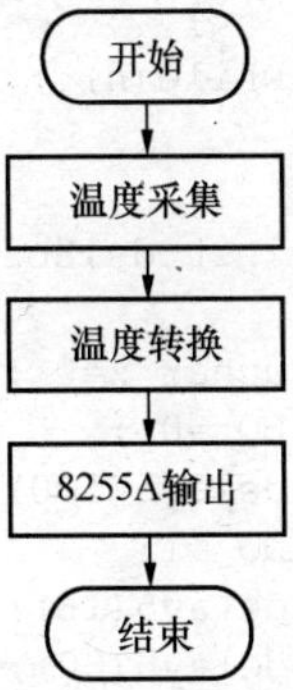

（3）编程代码实现。

参考程序如下。

开始
温度采集
温度转换
8255A输出
结束

图 12-4 系统软件流程图的设计

```
#include<reg52.h>
#include<intrins.h>
#define uchar unsigned char
#define uint unsigned int

xdata unsigned char IOA _at_ 0x8000;    //8255
芯片 A 口地址，数码显示段选码
xdata unsigned char IOB _at_ 0x8002;    //8255
芯片 B 口地址，数码显示位选码
xdata unsigned char IOC _at_ 0x8004;    //8255
芯片 C 口地址，程序中未用
xdata unsigned char IOCON _at_ 0x8006;  //8255 芯片控制字地址

uchar code dis_7[]= {0xc0,0xf9,0xa4,0xb0,0x99,0x92,0x82,0xf8,0x80,0x90};
                                       //数码管段选码，0～9 字符
uchar code scan_con[2]={0x01,0x02};    //数码管位选，仅使用 2 位显示
uchar table[2];                        //待显示的两位温度值（10 进制数字）
uchar temp,i;

sbit DQ=P1^0 ;                            //DS18B20 数据端 DQ，接 51 单片机 P1.0 口

void write_data_IOA(unsigned char dat)    //8255 芯片 A 口写数据（段选码）
{
     IOA = dat ;
}
void write_data_IOB(unsigned char dat)    //8255 芯片 B 口写数据（位选码）
{
     IOB = dat ;
}
void write_data_IOC(unsigned char dat)    //8255 芯片 C 口写数据
{
     IOC = dat ;
}
void write_data_IOCON(unsigned char dat)  //设定 8255 芯片工作方式
{
     IOCON = dat ;
}
void delay(uint z)                        //延时 1s 程序
{
     uint x,y ;
     for( x=z ; x>0 ; x-- )
          for( y=110 ; y>0 ; y-- ) ;
}

void delay5(uchar n)                      //精确延时 5μs 子程序
{
     do {
          _nop_( ) ;
          _nop_( ) ;
          _nop_( ) ;
          n-- ;
```

```
        }
    while(n) ;
}

void init_ds18b20(void)     //初始化函数
{
    uchar x=0 ;
    DQ =0 ;
    delay5(120) ;           //DQ 低电平，延时 600μs
    DQ =1;
    delay5(16);             //DQ 高电平，延时 80μs
    delay5(80);             //延时 400μs
}

uchar readbyte(void)        //读取一字节函数
{
    uchar i=0;
    uchar dat=0;
    for ( i=8 ; i>0 ; i-- )
    {
        DQ =0;
        delay5(1);
        DQ =1;              //15μs 内拉释放总线
        dat >>= 1;
        if( DQ )
            dat |= 0x80;
        delay5(11);
    }
    return( dat );
}

void writebyte(uchar dat)           //写一字节函数
{
    uchar i=0;
    for( i=8 ; i>0 ; i-- )
    {
        DQ =0 ;
        DQ = dat & 0x01;            //写“1”在 15μs 内拉低
        delay5(12);                 //写“0”拉低 60μs
        DQ = 1;
        dat >>= 1;
        delay5(5);
    }
}

uchar readtemp(void)            //读取温度函数
{
    uchar a,b,tt;
    uint t;
    init_ds18b20( );        //初始化 DS18B20
    writebyte(0xCC);        //总线上仅 1 个 DS18B20，可执行跳过 ROM 命令
    writebyte(0x44);        //发温度转换命令
    init_ds18b20( );        //初始化 DS18B20
    writebyte(0xCC);        //执行跳过 ROM 命令
    writebyte(0xBE);        //发读 RAM 低 9 位命令
```

```
    a = readbyte( );        //读取 1 个字节（低 8 位）至变量 a
    b = readbyte( );        //读取 1 个字节（高 8 位）至变量 b
    t = b;                  //将 b 赋值给 16 位变量 t
    t <<= 8;
    t = t|a;
    tt = t*0.0625;          //实际温度值计算
    return( tt );
}

void dis_play(uchar tt)
{
    table[0] = tt/10;
    table[1] = tt%10;
    switch(i)
    {
        case 0:
          write_data_IOB(scan_con[i]);write_data_IOA(dis_7[table[i]]);i++;break;
        case 1:
          write_data_IOB(scan_con[i]);write_data_IOA(dis_7[table[i]]);i=0;break;
        default: break ;
    }
}

void t0_init(void)         //定时器 T0 初始化程序
{
    TMOD = 0x01;           //T0 为定时，工作方式为方式 1
    TH0 = (65536-10000)/256;     //T0 初值计算（高 8 位），计数值为 10ms
    TL0 = (65536-10000)%256;     //T0 初值计算（低 8 位）
    EA=1;                  //中断允许
    TR0=1;                 //启动定时器 T0
    ET0=1;                 //允许 T0 中断
}

void main(void)            //主程序
{
    t0_init();
    write_data_IOCON(0x80);  //设置 8255 工作方式，A 口、B 口基本输出方式
    while(1)
    { ; }
}

void t0(void) interrupt 1      //T0 中断处理程序
{
    TH0 = (65536-10000)/256;
    TL0 = (65536-10000)%256; //重写定时器 T0 初值
    temp=readtemp( );         //读取温度值
    dis_play( temp );         //显示温度值
}
```

【例 12-3】 利用 I^2C 器件 AT24C02 编写 I^2C 总线读写程序，记录开机的次数，每重新运行一次就向 AT24C02 的特定地址读出一字节数据，然后把该字节数据显示出来，对该字节数据加一后，重新写入该地址。

设计步骤如下。

（1）硬件原理图的设计。单片机与 AT24C02 通信系统开发原理图如图 12-5 所示。

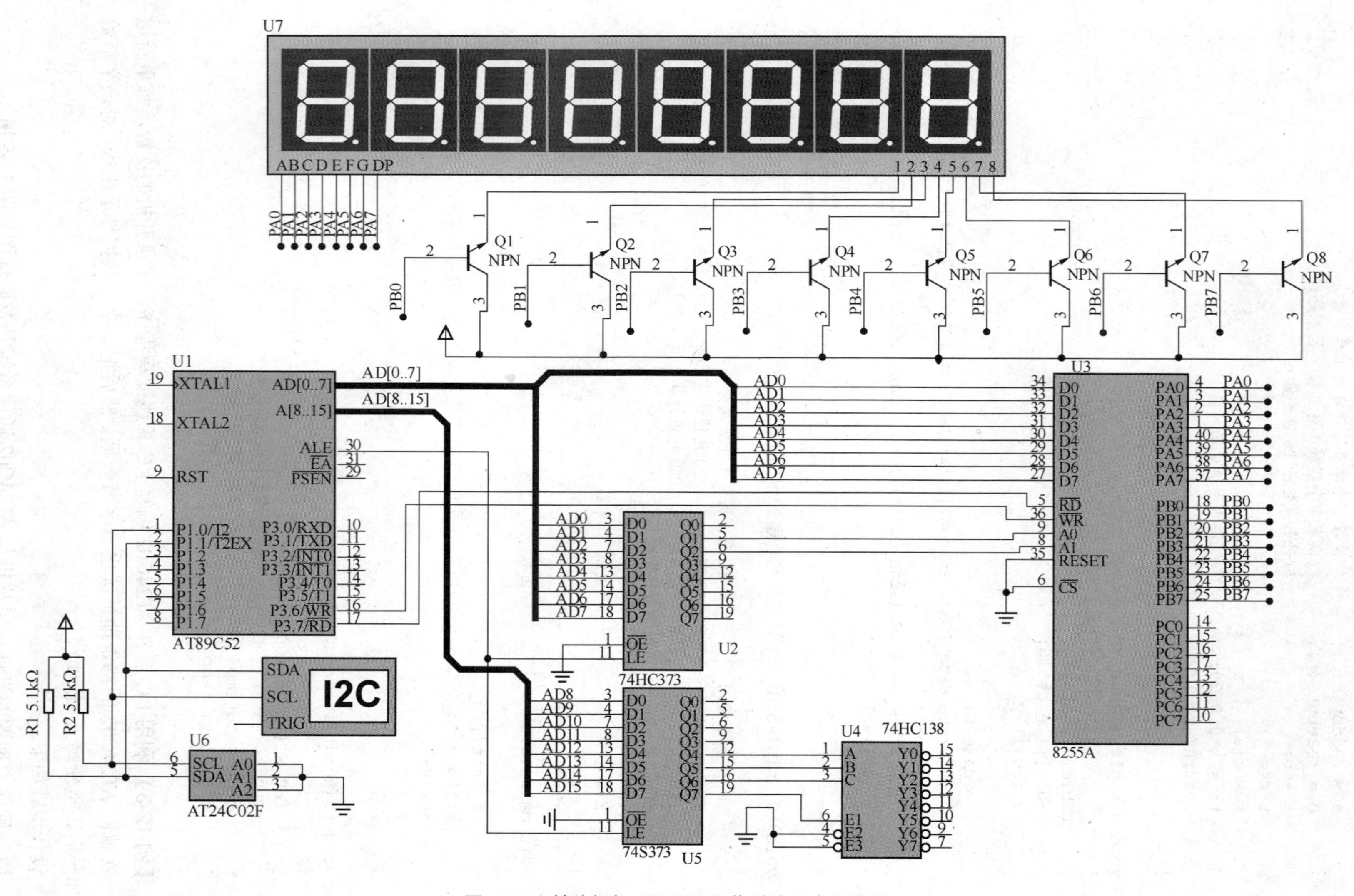

图 12-5 单片机与 AT24C02 通信系统开发原理图

（2）系统软件流程图的设计如图12-6所示。

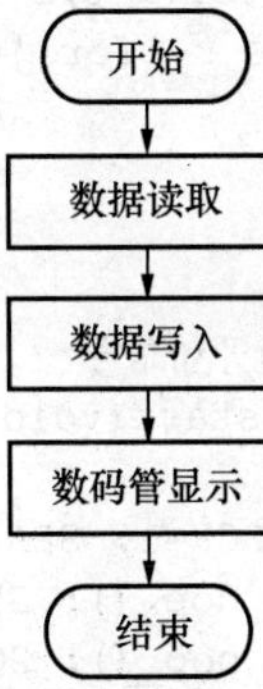

（3）编程代码实现。

参考程序如下。

```
#include <reg52.h>
#include <intrins.h>
#define uchar unsigned char
#define uint unsigned int
#define rom_add 0x0a    //定义特定地址读取


xdata unsigned char IOA _at_ 0x8000;
xdata unsigned char IOB _at_ 0x8002;
xdata unsigned char IOC _at_ 0x8004;
xdata unsigned char IOCON _at_ 0x8006;


sbit SCK=P1^0;
sbit SDA=P1^1;


unsigned char data dis_digit;
unsigned char code dis_code[11]={0xc0,0xf9,0xa4,0xb0,    //0, 1, 2, 3
                        0x99,0x92,0x82,0xf8,0x80,0x90, 0xff};//4, 5, 6, 7, 8, 9, off
unsigned char data dis_buf[3];    //定义显示位数 2 位
unsigned char data dis_cnt;


uchar rom_dat=0;

void write_data_IOA(unsigned char dat)
{
    IOA = dat;
}
void write_data_IOB(unsigned char dat)
{
    IOB = dat;
}
void write_data_IOC(unsigned char dat)
{
    IOC = dat;
}
void write_data_IOCON(unsigned char dat)
{
    IOCON = dat;
}


/**********nms 延时子程序*************/
void Delay_Nms(uint n)
{
    uint i,j;
```

开始 → 数据读取 → 数据写入 → 数码管显示 → 结束

图12-6 系统软件流程图的设计

```
        for(i=0;i<n;i++)
            for(j=0;j<125;j++)
                ;
}


/*发送开始信号*/
void start(void)
{
    SCK=1; SDA=1;
    _nop_(); SDA=0;
    _nop_(); SCK=0;
    _nop_();
}


/*发送停止信号*/
void stop(void)
{
    SCK=0; SDA=0;
    _nop_(); SCK=1;
    _nop_(); SDA=1;
    _nop_();
}


/*接收一个应答位*/
bit rack(void)
{
    bit flag; SCK=1;
    _nop_(); flag=SDA;
    SCK=0; return(flag);
}
/*发送一个非接收接收应答位*/
void ackn(void)
{
    SDA=1;
    _nop_(); SCK=1;
    _nop_(); SCK=0;
    _nop_();
}


/*接收一个字节*/
uchar rec_byte(void)
{
    uchar i,temp;
    for(i=0;i<8;i++)
    {
        temp<<=1; SCK=1;
        _nop_(); temp|=SDA;
        SCK=0;
        _nop_();
    }
```

```
return(temp);
}


/*发送一个字节*/
void send_byte(uchar temp)
{
     uchar i; SCK=0;
     for(i=0;i<8;i++)
     {
         SDA=(bit)(temp&0x80); SCK=1;
         _nop_(); SCK=0;
         temp<<=1;
     }
     SDA=1;
}


void read(void)
{
     bit f;
     start();                //开始信号
     send_byte(0xa0);        //发送读命令 f=rack();
                             //接收应答
     if(!f)
     {
         send_byte(rom_add);     //设置要读取从器件的片内地址
         f=rack();
         if(!f)
         {
             start();    //开始信号
             send_byte(0xa1);    //发送读命令
             f=rack();
             if(!f)
             {
                 rom_dat=rec_byte();
                 ackn();
             }
         }
     }
     stop();
}


void write(void)
{
     bit f; start();
     send_byte(0xa0);
     f=rack();
     if(!f)
     {
         send_byte(rom_add);
         f=rack();
         if(!f)
```

```
            {
                 send_byte(rom_dat);
                 f=rack();
            }
       }
       stop();
  }


  void main(void)
  {
       write_data_IOB(0xff);
       write_data_IOA(0x00);
       TMOD = 0x01;
       TH0  = 0xFC;
       TL0 = 0x17;
       IE = 0x82;
       write_data_IOCON(0x80);
       Delay_Nms(20);
       read(); dis_buf[0]=dis_code[rom_dat/100];
       dis_buf[1]=dis_code[(rom_dat%100)/10];
       dis_buf[2]=dis_code[rom_dat%10];
       rom_dat+=1;
       Delay_Nms(20);
       write();
       TR0 = 1;
       while(1)
       {;}
  }


  void timer0() interrupt 1
  //定时器 0 中断服务程序，用于数码管的动态扫描
  //dis_cnt——扫描计数
  //dis_buf——显于缓冲区基地址
  {
       TH0 = 0xFA;
       TL0 = 0x17;
       write_data_IOB(0x00);     //先关闭所有数码管


       switch(dis_cnt)
       {
       case 0:write_data_IOB(0x01);write_data_IOA(dis_buf[0]);dis_cnt++;break;
       case 1:write_data_IOB(0x02);write_data_IOA(dis_buf[1]);dis_cnt++;break;
       case 2:write_data_IOB(0x04);write_data_IOA(dis_buf[2]);dis_cnt=0;break;
       //扫描最末位时 清零位扫描计数
           default:break;
       }
  }
```

【例 12-4】 利用8051 实现DS1302 的控制，实现在LCD1602 能够实时显示时间。设计步骤如下。

（1）硬件原理图的设计。单片机与 DS1302 系统开发原理图如图 12-7 所示。

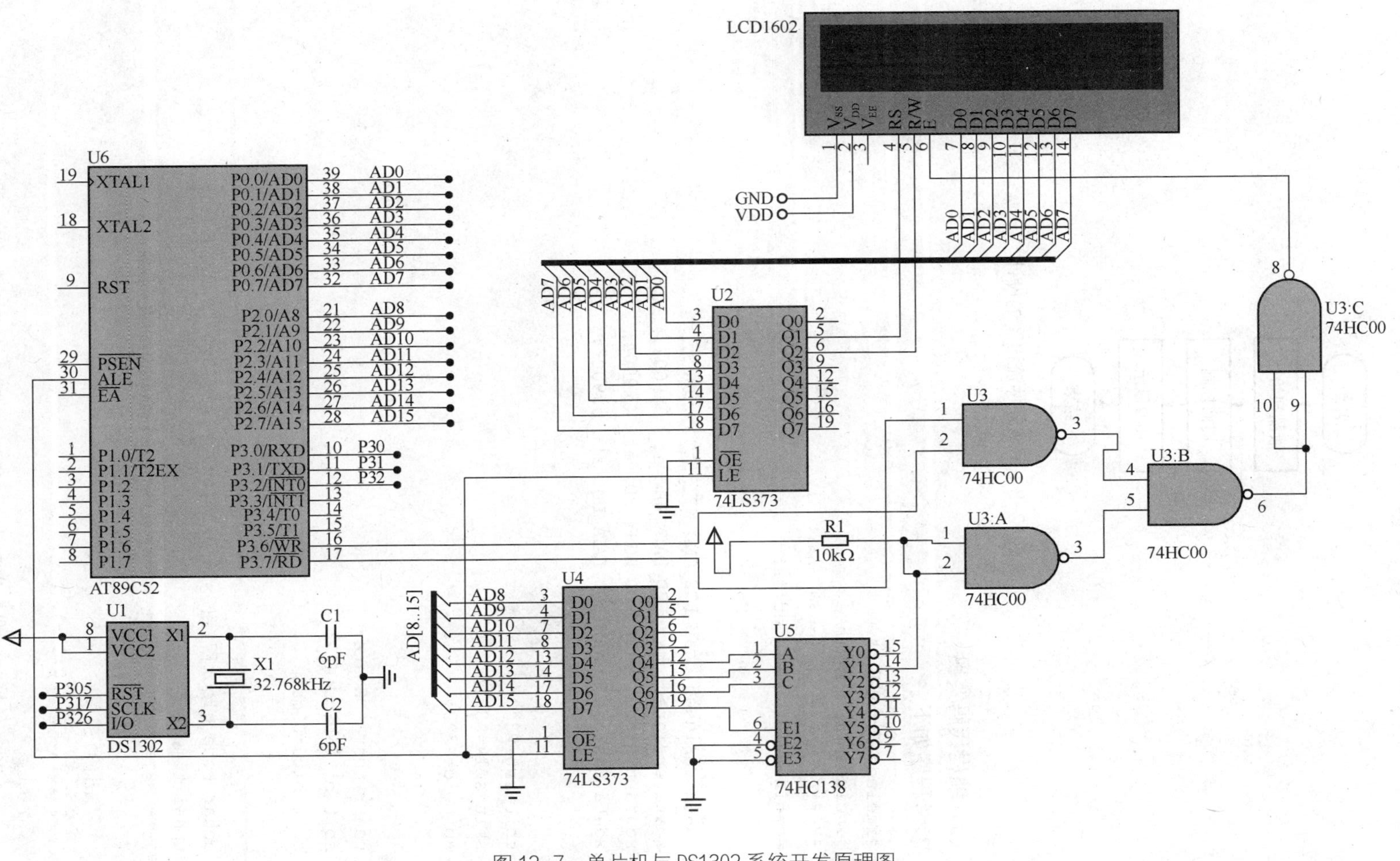

图 12-7　单片机与 DS1302 系统开发原理图

（2）系统软件流程图的设计如图 12-8 所示。

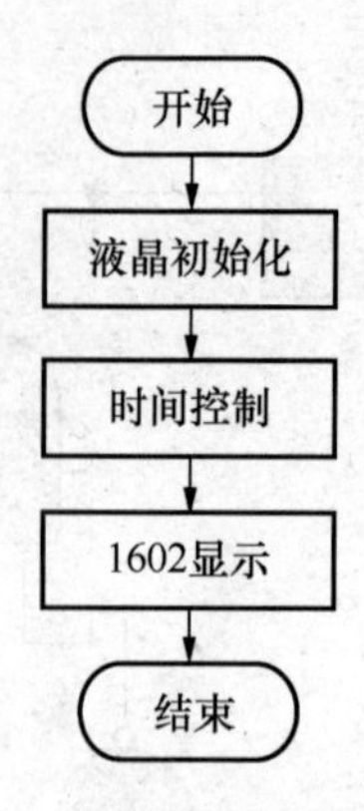

图 12-8 系统软件流程图的设计

（3）编程代码实现。

参考程序如下。

```
#include "reg51.h"
#include "intrins.h"
#define uchar unsigned char
#define uint unsigned int


xdata unsigned char LCD_CMD_WR _at_ 0x9000;
xdata unsigned char LCD_DATA_WR _at_ 0x9002;
xdata unsigned char LCD_BUSY_RD _at_ 0x9004;
xdata unsigned char LCD_DATA_RD _at_ 0x9006;


sbit rst=P3^0;
sbit sclk=P3^1;
sbit io=P3^2;


uchar bdata DSdata;
sbit bit7=DSdata^7;
sbit bit0=DSdata^0;


uchar code clock[7]={0x50,0x59,0x23,0x28,0x09,0x02,0x11};
uchar time[8];
void delay_n10us(uint n)     //延时 n 个 10μs@12MHz 晶振
{
      uint i;
      for(i=n;i>0;i--)
       {
       _nop_();_nop_();_nop_();_nop_();_nop_();_nop_();
       }
```

```
}
////////////////////////////////////////////
/*8位数据写入函数*/
void input(uchar date)
{
    uchar i; DSdata=date;
    for(i=8; i>0; i--)
        { io=bit0; sclk=1;
        sclk=0;
        DSdata=DSdata>>1;
    }
}
/*8位数据读出函数*/
uchar output(void)
{
    uchar i;
    for(i=8; i>0; i--)
        {
        DSdata=DSdata>>1;
        bit7=io; sclk=1;
        sclk=0;
        }
    return(DSdata);
}
/*写寄存器函数*/
void wr1302(uchar add,uchar date)
{
    rst=0; sclk=0;
    rst=1; input(add);
    input(date); sclk=1;
    rst=0;
}
/*读寄存器函数*/
uchar re1302(uchar add)
{
    uchar date; rst=0;
    sclk=0; rst=1;
    input(add);
    date=output();
    sclk=1; rst=0;
    return(date);
}
/*设置时间初值函数*/
void set1302(uchar *p)
{
    uchar i;
    uchar add=0x80;
    wr1302(0x8e,0x00);
    for(i=7;i>0;i--)
```

```
            { wr1302(add,*p); p++;
            add+=2;
            }
            wr1302(0x8e,0x00);
        }
/*读当前时间值函数*/
void get1302(uchar curtime[])
{
    uchar i;
    uchar add=0x81;
    for (i=0;i<7;i++)
        { curtime[i]=re1302(add);
        add+=2;
        }
}
void LCD_WriteCommand(unsigned char c)
{
    while(LCD_BUSY_RD & 0x80);
    LCD_CMD_WR = c;
}


void LCD_WriteData(unsigned char d)
{
    while(LCD_BUSY_RD & 0x80);
    LCD_DATA_WR = d;
}


void display(void)
{
    LCD_WriteCommand(0x82);                    //写年
    LCD_WriteData(0x32);
    LCD_WriteData(0x30);
    LCD_WriteData(time[6]/16+0x30);
    LCD_WriteData(time[6]%16+0x30);


    LCD_WriteData(0x2D);                       //写"-"
    LCD_WriteCommand(0x87);                    //写月
    LCD_WriteData(time[4]/16+0x30);
    LCD_WriteData(time[4]%16+0x30);

    LCD_WriteData(0x2D);                       //写"-"
    LCD_WriteCommand(0x8a);                    //写日
    LCD_WriteData(time[3]/16+0x30);
    LCD_WriteData(time[3]%16+0x30);
```

```
    LCD_WriteData(0x2D);                //写“-”
    LCD_WriteCommand(0x8d);             //写星期
    LCD_WriteData(time[5]%16+0x30);


    LCD_WriteCommand(0xc4);             //写时
    LCD_WriteData(time[2]/16+0x30);
    LCD_WriteData(time[2]%16+0x30);
    LCD_WriteData(0x2D);                //写“-”
    LCD_WriteCommand(0xc7);             //写分
    LCD_WriteData(time[1]/16+0x30);
    LCD_WriteData(time[1]%16+0x30);
    LCD_WriteData(0x2D);                //写“-”
    LCD_WriteCommand(0xca);             //写秒
    LCD_WriteData(time[0]/16+0x30);
    LCD_WriteData(time[0]%16+0x30);
}

void main(void)
{
    //LCD1602 初始化
    LCD_WriteCommand(0x30);
    LCD_WriteCommand(0x38);
    LCD_WriteCommand(0x0C);
    LCD_WriteCommand(0x01);
    LCD_WriteCommand(0x06);
    LCD_WriteCommand(0x01);
    set1302(clock);
    while(1)
    {
        get1302(time);
        display();
    }
}
```

【例 12-5】 利用 8255A 实现对步进电机的控制，编写程序，用四路 IO 口实现环形脉冲的分配，控制步进电机按固定方向连续转动。同时，要求按下 A 键时，控制步进电机正转；按下 B 键时，控制步进电机反转。

设计步骤如下。

（1）硬件原理图的设计。单片机与步进电机系统开发原理图如图 12-9 所示。

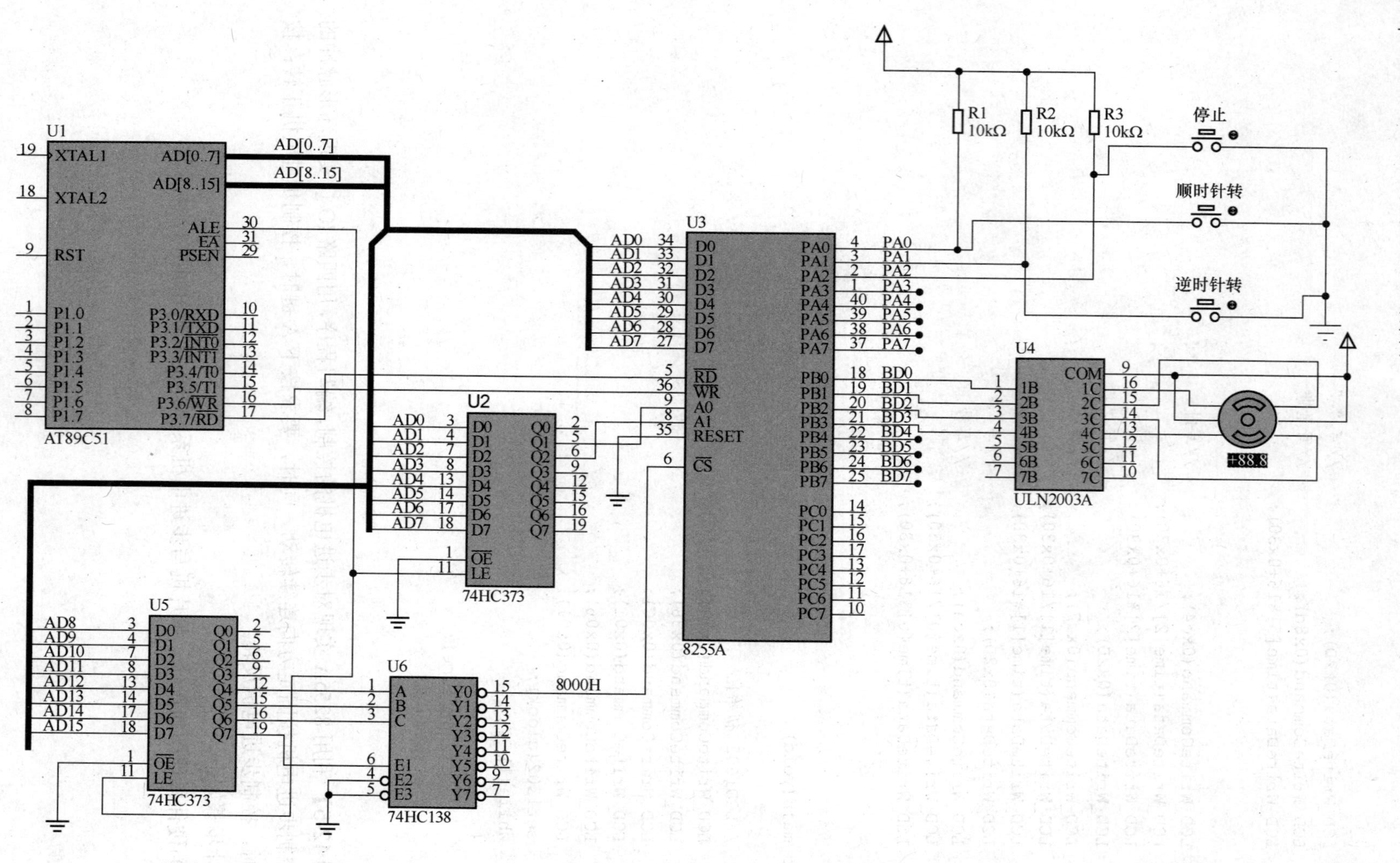

图 12-9 单片机与步进电机系统开发原理图

（2）系统软件流程图的设计如图 12-10 所示。

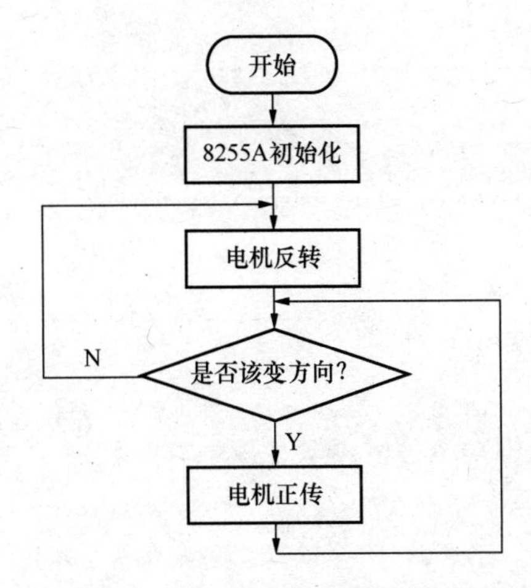

图 12-10 系统软件流程图的设计

（3）编程代码实现。

参考程序如下。

```
xdata unsigned char IOA _at_ 0x8000;
xdata unsigned char IOB _at_ 0x8002;
xdata unsigned char IOC  _at_ 0x8004;
xdata unsigned char IOCON _at_ 0x8006;


unsigned char table1[8]={0x02,0x06,0x04,0x0c,0x08,0x09,0x01,0x03};
unsigned char table2[8]={0x03,0x01,0x09,0x08,0x0c,0x04,0x06,0x02};


unsigned char read_data(unsigned char num)
{
     unsigned char tmp;
     if(num==0)
     {
          tmp = IOA;
     }
     if(num==1)
     {
          tmp = IOB;
     }
     if(num==2)
     {
          tmp = IOC;
     }
     return tmp;
}
void write_data(unsigned char addr,unsigned char dat)
```

```
{
    if(addr==0)
    {
        IOA = dat;
    }
    if(addr==1)
    {
        IOB = dat;
    }
    if(addr==2)
    {
        IOC = dat;
    }
    if(addr==3)
    {
        IOCON = dat;
    }
}
//软件仿真时请调短延时时间，可以得到更好的实验效果
void delay()
{
    int i,j; for(i=1000;i>0;i--)
    for(j=0;j<1;j++){}
}
void main(void)
{
    unsigned char i,tmp;
    write_data(3,0x90); i=0;
    while(1){ i=read_data(0);
        if(i==0xfd) while(1){
        for(tmp=0;tmp<8;tmp++)
        { write_data(1,table2[tmp]); i=read_data(0);
        if(i==0xfe||i==0xfb)break; delay();
         }
         if(i==0xfe||i==0xfb)break;
    } if(i==0xfe)
    while(1){
        for(tmp=0;tmp<8;tmp++)
        { write_data(1,table1[tmp]); i=read_data(0);
        if(i==0xfd||i==0xfb)break; delay();
        }
        if(i==0xfd||i==0xfb)break;
      }
      if(i==0xfb)write_data(1,0xf0);
    }
}
```

一般来讲，随着单片机应用系统复杂程度的增加，电路设计与调试的工作量会明显增加，这要求设计者必须具有足够的基础知识和工作经验，因此单片机学习需要采用理论与实践相结合的方法。

习题及思考题

1．简述单片机应用项目的开发步骤。

2．如何使用 Proteus 软件进行单片机应用系统的开发与调试？

3．在单片机应用系统开发中如何进行硬件和软件的调试？